"十三五"职业教育教材

生化分离技术

SHENGHUA FENLI JISHU

第二版

张爱华　　王云庆　主编

徐金龙　主审

化学工业出版社

·北京·

《生化分离技术》(第二版)是为了适应高等职业教育发展和改革的需要,以生化产品中典型药物分离纯化任务为载体,采用教学做一体化模式分项目编写。全书共分七个项目、22个任务,涉及发酵液的预处理、有机物质的萃取、生物大分子的沉淀与结晶、膜分离、药物的高度纯化、药物的干燥等生化分离基本技术和氨基酸类、多肽和蛋白类、核酸类、酶类、糖类、脂类、抗生素与维生素类等生化药物提取分离的综合应用技术。本书配有电子课件,可从 www.cipedu.com.cn 下载参考。

　　本书可作为高职高专院校制药类和生物技术类及相关专业的教材,也可作为制药生产企业员工岗位培训的教材。

图书在版编目 (CIP) 数据

生化分离技术/张爱华,王云庆主编. —2 版.—北京:
化学工业出版社,2019.12 (2025.2 重印)
"十三五"职业教育规划教材
ISBN 978-7-122-35637-6

Ⅰ.①生…　Ⅱ.①张…②王…　Ⅲ.①生物化学-分
离-高等职业教育-教材　Ⅳ.①TQ033

中国版本图书馆 CIP 数据核字 (2019) 第 252585 号

责任编辑:迟　蕾　李植峰　梁静丽　　　　装帧设计:王晓宇
责任校对:杜杏然

出版发行:化学工业出版社 (北京市东城区青年湖南街 13 号　邮政编码 100011)
印　　装:北京建宏印刷有限公司
787mm×1092mm　1/16　印张 14½　字数 410 千字　2025 年 2 月北京第 2 版第 4 次印刷

购书咨询:010-64518888　　　　　　　　售后服务:010-64518899
网　　址:http://www.cip.com.cn
凡购买本书,如有缺损质量问题,本社销售中心负责调换。

定　　价:42.00 元　　　　　　　　　　　　　　　版权所有　违者必究

《生化分离技术》（第二版）编审人员

主　　编　张爱华　王云庆

副 主 编　赵立斐

编写人员　（按姓名汉语拼音排序）

胡秋杰（黑龙江生物科技职业学院）

李郑军（黑龙江农垦职业学院）

刘克丹（甘肃省医学科学研究院）

王春花（牡丹江师范学院）

王云庆（黑龙江农垦职业学院）

徐一然（北京三元基因药业股份有限公司）

张爱华（黑龙江生物科技职业学院）

赵立斐（黑龙江农业经济职业学院）

主　　审　徐金龙（哈药集团生物工程有限公司）

前　言

　　本书是以高职高专生物制药技术专业的培养目标为基本出发点，针对高职教育培养学生的学习能力、职业能力和综合素质的定位及培养目标，将"以就业为导向，重视教学过程的实践性、开放性和职业性，走校企合作、工学结合道路，培养高素质技能型人才"作为教材编写的指导思想。依据生化产品和生化药品生产企业岗位的职业活动，结合高职高专基于工作过程课程体系改革的实践，按照"必需、够用"为原则，以生产实际中典型生化药物分离纯化任务为载体，采用教学做一体化模式分项目编写。

　　本书内容选取重点是生化药品生产中下游关键的分离纯化技术，包括发酵液的预处理、有机物质的萃取、生物大分子的沉淀与结晶、膜分离、色谱和电泳高度纯化、药物的干燥等生化分离基本技术和氨基酸类、多肽和蛋白类、核酸类、酶类、糖类、脂类、抗生素与维生素类等生化药物提取分离的综合应用技术。实训内容由多所院校与多家企业共同开发，内容新，紧跟行业发展趋势，突出职业技能的培养。为扩大学生的知识面和自我检测，书中还设置了知识拓展、技能拓展、项目自测等内容，有利于培养学生创新思维能力，体现了"以就业为导向，以能力为核心"，实现了职业教育教学过程与工作过程的融合。

　　全书共分七个项目、22 个任务，项目一至项目六为必修的生化分离基本单元技术；项目七是由 7 类生化药物提取分离任务组成，是可以根据就业岗位要求有选择性学习的分离纯化综合应用技术。为便于增强学生预习、自我收集工作信息、自我设计实际操作流程以及教师实施教学做一体化教学的需要，书中的附录列出了项目学习指南及实例训练任务单的参考格式，同时配备了所有项目学习指南和实例训练任务单电子版的信息，供学生及教师下载使用（化学工业出版社教学资源网 www.cipedu.com.cn）。

　　书中项目一、项目七的任务十六由张爱华编写；项目二、项目六和项目七的任务二十一由胡秋杰编写；项目三和项目七的任务二十二由赵立斐编写；项目四由王云庆编写；项目五和项目七的任务二十由王春花编写；项目七的任务十七、任务十八由刘克丹编写；项目七的任务十九由徐一然编写；附录 1、附录 2 和网上项目学习指南和实例训练任务单由李郑军编写。全书由张爱华统稿，徐金龙主审。在编写中，广泛参考和借鉴了众多专家与学者的研究成果，广大读者的更新和更改意见，在此一并致以诚挚的谢意。

　　本书可作为高职高专院校制药类和生物技术类及相关专业教材，也可作为制药生产企业员工岗位培训的教材。

　　由于编者水平有限，加上编写时间仓促，疏漏之处在所难免，敬请广大读者批评指正。

编者

2019 年 5 月

目 录

项目三 生物大分子的沉淀与结晶

项目四 膜分离

项目五 药物的高度纯化

项目六　药物的干燥

附录

参考文献

项目一

发酵液的预处理

生化分离是从生物材料、微生物的发酵液、生物反应液或动植物细胞的培养液中分离并纯化有关生化产品（如具有药理活性作用的生物药物等）的过程，又称为下游加工过程。一般采取如下工艺流程：

发酵液→预处理→细胞分离(→细胞破碎→细胞碎片分离)→初步纯化→高度纯化→成品加工

在发酵液（或培养液）中，除含有微生物胞外产物和大量的菌体（含胞内产物）外，还有大量的不参与发酵过程的可溶性杂质和不溶性悬浮物、未用完的培养基、高价态的金属离子、各种杂蛋白以及中间代谢产物等杂质。一般胞内产物需经细胞破碎、细胞碎片的固液分离等步骤；而胞外产物可直接将细胞固液分离除去。对于体积较大的菌体、细胞和悬浮颗粒的发酵液（或培养液），可直接采用常规过滤（粗滤）或离心等固液分离的方法；而对于个体微小的菌体（黏度大）以及含有杂蛋白、高价态的金属离子等发酵液（或培养液），很难直接采用常规过滤（粗滤）或离心的方法进行固液分离，还会影响后序的萃取、离子交换等操作的效果，所以必须经过发酵液（或培养液）的预处理，以提高固液分离的效率，同时保证后序提取和精制过程的顺利进行。

任务一　微生物细胞破碎

细胞破碎即破坏细胞壁和细胞膜，使胞内产物获得最大程度的释放。很多生化物质（尤其是基因工程的产物）都位于细胞内部（称胞内酶），必须在纯化以前先将细胞破碎，使胞内产物释放到液相中，然后再进行提纯。

知识目标
- 了解细胞壁组成和结构；
- 熟悉细胞破碎的基本原理和方法。

技能目标
- 能够独立完成细胞破碎的具体操作；
- 熟知细胞破碎所用设备的操作规程。

必备知识

不同的生物体或同一生物体的不同部位的组织，其细胞破碎的难易不一，使用的方法也不相同，如动物脏器的细胞膜较脆弱，容易破碎，植物和微生物由于具有较坚固的纤维素、半纤维素组成的细胞壁，要采取专门的细胞破碎方法。

一、细胞破碎的方法

微生物细胞破碎的方法有很多，按照是否存在外加作用力，可分为机械法和非机械法两大类。机械破碎中细胞所受的机械作用力主要有压缩力和剪切力，非机械破碎主要利用化学或生化试剂（如酶）改变细胞壁或细胞膜的结构而释放胞内物质。

1. 机械破碎法

通过机械运动所产生剪切力的作用，使细胞破碎的方法称为机械破碎法。机械破碎法是工业规模细胞破碎的主要手段，具有处理量大、破碎效率高、速度快等特点，适用于植物材料和细菌细胞的破碎。常用的破碎机械有组织捣碎机、球磨机、高压匀浆器、超声波发生器等。按照所使用的破碎机械的不同，可以分为捣碎法、球磨法、高压匀浆法和超声波破碎法等。因为各种机械破碎法的作用机理不尽相同，有各自的适用范围和处理规模，所以，针对目标物质的性质选择细胞破碎设备并确定适宜的破碎操作条件是非常重要的。

(1) 捣碎法　利用组织捣碎机高速旋转叶片所产生的剪切力将组织细胞破碎，通常达到 12000r/min，物料在玻璃杯中通过电机旋转驱动旋刀同时进行劈裂、碾碎、掺和等过程，使物料搅拌捣碎，组织捣碎机体积小、消耗功率少、工作效率高，但对黏度高的液体和质料硬的物质（如骨头等）均不适宜。为了防止发热和升温过高，通常是转 10～20s，停 10～20s，可反复多次。

捣碎法适用于动物组织、内脏、植物种子、嫩菜叶、较柔软的果蔬等材料的破碎。但由于旋转刀片的机械剪切力较大且破碎过程中温度易迅速上升，不适于核酸、酶等生物大分子的提取。

(2) 球磨法　球磨机是破碎微生物细胞的常用设备，一般有立式（图 1-1）和卧式（图 1-2）两种，在磨腔中装入小玻璃球或小钢球，由电动机带动搅拌碟片高速搅拌微生物细胞悬浮物和小磨球之间的研磨作用，使细胞获得破碎。

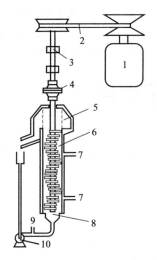 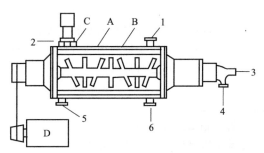

图 1-1　Netzsch Molinex KE5 搅拌磨机　　　　　图 1-2　Netzsh LM20 砂磨机

1—电动机；2—三角皮带；3—轴承；　　　　　A—带有冷却夹套的研磨筒；B—带有冷却转轴

4—联轴节；5—筒状筛网；6—搅拌碟片；　　　　及圆盘的搅拌器；C—环状振动分离器；

7—降温夹套冷却水进出口；8—底部筛板；　　　　D—变速电动机；1，2—物料进出口；

9—温度测量口；10—循环泵　　　　　　　3，4—搅拌器冷却剂进出口；5，6—外筒冷却剂进出口

该法适用于绝大多数微生物细胞的破碎。如采用高速湿法球磨分离纯化重组人肿瘤坏死因子时，菌体经间歇式球磨机破碎 3min，玻璃珠直径为 0.25～0.50mm，装珠量为破碎室总体积的 85%，搅拌转速 1500r/min，破碎液于 4℃、15000r/min 离心 15min 后去除细胞碎片。在以上条件下，目标蛋白回收率可达 90.3%，活性回收为 85.8%。

影响球磨法破碎率的因素主要有：

① 搅拌器速率增加，剪切力增大，细胞破碎量增大，但是能量消耗多、热量产生多、磨球的磨损以及因剪切力易引起产物失活，实际生产中，搅拌器外缘速率控制在 5～15m/s。

② 最佳的细胞浓度由实验来确定，如 Netzsh LM20 砂磨机破碎酵母或细菌时，细胞浓度控

制在 40% 左右。

③ 磨球越小，细胞破碎速率越快，但难以停留在磨腔中，在工业化规模操作中，球径大于 0.4mm，且不同的细胞，应选择不同的球径。球粒的体积占研磨机腔体自由体积的百分比同样影响破碎效果，一般控制在 80%～90%。

④ 控制磨室温度，在搅拌器和磨室外筒分别设计有冷却夹套，通过冷却剂来调节磨室的温度，操作温度一般控制在 5～40℃ 范围内。

⑤ 高流量有利于降低能耗、降低细胞的破碎程度和释放蛋白质的产量。

⑥ 微生物不同，处理效果不同，酵母比细菌细胞处理效果好。因为细菌细胞仅为酵母细胞的 1/10，而且细菌细胞的机械强度比酵母要高。

（3）高压匀浆法　高压匀浆法是液体剪切破碎方法中的一种，其破碎原理是：细胞悬浮液在高压作用下从阀座与阀之间的环隙高速喷出后撞击到碰撞环上，细胞在受到高速撞击作用后，急剧释放到低压环境，从而在撞击力和剪切力等的综合作用下破碎。高压匀浆器的结构见图 1-3。

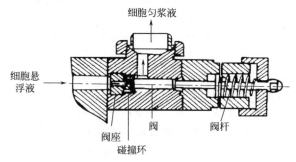

图 1-3　高压匀浆器结构

本法适合于酵母和细菌，如酵母菌、大肠杆菌、巨大芽孢杆菌和黑曲菌等，但某些高度分枝的微生物，如团状菌和丝状菌易造成高压匀浆器堵塞，使操作发生困难，一般不宜使用本法。

高压匀浆法中影响细胞破碎的因素主要有温度和压力，在工业生产中，为了控制温度的升高，可在进口处用干冰调节温度，使出口温度控制在 20℃ 左右。操作压力通常采用 55～70MPa。在操作方式上，可以采用单次通过匀浆器或多次循环通过等方式。

（4）超声波破碎法　超声波破碎是采用超声波破碎机在 15～25kHz 的频率下进行细胞破碎，是另一种液相剪切破碎法。由于超声波具有高频率、短波长、定向传播等特点，其在液体中传播时使液体中某点某瞬间受到巨大的压力，而另一瞬间压力又迅速消失，介质中的悬浮细胞在极强的局部附加压强（达几万个大气压）作用下产生一种应力促使内部液体流动而使细胞达到破碎。

影响超声波破碎的因素主要有超声波的声强、频率、液体的温度、压强和破碎时间等，此外，介质的离子强度、pH 值和细胞浓度、种类等对破碎效果也会有影响。不同的微生物，用超声波处理的效果也不同，杆菌比球菌易破碎，革兰阴性菌比革兰阳性菌易破碎，酵母菌效果较差。各种细胞所需破碎时间主要靠经验来决定。超声波破碎时细胞浓度一般在 20% 左右。

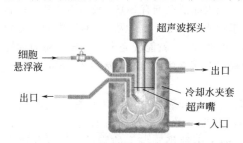

图 1-4　连续超声波破碎池结构简图

超声波能通过探头向悬浮液传递能量，当产生的气泡破裂时，释放出的绝大部分能量都以热的形式被液体吸收，为避免高温，在破碎池中设计了冷却水夹套，并在开始时先把悬浮液冷却至 0～5℃，并不断将冷却液连续通过夹套，采取短期的声波破碎与短期的冷却交替进行操作，如破碎 1min、冷却 1min，以防止高温使蛋白质变性。为提高破碎效率，在破碎池中可添加细小的球粒（可以是钢制的或玻璃的），以产生研磨效应，提高细胞破碎率。超声波破碎也可以进行连续细胞破碎，图 1-4 为连续超声波破碎池结构示意图，其核心部分是由一个带夹套的烧杯组成，其内有 4 根内环管，由于超声波振荡产生的能量足够使泵送的少量细胞悬浮液循环，将细胞悬浮液进出口管插入到烧杯内部去，就可以实现连续操作。

超声波破碎最主要的问题是热量的产生，因此该法仅适用于实验室规模的微生物细胞破碎，不适于大规模生产。实验室处理的样品体积一般为 1～400mL。

2. 非机械破碎法

细胞破碎中常用的非机械破碎法有酶溶法、化学渗透法、冻融法、渗透压冲击法、干燥法、冷热交替法等。

非机械破碎方法的处理条件一般比较温和，有利于目标物质的高活力释放回收，但这些方法破碎效率较低、产物释放速度较慢、处理时间较长，多局限于实验室规模的小批量应用。

(1) 酶溶法　酶溶法是利用细胞壁水解酶进行酶反应，分解破坏细胞壁上特殊的化学键（如肽聚糖分子中的 N-乙酰胞壁酸与 N-乙酰葡萄糖胺之间的 β-1,4 糖苷键，甘露聚糖分子中的 1,6-磷酸二酯键等），从而达到破碎细胞的目的，酶溶法可以在细胞悬浮液中加入选用特定的溶解酶，也可以采用自溶作用。

酶溶法专一性强，在选择酶系统时，必须根据细胞壁的结构和化学组成来选择。革兰阳性菌、放线菌的细胞壁以肽聚糖为主要成分，常采用溶菌酶裂解细胞壁；酵母菌和真菌的细胞壁主要是纤维素、葡聚糖、几丁质等，常用蜗牛酶、纤维素酶、多糖酶等；植物细胞壁的主要成分是纤维素，常采用纤维素酶和半纤维素酶裂解。例如从某些细菌细胞提取质粒 DNA 时，可采用溶菌酶（来自蛋清）破碎细胞壁；在破碎酵母细胞时，常采用蜗牛酶（来自蜗牛），将酵母细胞悬于 0.1mmol/L 柠檬酸-磷酸氢二钠缓冲液（pH 5.4）中，加 1% 蜗牛酶，在 30℃ 处理 30min，即可使大部分细胞壁破裂，如同时加入 0.2% 巯基乙醇效果会更好。

酶溶法条件温和，能选择性地释放产物，胞内核酸等泄出量少，细胞外形较完整，便于后步分离等，但水解酶价格高，故小规模应用较广。

(2) 化学渗透法　用某些化学试剂溶解细胞壁或抽提细胞中某些组分的方法称为化学渗透法。常用酸、碱、表面活性剂和有机溶剂等化学试剂。

酸或碱可用来调节溶液的 pH，改变两性目标产物（如蛋白质）的电荷性质，使目标产物之间或目标产物与其他物质之间的作用力降低而溶解到液相中去，便于后面工序的提取。如工业化生产西索米星抗生素时，常采用酸化处理的方式进行细胞破壁。调发酵液 pH 值至 1.8～2.0 进行酸化处理，西索米星释放率可达 90% 左右。而采用 1% 的溶菌酶 37℃ 酶解 30min、超声波破碎处理 30min（振荡 20s 停 10s）或 1% 十二烷基硫酸钠（SDS）处理 10min 时，西索米星释放率均不足 50%。

表面活性剂分子中同时具有疏水基团和亲水基团，当表面活性剂溶质在溶剂中的浓度达到一定值时，它的分子会产生聚集，生成胶束，疏水端向内，亲水端向外。疏水基团聚集在胶束内部，将溶解的脂蛋白包在中心，而亲水基团则向外层，使膜的通透性改变或使细胞壁溶解，从而使胞内物质释放到水相中。此法特别适用于膜结合蛋白酶的溶解。常用离子型表面活性剂有 SDS、脱氧胆酸钠等；非离子型表面活性剂有 Tween-80（吐温）、Triton X-100（特里顿或曲拉通）等。例如，对胞内的异淀粉酶，可加入 0.1% SDS 或 0.4% Triton X-100 于酶液中，30℃ 振荡 30h，就能较完全地将异淀粉酶抽提出来，且酶的比活力较机械破碎法高；又如从大肠杆菌中提取 L-天冬酰胺酶时，常用 2% Triton X-100 和 12.5% K_2HPO_4 溶液处理菌体，可释放 70% 以上的酶。

有机溶剂被细胞壁吸收后，会使细胞壁膨胀或溶解，导致破裂，把胞内产物释放到水相中去。选用溶剂的基本原则是，以与细胞壁中脂质类似的溶解度参数的溶剂作为细胞破碎的溶剂。如存在于大肠杆菌细胞内的青霉素酰化酶可利用乙酸丁酯来溶解细胞壁上的脂质，使酶释放出来。常用的有机溶剂有丁酯、丁醇、丙酮、氯仿和甲苯等。为了防止酶的变性失活，操作时应当在低温条件下进行。

(3) 冻融法　冻融法是将细胞放在 −20～−15℃ 条件下突然冷冻令其凝固，然后在室温（或 40℃）下令其融化，冷冻时膜的疏水键被破碎而亲水性增强，胞内水形成冰晶粒而使细胞内盐分浓度增大，反复冻融多次，达到破壁的作用。此法适用于细胞壁较脆弱的菌体、动物性细胞的破碎或释放某种细胞成分，对于存在于细胞质周围靠近细胞膜的胞内产物释放较为有效，但通常破碎率较低。另外，还可能引起对冻融敏感的某些蛋白质的变性。

（4）渗透压冲击法　菌体细胞膜是天然半透膜，把待破碎的细胞在高渗溶液（如一定浓度的甘油或蔗糖溶液）平衡一段时间后，细胞脱水，细胞质变稠，发生质壁分离，然后转入到水溶液或缓冲溶液中，细胞快速吸水膨胀而破裂。该法是一种实验规模常用的破碎方法，仅对细胞壁较脆弱的细胞，如动物细胞和革兰阴性菌，或者细胞壁预先用酶处理，或合成受抑制而强度减弱时的细胞才是合适的。用此法处理大肠杆菌时，可使磷酸酯酶、核糖核酸酶和脱氧核糖核酸酶等释放到溶液中。蛋白质释放量一般为菌体蛋白质总量的 $4\%\sim7\%$。但本法不适用于革兰阳性菌。

（5）干燥法　将待破碎细胞用不同方法进行干燥，菌体细胞失水，细胞内盐分浓度增大，细胞渗透性发生变化，然后用丙酮、乙醇或缓冲溶液等溶剂抽提胞内物质。干燥方法有空气干燥、真空干燥、冷冻干燥等。对不稳定生化物质进行干燥时，常加入半胱氨酸、巯基乙醇和亚硫酸钠等还原剂进行保护。

（6）冷热交替法　将待破碎细胞在 90℃ 维持数分钟，立即放入冰水浴使之冷却，如此反复多次，绝大部分细胞可以被破碎。从细菌或病毒中提取蛋白质和核酸时可用此法。

以上是各种常用细胞破碎的方法，表 1-1 对常用的细胞破碎方法的作用机理、应用特点等进行了归纳。

表 1-1　常用细胞破碎方法的比较

	分类	作用机理	效果	成本	应用特点
机械破碎法	捣碎法	固体剪切作用	适中	适中	适用于动物组织、内脏、植物种子、嫩菜叶、果蔬等材料的破碎；不适于核酸、酶等生物大分子的提取
	球磨法	固体剪切作用	剧烈	便宜	可达较高破碎率，可较大规模操作，大分子目的产物易失活，浆液分离困难
	高压匀浆法	液体剪切作用	剧烈	适中	可达较高破碎率，可较大规模操作，不适合丝状菌和革兰阳性菌
	超声波破碎法	液体剪切作用	剧烈	昂贵	对酵母菌效果较差，破碎过程升温剧烈，不适合大规模操作
非机械破碎法	酶溶法	酶分解作用	温和	昂贵	具有高度专一性，条件温和，浆液易分离，溶酶价格高，通用性差
	化学渗透法	细胞膜渗透性改变	活性剂法温和；有机溶剂法适中；酸碱法剧烈	活性剂法适中；有机溶剂法和酸碱法便宜	具有一定选择性，浆液易分离，但释放率较低，通用性差
	渗透压冲击法	渗透压剧烈改变	温和	便宜	破碎率较低，常与其他方法结合使用
	冻融法	反复冻结-融化	温和	便宜	破碎率较低，不适合冷冻敏感的目的产物
	干燥法	改变细胞膜渗透性	温和	便宜	条件变化剧烈，易引起大分子物质失活
	冷热交替法	改变细胞膜渗透性	温和	便宜	破碎率适中，适合于大部分对热稳定的细胞

二、选择破碎方法的依据

无论是运用机械法还是非机械法，都要既能破坏微生物菌体的细胞壁，又要得到不发生变性的蛋白质产物。所以，选择合理的破碎方法非常重要，通常在选择破碎方法时，应从以下五方面考虑。

1. 细胞的处理量

若需大规模应用的，则采用机械法。若仅需实验室规模，则选择非机械法。

2. 细胞壁的强度和结构

细胞壁的强度除取决于网状高聚物结构的交联程度外，还取决于构成壁的聚合物种类和壁的厚度，如酵母和真菌的细胞壁与细菌相比，含纤维素和几丁质，强度较高，故在选用高压匀浆法时，后者就比较容易破碎。某些植物细胞纤维化程度大、纤维层厚、强度很高，破碎也较困难。在机械破碎法中，破碎的难易程度还与细胞的形状和大小有关，如高压匀浆法对酵母菌、大肠杆菌、巨大芽孢杆菌和黑曲霉等微生物细胞都能很好适用，但对某些高度分枝的微生物，由于会阻塞匀浆器阀而不适用。在采用化学渗透法和酶溶法破碎时，更应根据细胞的结构和组成选择不同的化学试剂或酶，这主要是因为它们作用的专一性很强。

3. 目标产物对破碎条件的敏感性

生化物质通常稳定性较差，在决定破碎条件时，既要有高的释放率，又必须确保其稳定。例如在采用机械法破碎时，要考虑剪切力的影响；在选择酶溶法时，应考虑酶对目标产物是否具有降解作用；在选择有机溶剂或表面活性剂时，要考虑不能使蛋白质变性。此外，破碎过程中溶液的 pH、温度、作用时间等都是重要的影响因素。

4. 破碎程度

在细胞破碎后的固液分离中，细胞碎片的大小是重要因素，太小的细胞碎片很难除去。因此，在选择破碎条件时，既要获得高的产物释放率，又不能使细胞碎片太小。如果要在细胞碎片很小的情况下才能获得高的产物释放率，则这种操作条件就不合适。为提高破碎率，可采用机械法和非机械法相结合的方法，如面包酵母的破碎，可先用细胞壁溶解酶预处理，然后用高压匀浆机在 95MPa 压力下匀浆 4 次，总破碎率可接近 100%，而单独用高压匀浆机破碎率只有 32%。

5. 产物在胞内的位置

提取的产物在细胞质内，选用机械破碎法；在细胞膜附近则可用温和的非机械法；提取的产物与细胞壁或膜相结合时，可采用机械法和化学法相结合的方法，以促进产物溶解度的提高或缓和操作条件。

适宜的破碎方法应从高的产物释放率、低的能耗和便于后步提取三方面进行权衡。

知识拓展　　　　　　微生物的细胞壁

通常细胞壁较坚韧，细胞膜较差，易受渗透压冲击而破碎，因此破碎的主要阻力来自细胞壁。各种微生物细胞壁的结构和组成不完全相同，主要取决于遗传和环境等因素。细胞壁的组成与强度是由培养条件、细胞生长速率、收获时细胞所处的生长阶段、收获后细胞的存储方式以及微生物是否表达外源基因等多种因素决定的，这些因素都会影响破碎的效果。

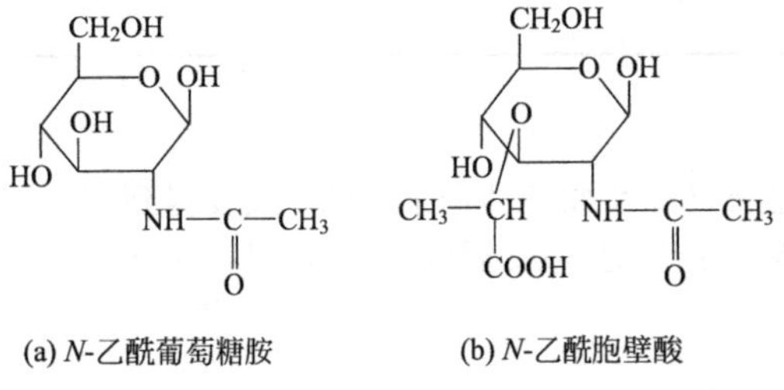

(a) N-乙酰葡萄糖胺　　　　(b) N-乙酰胞壁酸

图 1-5　细菌细胞壁的主要成分

1. 细菌细胞壁的化学组成和结构

构成细菌细胞壁的主要成分是肽聚糖，由 N-乙酰葡萄糖胺［见图 1-5（a）］和 N-乙酰胞壁酸［见图 1-5（b）］构成双糖单元，以 β-1,4 糖苷键连接成大分子。细菌的细胞壁坚韧而有弹性的原因是肽聚糖的多层网状结构，机械性很强，并且是一种难溶性的多聚物。各种细菌细胞壁肽聚糖结构均相同，但 N-乙酰胞壁酸分子上四肽侧链的组成及其连接方式上随菌种不同而有差异。

革兰阳性菌细胞壁（见图 1-6）较厚，含 15～50 层肽聚糖片层，每层厚度 1nm，约占细胞干重的 50%～80%。此外，还有壁磷壁酸和膜磷壁酸。革兰阴性菌的细胞壁较薄（见图 1-7），有 1～2 层肽聚糖片层，在肽聚糖片层外有脂蛋白、脂质双层、脂多糖 3 部分。脂蛋白的功能是将外膜固定于肽聚糖层，脂类和蛋白质等在稳定细胞结构上非常重要，如果被抽提，细胞壁将变得很不牢固。

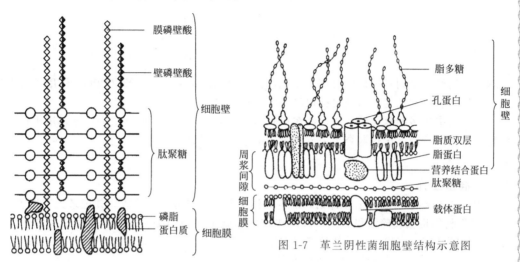

图 1-6 革兰阳性菌细胞壁结构示意图

图 1-7 革兰阴性菌细胞壁结构示意图

2. 真菌细胞壁的化学组成和结构

真菌细胞壁的主要成分为多糖，其次为蛋白质、类脂、无机盐等。所有的真菌细胞壁是由不同的多糖链相互缠绕成一股又粗又壮的链，嵌入在蛋白质及类脂和一些小分子的多糖基质中，十分坚固，从而解释了真菌细胞壁的机械强度和硬度。

真菌细胞壁多糖有几丁质（N-乙酰葡萄糖胺的一种聚合物）、纤维素、葡聚糖、甘露聚糖、半乳聚糖等。低等真菌的细胞壁成分以纤维素为主，酵母的细胞壁（见图 1-8）幼龄时较薄，具有弹性，以后逐渐变厚变硬，其细胞壁由特殊的酵母纤维素构成，它的主要成分是甘露聚糖、葡聚糖、蛋白质和类脂，蛋白质在细胞壁中起重要作用，它将葡聚糖和甘露聚糖连接起来。高等真菌的细胞壁成分则以几丁质为主。一种真菌的细胞壁组分并不是固定的，在其不同生长阶段，细胞壁的成分有明显不同。

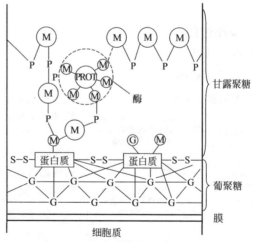

图 1-8 酵母细胞壁结构示意图
M—甘露聚糖；P—磷酸二酯键；G—葡聚糖；
PROT—酶（一种蛋白质）

3. 藻类细胞壁的化学组成和结构

藻类的细胞壁更为复杂，其主要结构成分是纤丝状的多糖类物质。

实例训练 ··

实训1 利用机械和非机械细胞破碎法提取多酚氧化酶

【任务描述】

多酚氧化酶（PPO）是一种金属蛋白酶，它能够催化酚类物质转变成醌。反应如下：

$$\text{（邻苯二酚）} + \frac{1}{2}O_2 \xrightarrow{[\text{PPO}]} \text{（邻苯醌）} + H_2O$$

很多植物组织受到机械损伤时产生褐变，其主要原因是多酚氧化酶（PPO）作用于天然底物酚类物质所致。可利用这一原理对提取的多酚氧化酶进行验证。

香蕉果皮中的多酚氧化酶主要以潜在形式（结合态）存在，因此本实训任务采用机械和非机械细胞破碎相结合的方法提取香蕉果皮细胞中的多酚氧化酶。

【任务实施】

一、准备工作

1. 建立工作小组，制订工作计划，确定具体任务，任务分工到个人，并记录到工作表。

2. 收集利用机械破碎法和非机械破碎法破碎细胞工作中的必需信息，掌握相关知识及操作要点，与教师共同确定出一种最佳的工作方案。

3. 完成任务单中实际操作前的各项准备工作。

(1) 材料准备 香蕉果皮。

(2) 试剂 不溶性聚乙烯吡咯烷酮（PVP）、Tween-80（吐温）、0.1mol/L pH7.0磷酸盐缓冲液、0.02mol/L多巴胺溶液。

(3) 仪器 组织匀浆器、高速冷冻离心机、试管、移液管、水浴恒温振荡器、分光光度计、纱布等。

二、操作过程

操作流程见图1-9。

1. 组织细胞破碎

将组织完整、无损伤、无变色的香蕉皮切成细小的粒状后，称取4份质量为50g的香蕉皮，分别加入3份同时含有2%不溶性聚乙烯吡咯烷酮（PVP）和0.5%、1%、2%的表面活性剂Tween-80的预冷过的磷酸盐缓冲液（0.1mol/L pH7.0）50mL，将1份只含2%PVP的磷酸盐缓冲液作为对照。然后，分别在组织匀浆器中破碎30s，间隔1min，再破碎30s。

2. 浸提

将破碎后的香蕉皮浆液在2～5℃条件下浸提30min。

3. 榨汁、离心

用多层的纱布榨取汁液，再将汁液于2℃、≥9000r/min条件下离心15～20min，收集上清液。得到的上清液即为PPO粗酶液。

4. PPO测定

在洁净的试管中加入3.5mL 0.1mol/L pH 7.0磷酸

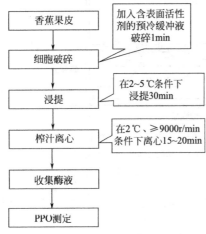

图1-9 香蕉果皮PPO提取流程

盐缓冲液、1.0mL 0.02 mol/L 多巴胺溶液，混匀后，加入 0.5mL PPO 粗酶液后，在 30℃恒温水浴振荡器中准确保温 3min，用分光光度计在 420nm 处测其 A_{420} 值，重复 3 次。酶活性以每分钟每毫升酶量引起吸光值改变 0.01 定义为 1 个酶活力单位。

最后，将添加不同浓度表面活性剂处理的 PPO 活力与对照处理的 PPO 活力作比较，找出提取香蕉果皮多酚氧化酶最适宜的表面活性剂添加浓度。

三、结束工作

1. 填好所有操作记录单、任务单、各种评价表。
2. 检查设备仪表是否洁净完好。
3. 检查工作场地及环境卫生。
4. 进行任务总结。

【工作反思】

1. 在提取香蕉果皮多酚氧化酶时，加入不溶性聚乙烯吡咯烷酮（PVP）和 Tween-80 各有何作用？
2. 验证香蕉多酚氧化酶时，可否用其他物质做底物？

技能拓展　　　　　　　细胞破碎率的测定

由于破碎方法、细胞种类和目标物质在胞内的位置不同，目标物质的释放速率也不同，因此，细胞破碎和产物释放过程非常复杂，很难完全定量描述。通常采用下列方法检测细胞破碎的程度。

1. 直接测定法

该法是通过检测破碎前后完整细胞数量之差来表示细胞破碎的程度。具体操作如下：破碎前，利用显微镜或电子微粒计数器直接计数完整细胞的量；破碎后，先用染色法把破碎的细胞从未损害的完整细胞中区别开来，再用显微镜或电子微粒计数器检测破碎液中完整细胞的量，计算前后两次数量之差。例如，破碎的革兰阳性菌常可染色成革兰阴性菌的颜色，利用革兰染色法，未受损害的酵母细胞呈现紫色，而受损害的酵母细胞呈现亮红色。

2. 测定释放蛋白质的量或酶的活力

细胞破碎后，测定悬浮液中细胞内含物的增量来估算破碎率。通常将破碎后的细胞悬浮液离心、测定上清液中蛋白质的含量或酶的活力，并与 100% 破碎所获得的标准数值直接比较。

3. 测定电导率

Luther 等人报道了一种利用破碎前后电导率的变化来测定破碎程度的快速方法。电导率的变化是由于细胞内含物被释放到水相中而引起的。电导率随着破碎率的增加呈线性增加。由于电导率的大小与微生物的种类、处理条件、细胞浓度、温度和悬浮液中电解质的含量等有关，因此，应预先采用其他方法制定标准曲线。

任务二　发酵液的预处理

微生物发酵或动物、植物细胞培养结束后，不论是胞内产物还是胞外产物，分离提取的第一步都涉及固液分离。固液分离时，若发酵液中菌体（如细菌、某些放线菌）较小，液体黏度大，则首先要对发酵液进行一定的预处理，以改变液体的特性，加快悬浮液中固形物沉降的速率，或除去料液中部分杂质以利于后期有效成分的提取。

知识目标

- 了解发酵液预处理的目的；
- 熟悉各种预处理技术的基本原理和方法。

技能目标

- 能够独立完成发酵液预处理的具体操作；
- 能根据生物产品后期纯化过程来选择预处理的方法。

必备知识

发酵液的预处理主要包括发酵液过滤特性的改变和杂质的去除。

一、 发酵液过滤特性的改变

微生物发酵液的成分极为复杂，其中除了所培养的微生物菌体及残存的固体培养基外，还有未被微生物完全利用的糖类、无机盐、蛋白质及微生物的各种代谢产物，具有产物浓度低、悬浮物颗粒小且密度与液相相差不大、固体粒子可压缩性大、液相黏度大、性质不稳定等特性。这些特性使得发酵液的过滤与分离相当困难。通过对发酵液进行适当的预处理，可改善其流体性能，降低滤饼阻力，提高过滤与分离的速率。常用方法有：降低液体黏度、调整 pH 值、凝聚与絮凝、加入助滤剂及加入反应剂等。

1. 降低液体黏度

降低液体黏度可有效提高过滤速率，降低液体黏度的常用方法有加水稀释法和加热法等。

(1) 加水稀释法　本法能降低液体黏度，但会增加悬浮液的体积，使后处理任务加大。单从过滤操作看，稀释后过滤速率提高的比例必须大于加水比例才能认为有效。

(2) 加热法　升高温度可有效降低液体黏度，从而提高过滤速率，常用于黏度随温度变化较大的流体。此外，在适当温度和受热时间下可使蛋白质凝聚，形成较大颗粒的凝聚物，进一步改善了发酵液的过滤特性。该法简单、经济，但只适用于对热较稳定的生化物质。加热的温度必须控制在不影响目的产物活性变化的范围内，温度过高或时间过长，会使细胞溶解，胞内物质外溢，增加发酵液的复杂性，影响后期的产物分离与纯化。

2. 调整 pH 值

pH 值直接影响发酵液中某些物质的电离度和电荷性质，适当调节 pH 值可改善其过滤特性。此法是发酵工业中发酵液预处理较常用的方法之一。如利用酸碱性物质来调节 pH 值使氨基酸、蛋白质等两性物质达到等电点得以除去。又如过滤中，发酵液中的大分子物质易与膜发生吸附，通过调整 pH 值改变易吸附分子的电荷性质，可以减少堵塞和污染。

3. 凝聚与絮凝

凝聚与絮凝处理过程就是将化学试剂预先投加到悬浮液中，改变细胞、菌体和蛋白质等胶体粒子的分散状态，破坏其稳定性，使其聚集起来，增大体积以便固液分离。除此之外，还能有效地除去杂蛋白质和固体杂质，提高滤液质量。因此，凝聚和絮凝是目前工业上最常用的预处理方法之一。常用于菌体细小而且黏度大的发酵液的预处理。

(1) 凝聚　凝聚是指向胶体悬浮液中加入某种电解质，在电解质中异电离子作用下，胶粒的双电层电位降低，当双电层的排斥力不足以抗衡胶粒间的范德华力时，由于热运动的结果，就导致胶粒的相互碰撞而产生凝集（1mm 左右）的现象。加入的电解质称为凝聚剂。

常用的凝聚剂有氯化铝（$AlCl_3 \cdot 6H_2O$）、硫酸铝 [$Al_2(SO_4)_3 \cdot 18H_2O$]、明矾 [$K_2SO_4 \cdot$

$Al_2(SO_4)_3 \cdot 24H_2O$]、硫酸亚铁（$FeSO_4 \cdot 7H_2O$）、氯化铁（$FeCl_3 \cdot 6H_2O$）、硫酸锌和碳酸镁等。电解质的凝聚能力可用凝聚值来表示，使胶粒发生凝聚作用的最低电解质浓度（mmol/L）称为凝聚值。根据 Schuze-Hardy 法则，阳离子的价数越高，该值就越小，即凝聚能力越强。阳离子对带负电荷的发酵液胶体粒子凝聚能力的次序为：$Al^{3+} > Fe^{3+} > H^+ > Ca^{2+} > Mg^{2+} > K^+ > Na^+ > Li^+$。

（2）絮凝　絮凝是利用带有许多活性官能团的高分子线状化合物可吸附多个微粒的能力，通过架桥作用将许多微粒聚集在一起，形成粗大的松散絮团（10mm）的过程。所利用的高分子化合物称为絮凝剂。

絮凝剂是一种能溶于水的高分子聚合物，其分子量可高达数万至一千万以上，它们具有长链状结构，其链节上含有许多活性官能团，这些基团通过静电引力、范德华力或氢键的作用，强烈地吸附在胶粒的表面。

絮凝剂根据其活性基团在水中解离情况的不同可分为非离子型、阴离子型、阳离子型和两性型（见表1-2）。根据其来源的不同，工业上使用的絮凝剂又可分为如下几类：①有机高分子聚合物，如聚丙烯酰胺类衍生物。②无机高分子聚合物，如聚合铝盐、聚合铁盐等。③天然有机高分子絮凝剂，如聚糖类胶黏物、海藻酸钠、明胶、骨胶、壳多糖、脱乙酰壳多糖等。④微生物絮凝剂，包括直接利用微生物细胞的絮凝剂、利用微生物细胞壁代谢产物的絮凝剂和克隆技术所获得的絮凝剂，主要成分是糖蛋白、黏多糖、纤维素及核酸等高分子物质。微生物絮凝剂最大的优点是安全、无毒和不污染环境。如红平红球菌制成的 NOC-1 是目前发现的最佳微生物絮凝剂、拟青霉素微生物产生的絮凝剂 PF101 对枯草杆菌、大肠杆菌、啤酒酵母、血红细胞、活性污泥、纤维素粉、活性炭、硅藻土、氧化铝等有良好的絮凝效果。

表 1-2　各种离子型絮凝剂活性基团及实例

离子类型	活性基团	絮凝剂实例	离子类型	活性基团	絮凝剂实例
非离子型	—OH 羟基 —CN 腈 —CONH₂ 酰胺	聚丙烯酰胺、尿素甲醛聚合物、水溶性淀粉、聚氧乙烯	阳离子型	—NH₂ 伯胺 —NH—R 仲胺 —NR₂ 叔胺 $\overset{+}{—}NR_3$ 季铵	聚乙烯吡啶、胺与环氧氯丙烷缩聚物、聚丙烯酰胺阳离子化衍生物
阴离子型	—COOH 羧酸 —SO₃H 磺酸 —OSO₃H 硫酸酯	聚丙烯酸、海藻酸、羧酸乙烯共聚物、聚乙烯苯磺酸	两性型	同时有阴、阳两种离子活性基团	明胶、蛋白素、干乳酪等蛋白质，改性聚丙烯酰胺

影响絮凝效果的因素很多，主要有絮凝剂的加入量、分子量和类型、溶液的pH、搅拌转速和时间、操作温度等。

① 絮凝剂的加入量。絮凝剂的最适添加量往往要通过实验方法确定，虽然较多的絮凝剂有助于增加桥架的数量，但过多的添加反而会引起吸附饱和，絮凝剂争夺胶粒而使絮凝团的粒径变小，絮凝效果下降。

② 絮凝剂的分子量和类型。絮凝剂的分子量越大、线性分子链越长，絮凝效果越好。但分子量增大，絮凝剂在水中的溶解度降低，因此要选择适宜分子量的絮凝剂。

③ 溶液的pH。pH的变化会影响离子型絮凝剂官能团的电离度，因此阳离子型絮凝剂适合在酸性或中性的pH环境中使用，阴离子型絮凝剂适合在中性或碱性的环境中使用。

④ 搅拌转速和时间。适当的搅拌转速和时间对絮凝是有利的。一般情况下，搅拌转速为40～80r/min，不要超过100r/min；搅拌时间以2～4min为宜，不超过5min。

⑤ 操作温度。当温度升高时，絮凝速率加快，形成的絮凝颗粒细小，因此絮凝操作温度要适宜，一般为20～30℃。

4. 加入助滤剂

助滤剂是一种不可压缩的多孔微粒，它可以改变滤饼的结构，降低滤饼的可压缩性，从而降低过滤阻力。常用的助滤剂有硅藻土、纤维素、石棉粉、珍珠岩、白土、炭粒、淀粉等，最常用的是硅藻土和珍珠岩。硅藻土是几百年前的水生植物沉淀下来的遗骸，珍珠岩是处理过的膨胀火山岩。

助滤剂的使用方法有两种：一种是在过滤介质表面预涂助滤剂，另一种是直接加入发酵液，也可两种方法同时兼用。

选择助滤剂时，应从目的产物的特性、过滤介质和过滤情况、助滤剂的粒度和使用量等方面进行考虑。

(1) 目的产物的特性　当目的产物存在于液相时，要注意目的产物是否会被助滤剂吸附，是否可通过改变 pH 值来减少吸附；当目的产物为固相时，一般使用淀粉、纤维素等不影响产品质量的助滤剂。

(2) 过滤介质和过滤情况　当使用粗目滤网时，采用石棉粉、纤维素、淀粉等作助滤剂可有效防止泄漏；当使用细目滤布时，宜采用细硅藻土；当使用烧结或黏结材料作过滤介质时，宜使用纤维素助滤剂，这样可使滤渣易于剥离并可防止堵塞毛细孔。

(3) 助滤剂的粒度　必须与悬浮液中固体粒子的尺寸相适应，颗粒较小的悬浮液应采用较细的助滤剂。

(4) 助滤剂的使用量　必须适合，使用量过少，起不到有效的作用；使用量过大，不仅浪费，而且会因助滤剂成为主要的滤饼阻力而使过滤速率下降。

当采用预涂助滤剂的方法时，间歇操作助滤剂的最小厚度为 2mm；连续操作则要根据所需过滤速率来确定。当助滤剂直接加入发酵液时，一般采用的助滤剂用量等于悬浮液中固形物含量，其过滤速率最快。如用硅藻土作助滤剂时，通常细粒用量为 $500g/m^3$、中等粒度用量为 $700g/m^3$、粗粒用量为 $700 \sim 1000g/m^3$。

5. 加入反应剂

加入某些不影响目的产物的反应剂，可消除发酵液中某些杂质对过滤的影响，从而提高过滤速率。该法通常是利用反应剂和某些可溶性盐类发生反应生成不溶性沉淀，如 $CaSO_4$、$AlPO_4$ 等。生成的沉淀能防止菌丝体黏结，使菌丝具有块状结构，沉淀本身可作为助滤剂，并且能使胶状物和悬浮物凝固，消除发酵液中某些杂质对过滤的影响，从而改善过滤性能。如在新生霉素发酵液中加入氯化钙和磷酸钠，生成的磷酸钙沉淀可充当助滤剂，另一方面可使某些蛋白质凝固。又如环丝氨酸发酵液用氯化钙和磷酸处理，生成磷酸钙沉淀，能使悬浮物凝固，多余的磷酸根离子还能除去钙离子、镁离子，并且在发酵液中不会引入其他阳离子，以免影响环丝氨酸的离子交换吸附。

二、 杂质的去除

发酵液中高价无机离子的存在会影响树脂对生化物质的交换容量。可溶性蛋白质的存在会降低离子交换和吸附法提取时交换容量和吸附能力；在有机溶剂法或双水相萃取时，易产生乳化现象，使两相分离不清；在粗滤或膜过滤时，易使过滤介质堵塞或受污染，影响过滤速率。所以，在预处理时，必须采用适当的方法使这些杂质沉淀，在固液分离时除去。

1. 高价无机离子的去除

对成品质量影响较大的无机杂质主要有 Ca^{2+}、Mg^{2+}、Fe^{3+} 等高价金属离子，预处理时应将它们除去。

发酵液中钙离子的去除通常使用草酸，反应后生成的草酸钙在水中溶解度很小，因此能将 Ca^{2+} 较完全去除。生成的草酸钙同时还能促使蛋白质凝固，改善发酵液的过滤特性。但由于草酸溶解度较小，不适合用量较大的情况，可用其可溶性盐，如草酸钠等。草酸价格昂贵，应注意回收。去除镁离子可加入三聚磷酸钠，与镁离子形成络合物（$Na_5P_3O_{10} + Mg^{2+} \rightarrow MgNa_3P_3O_{10} + 2Na^+$）。用磷酸盐处理，也能大大降低钙离子和镁离子的浓度。去除铁离子，可加入黄血盐，使其形成普鲁士蓝沉淀而除去。反应式如下：

$$4Fe^{3+} + 3K_4Fe(CN)_6 \longrightarrow Fe_4[Fe(CN)_6]_3 \downarrow + 12K^+$$

2. 杂蛋白质的去除

（1）沉淀法 蛋白质是两性物质，在酸性溶液中，能与一些阴离子，如三氯乙酸盐、水杨酸盐、钨酸盐、苦味酸盐、鞣酸盐、过氯酸盐等形成沉淀；在碱性溶液中，能与一些阳离子如 Ag^+、Cu^{2+}、Zn^{2+}、Fe^{3+} 和 Pb^{2+} 等形成沉淀。

（2）吸附法 该法是在发酵液中加入某些吸附剂或沉淀剂吸附杂蛋白而除去。例如，在枯草芽孢杆菌发酵液中，加入氯化钙和磷酸氢二钠，两者生成庞大的凝胶，把蛋白质、菌体及其他不溶性粒子吸附并包裹在其中而除去，从而可提高过滤速率。

（3）变性法 蛋白质从有规则的排列变成不规则结构的过程称为变性。变性蛋白质在水中溶解度变小而产生沉淀。常用的变性方法有：加热、大幅度调节 pH 值、加乙醇等有机溶剂或表面活性剂。例如：在抗生素生产中，常将发酵液 pH 值调至偏酸性范围（pH 2～3）或较碱性范围（pH 8～9）使蛋白质凝固，一般酸性条件下除去的蛋白质较多。变性法也存在着一定的局限性，如加热法只适合于对热较稳定的目的产物；极端 pH 会导致某些目的产物失活，并且要消耗大量酸碱；有机溶剂法通常只适用于所处理的液体数量较少的场合。

3. 多糖的去除

如果发酵液中含有不溶性多糖物质，最好用酶将它转变为单糖，以提高过滤速率，如万古霉素用淀粉作培养基，发酵液过滤前加入 0.025% 的淀粉酶，搅拌 30min 后，再加 2.5% 硅藻土助滤剂，可使过滤速率提高 5 倍。

4. 有色物质的去除

发酵液中的有色物质可能是微生物在生长代谢过程中分泌的，也可能是培养基（如玉米浆、糖等）带来的，色素物质化学性质的多样性增加了脱色的难度。色素物质的去除，一般采用离子交换树脂、活性炭等材料的吸附法来脱色。例如，活性炭可用于柠檬酸发酵液的脱色，盐型强碱性阴离子交换树脂可用于解朊酶和果胶酶溶液的脱色，磷酸型阴离子交换树脂可用于谷氨酸发酵液的脱色等。一般发酵液的脱色往往在过滤除去菌体后进行。

知识拓展 发酵液的组成

发酵液组成很复杂，除微生物菌体及残存的固体培养基外，还有未被微生物完全利用的糖类、无机盐、蛋白质，以及微生物的各种胞内外代谢产物。常见发酵液中微生物细胞的组成如表 1-3。

表 1-3 微生物细胞的组成

微生物类型	蛋白质/%	核酸/%	多糖/%	类脂物/%	微生物类型	蛋白质/%	核酸/%	多糖/%	类脂物/%
细菌	40～70	13～34	2～10	10～15	丝状真菌	10～25	1～3	<10	2～9
酵母	40～50	4～10	<15	1～6	藻类	10～60	1～5	<15	4～80

在工业发酵液中存在多种悬浮粒子，粒子的形状及大小直接影响发酵液处理的难易及回收费用。发酵液中典型的悬浮粒子的形状和大小如图 1-10 所示。

固液分离速度通常与黏度成反比，黏度越大，固液分离越困难。影响发酵液黏度的因素如下。

① 菌体的种类和浓度（重要因素），通常丝状菌、动物或植物细胞悬浮液黏度较大，浓度增大，黏度也提高。

② 培养液中蛋白质、核酸大量存在，黏度增大。

③ 细胞破碎或细胞自溶后黏度增大。因此细胞破碎的程度应控制，发酵放罐时间要适宜。

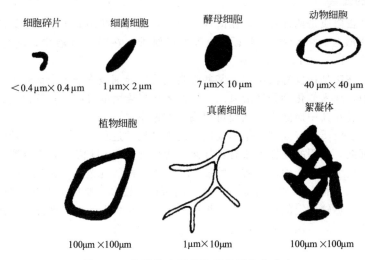

图 1-10 发酵液中悬浮粒子的形状和大小

④ 培养基成分，如用黄豆粉、花生粉作氮源，淀粉作碳源，黏度都会升高。

⑤ 某些染菌发酵液，如染细菌，则黏度会增大。

⑥ 发酵过程的不正常处理，如大量过剩的培养基和消泡剂的加入，都会使黏度增大。

实例训练

实训 2   维生素 C 发酵液的预处理

【任务描述】

维生素 C 易溶于水，略溶于乙醇，不溶于乙醚、三氯甲烷和石油醚等有机溶剂。目前维生素 C 的生产主要采用"两步发酵法"，即以葡萄糖为原料，经高压催化氢化制备 D-山梨醇，利用黑醋酸杆菌使 D-山梨醇氧化为 L-山梨糖，再通过葡萄糖酸杆菌和巨大芽孢杆菌混合发酵生成维生素 C 前体 2-酮基-L-古龙酸（2-KLG），最后再将此酸采取酸（或碱）转化成粗品维生素 C。在发酵终点时，发酵液中除了含有一定量的 2-酮基-L-古龙酸钠（加 Na_2CO_3 调 pH 至 7.0 时产生的）及 2-酮基-L-古龙酸（含 8% 左右）外，还含有大量的菌丝体、菌体蛋白和大量的培养基成分等，使 2-KLG 分离提纯较为困难，因此，将 2-KLG 从发酵液中分离提取出来，必须先除去菌体蛋白。

本次任务采用加热沉淀和絮凝两种方法分别除去发酵液中的菌体蛋白。

【任务实施】

一、准备工作

1. 建立工作小组，制订工作计划，确定具体任务，任务分工到个人，并记录到工作表。

2. 收集微生物发酵液预处理工作中的必需信息，掌握相关知识及操作要点，与教师共同确定出一种最佳的工作方案。

3. 完成任务单中实际操作前的各项准备工作。

(1) 材料准备 维生素 C 发酵液。

(2) 试剂   0.1mol/L 盐酸、YB 系列絮凝剂中的主凝剂 A（聚丙烯酰胺）和助凝剂 B（碱式聚合氧化铝），市售。

（3）**仪器**　离心机、移液管、水浴恒温振荡器、分液漏斗等。

二、操作过程

操作流程见图 1-11。

1. 加热沉淀除蛋白

（1）**调等电点**　取一定量的维生素 C 发酵液，在室温下用 0.1mol/L 盐酸酸化，调至维生素 C 菌体蛋白等电点 pH 值 6.3～6.6。

（2）**加热静置**　将已产生沉淀的发酵液加热至 70℃，保温 20min 后，冷却至室温，静置 1h，使菌体蛋白充分沉淀。

（3）**离心**　将已沉淀的发酵液离心（3000r/min，20min）。

（4）**收集上清液**　沉淀物用清水洗涤，合并上清液及洗液为预处理后的维生素 C 发酵液。

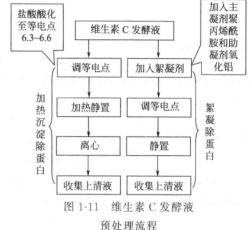

图 1-11　维生素 C 发酵液预处理流程

2. 絮凝除蛋白

（1）**加入絮凝剂**　另取维生素 C 发酵液 500mL，于 1000mL 分液漏斗中，通过计算，加入主凝剂 A 使其在发酵液中的浓度为 500mg/kg，加入一定量的助凝剂 B 使其在发酵液中的浓度为 12.5mg/kg。

（2）**调等电点**　调溶液 pH 值为 6.3～6.6。

（3）**静置**　室温下搅拌 15min，然后静置 1h。

（4）**收集上清液**　放出下层沉淀，沉淀物用清水洗 2～3 次，合并上清液及洗液为预处理后的维生素 C 的发酵液。

三、结束工作

1. 填好所有操作记录单、任务单、各种评价表。
2. 检查设备仪表是否洁净完好。
3. 检查工作场地及环境卫生。
4. 进行任务总结。

【工作反思】

1. 加热沉淀除蛋白与絮凝除蛋白各有何优缺点？
2. 如何检验维生素 C 发酵液预处理的效果？

任务三　发酵液的固液分离

发酵液的固液分离包括两方面，一是收集胞内产物的细胞或菌体，分离除去液相；二是收集含生化物质的液相，分离除去固体悬浮物。固体悬浮物多指发酵液中细胞、细胞碎片、菌体、菌体蛋白的沉淀物和它们的絮凝体或盐类等，常用的固液分离方法有粗滤和离心。

知识目标

● 了解粗滤和离心分离基本原理；

- 熟悉粗滤和离心分离的方法及应用范围。

技能目标

- 能够独立完成粗滤和离心分离的具体操作;
- 熟知粗滤和离心分离所用设备的操作规程及设备应用特点。

必备知识

一、粗滤

在一定的压力差作用下,借助于多孔性介质,截留悬浮液中直径大于 $2\mu m$ 的大颗粒,使固形物与液体分离的技术称为粗滤,粗滤体系示意图如图 1-12。通常所说的常规过滤就是指粗滤。

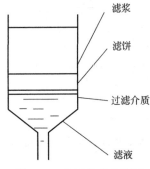

图 1-12　粗滤体系示意图

滤浆
滤饼
过滤介质
滤液

1. 过滤介质

过滤操作所使用的多孔性物质称为过滤介质,其作用是截留悬浮液中的固体颗粒。工业上常用的过滤介质如下。

(1) 织物介质　又称滤布,是用棉、毛、丝、麻等天然纤维及合成纤维织成的织物及由玻璃丝或金属丝织的网。这类介质能截留颗粒的最小直径为 $5\sim65\mu m$,工业应用最为广泛。其过滤性能受许多因素的影响,其中最重要的是纤维的特性、编织纹法和线型。

(2) 多孔固体介质　具有很多微细孔道的固体材料,如多孔的陶瓷、多孔性塑料、多孔金属烧结制成的管或板及滤纸和压紧的毡与棉等,能截留最小直径为 $1\sim3\mu m$ 的微细颗粒。孔隙很小且耐腐蚀,常用于过滤含有少量微粒的悬浮液。

(3) 粒状介质　有硅藻土、珍珠岩粉、细砂、活性炭、白土等。最常用的是硅藻土,硅藻土有化学性能稳定、空隙大且多孔、无毒且不可压缩的特点。作为过滤介质通常有三种用法。

① 作为深度过滤介质　硅藻土过滤层具有曲折的毛细孔道,利用筛分、吸附和深层效应作用除去悬浮液中的固体粒子,截留效果可达到 $1\mu m$。

② 作为预涂层　在支持介质的表面上预先形成一层较薄的硅藻土预涂层,用以保护支持介质的毛细孔道不被滤饼层中的固体粒子堵塞。

③ 作为助滤剂　在滤浆中加入粉粒状硅藻土,能防止滤饼堆积过于密实,降低过滤阻力,增加过滤速率,得到高度澄清的滤液。

2. 粗滤方法及其应用

(1) 根据过滤机理不同　粗滤操作可分为澄清过滤和滤饼过滤。

① 澄清过滤(或称深度过滤),过滤介质为硅藻土、细砂、颗粒活性炭、玻璃珠、塑料颗粒等,当悬浮液通过滤层时,固体颗粒被阻拦或吸附在滤层的颗粒上,使滤液得以澄清,适合于固体含量少于 0.1%、颗粒直径在 $5\sim100\mu m$ 的悬浮液的过滤分离。

② 滤饼过滤(或称表面过滤),过滤介质为滤布,包括天然或合成纤维织布、金属织布、玻璃纤维纸、无纺布等。当悬浮液通过滤布时,固体颗粒被滤布阻拦而逐渐形成滤饼。当滤饼至一定厚度时即起过滤作用,此时即可获得澄清的滤液,适合于固体含量大于 0.1% 的悬浮液的过滤分离。

(2) 根据推动力不同　常用粗滤方法可分为三种,即常压过滤、加压过滤、真空过滤(减压过滤)。表 1-4 对三种方法进行了比较。

(3) 根据操作方式不同　粗滤方法还可分为间歇式过滤与连续式过滤。

表1-4 常用粗滤分离方法

粗滤方法	推动力	特 点	应用举例
常压过滤	液位差	过滤速度较慢,分离效果较差,难以大规模连续处理物料	实验室常用的滤纸过滤以及生产中使用的吊篮或吊袋过滤等
加压过滤	压力泵或压缩空气产生的压力	设备比较简单,过滤速度较快,过滤效果较好,适合大规模应用	工业上使用的板框压滤机、加压叶状过滤机等设备进行的过滤
减压过滤	在过滤介质下方抽真空形成的压力差	减压过滤压差最高不超0.1MPa,多用于黏性不大的物料的过滤,可大规模连续操作	实验室常用的抽滤瓶和生产中使用的各种真空抽滤机进行的过滤

3. 粗滤设备

常压粗滤设备简单,应用不多,主要介绍生物工业中常用的几种过滤设备。

(1) 板框压滤机 板框压滤机是一种传统的过滤设备(见图1-13),在发酵工业中广泛应用于培养基制备的过滤及霉菌、放线菌、酵母菌和细菌等多种发酵液的固液分离。适合于固体含量1%~10%的悬浮液的分离。它是由交替排列的滤板、滤框与夹于板框之间的滤布叠合组装压紧而成。组装好后,在板框的四角位置形成连通的流道,由机头上的接管阀控制悬浮液、滤液及洗液的进出(见图1-14)。

过滤阶段悬浮液由离心泵或齿轮泵经滤浆通道打入

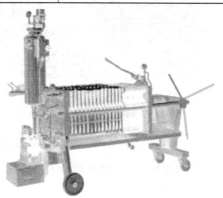

图1-13 板框压滤机结构图

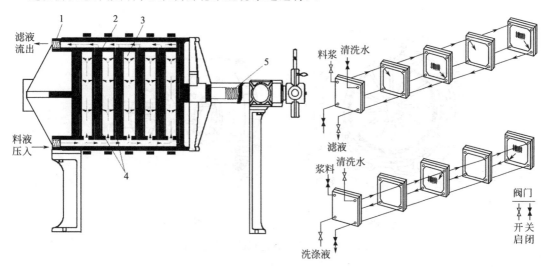

图1-14 板框压滤机组装示意图
1—固定头;2—滤板;3—滤框;4—滤布;5—压紧装置

框内,滤液穿过滤框两侧滤布,沿相邻滤板沟槽流至滤液出口,固体则被截留于框内形成滤饼。滤饼充满滤框后停止过滤。

滤板分为洗涤板与非洗涤板,两者间隔排列。洗涤时洗液由洗涤板上的通道进入凹凸空间,穿过滤布、滤饼和另一侧的滤布后排出。

常用规格的板框其厚度为25~60mm,边长为0.2~2.0m,框数由生产所需定,有数个至上百个不等。板框压滤机的操作压强一般在0.3~1.0MPa。

板框压滤机具有结构简单、装配紧凑、过滤面积大、过滤的推动力(压力差)能大幅度调整、能耐受较高的压力差、固相含水分低、能适应不同过滤特性的发酵液的过滤；辅助设备少、维修方便、价格低和动力消耗少等优点。缺点是设备笨重、间歇操作、劳动强度大、卫生条件差、辅助时间多和生产效率低。

(2) 转筒真空过滤机 转筒真空过滤机是一种连续式过滤设备，在发酵工业中广泛用于霉菌、放线菌和酵母菌发酵液或细胞悬浮液的过滤分离，适合于固体含量大于10%的悬浮液的分离。它是靠真空在转筒内外形成的压差在转筒表面上过滤（见图1-15）。转筒的多孔表面上覆盖滤布，内部则分隔成互不相通的若干扇形过滤室，每室与固定在端面的转动盘上的一个孔相通。转动盘与固定在机架上的固定盘紧密贴合构成分配头，转筒回转时各过滤室通过分配头依次与真空抽滤系统、洗水抽吸系统和压缩空气反吹系统相通（见图1-16）。

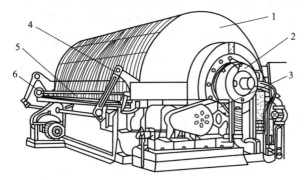

图 1-15　转筒真空过滤机结构示意图

1—过滤转筒；2—分配头；3—传动系统；
4—搅拌装置；5—料浆储槽；6—铁丝缠绕装置

转筒旋转一周，每一个扇形过滤室依次完成真空过滤、洗涤、脱水、吸干滤饼和压缩空气吹松、刮刀卸料等全部操作。

从整个过滤机来看，则相应分为过滤区、洗涤区、吸干区、卸料区等几个不同的工作区域，构成连续的过滤操作。

转筒真空过滤机转速多在 0.1～3r/min，浸入悬浮液中的吸滤面积约占全部表面的30%～40%，滤饼厚度大约 3～40mm。

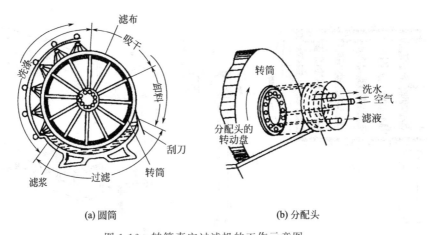

(a) 圆筒　　　　　　　　　　　　(b) 分配头

图 1-16　转筒真空过滤机的工作示意图

转筒真空过滤机具有自动化程度高、操作连续和处理量大等特点。由于受推动力（真空度）的限制，转筒真空过滤机一般不适于菌体较小和黏度较大的细菌发酵液的过滤。

二、离心分离

离心分离是基于固体颗粒和周围液体密度存在差异，在离心场中使不同密度的固体颗粒加速沉降的分离过程。实现离心分离操作的机械称为离心机。

离心分离对那些固体颗粒很小或液体黏度大，过滤速度慢，甚至难以过滤的悬浮液的分离十分有效，对那些忌用助滤剂或助滤剂使用无效的悬浮液，也能得到满意的分离效果。与其他固液分离法相比，离心分离具有分离速率快、分离效率高、液相澄清度好等优点。但离心分离往往设备投资高、能耗大，连续排料时所得固相干度不如过滤设备。

1. 离心分离设备

离心分离设备种类很多，根据其转速的高低可分为低速离心机、高速离心机和超速离心机。各种离心机的转速范围和分离对象见表1-5。

按操作原理不同，离心分离设备可分为过滤式离心机和沉降式离心机两大类。前者转鼓上开有小孔，有过滤介质，在离心力的作用下，液体穿过过滤介质经小孔流出而得以分离，主要用于处理悬浮液固体颗粒较大、固体含量较高的物料。后者转鼓上无孔，不需过滤介质，在离心力的作用下，物料按密度的大小不同分层沉降而得以分离，可用于液-固、液-液和液-液-固物料的分离。

表1-5　离心机的种类和适用范围

离心机类型	转速范围/(r/min)	分　离　对　象
低速离心机	2000～6000	用于收集细胞、菌体、酶的结晶和培养基残渣等较大的固形颗粒
高速离心机	10000～26000	用于分离沉淀、细胞碎片和较大细胞器等较小的固形颗粒
超速离心机	30000～120000	用于生物大分子、细胞器、病毒等分子水平和微粒的分离

按操作方式的不同，离心分离设备还可分为间歇式离心机和连续式离心机。

下面介绍几种常见的离心机。

（1）管式离心机　管式离心机是一种沉降式离心机，由于其转鼓细而长（长度为直径的6～7倍），因此可以在很高的转速（15000～50000r/min）下工作，用于液液分离和固液分离。当用于液液分离时为连续操作，而用于固液分离时则为间歇操作，操作一段时间后需将沉积于转鼓壁上的固体定期人工卸除。

管式离心机由转鼓、分离盘、机壳、机架、传动装置等组成（如图1-17）。

待处理的物料在加压情况下（$3×10^4$Pa左右）由下部进料管经底部空心轴进入鼓内，经挡板作用分散于转鼓底部，受到高速离心力作用而旋转向上，轻液（或清液）位于转鼓中央，呈螺旋形运转向上移动，重液（或固体）靠近鼓壁。至分离盘靠近中心处为轻液（或清液）出口孔，靠近转鼓壁处为重液出口孔。用于固液分离时，将重液出口孔用石棉垫堵塞，固体则附于转鼓周壁，待停机后取出。

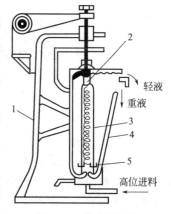

图1-17　管式离心机结构示意图
1—机架；2—分离盘；
3—转鼓；4—机壳；
5—挡板

管式离心机设备简单、操作稳定、分离效率高，可用于微生物细胞的分离，还可用于细胞碎片、细胞器、病毒、蛋白质、核酸等生物大分子的分离。在生物工业中，特别适合于一般离心机难以分离而其固形物含量<1%的发酵液的分离。但管式离心机的转筒直径较小，容量有限，因此生产能力较低。转速相对较低的管式离心机最大处理量可达10m³/h。对于固形物含量较高的发酵液，由于不能进行连续分离，需频繁拆机卸料，影响生产能力，且易损坏机件。

（2）碟片式离心机　碟片式离心机也是一种沉降式离心机，是目前工业上应用最广泛的一种离心机。它具有一密闭的转鼓，鼓中放置有数十个至上百个锥顶角为60°～100°的锥形碟片，碟片与碟片之间的距离用附于碟片背面的、具有一定厚度的狭条来调节和控制，一般碟片间的距离为0.5～2.5mm，当转鼓连同碟片高速旋转时（一般为4000～8000r/min），碟片间悬浮液中的固体颗粒因有较大的质量，先沉降于碟片的内腹面，并连续向鼓壁方向沉降，澄清的液体则被迫反方向移动，最终在转鼓颈部进液管周围的排液口排出。

碟片式离心机（图1-18）既能分离低浓度的悬浮液（液-固分离），又能分离乳浊液（液-液

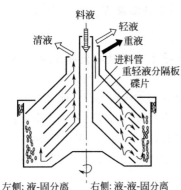

左侧：液-固分离   右侧：液-液-固分离

图 1-18   碟片式离心机工作原理

分离或液-液-固分离)。两相分离和三相分离的碟片形式有所不同,对于液-固或液-液两相分离所用的碟片为无孔式,液-液-固三相分离所用的碟片在一定位置带有孔,以此作为液体进入各碟片间的通道,孔的位置是处于轻液和重液两相界面的相应位置上。

碟片式离心机适用于细菌、酵母菌、放线菌等多种微生物细胞悬浮液及细胞碎片悬浮液的分离。它的生产能力较大,最大允许处理量达 $300m^3/h$,一般用于大规模的分离过程。

(3) 倾析式离心机   倾析式离心机靠离心力和螺旋的推进作用自动连续排渣,因而也称为螺旋卸料沉降离心机。倾析式离心机的转动部分由转鼓及装在转鼓中的螺旋输送器组成,两者以稍有差别的转速同向旋转。如图 1-19 所示为并流型倾析式离心机工作原理图,悬浮液从进料管径进料口进入高速旋转的转鼓内,在离心力作用下,固体颗粒发生沉降分离,沉积在转鼓内壁上。堆积在转鼓内壁上的固相靠螺旋推向转鼓的锥形部分,从排渣口排出。与固相分离后的液相,经液相回流管从转鼓大端的溢流孔溢出。

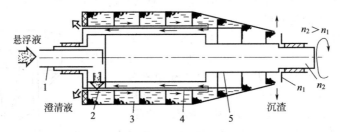

图 1-19   并流型倾析式离心机工作原理图

1—进料管；2—进料口；3—转鼓；4—回管；5—螺旋；n_1、n_2—转鼓和螺旋输送器的转数

倾析式离心机具有操作连续、适应性强、应用范围广、结构紧凑和维修方便等优点,特别适合于含固形物较多的悬浮液的分离。在发酵工业中,常用于淀粉精制和废液处理。但这种离心机的分离效果较差,因而不适于细菌、酵母菌等微小微生物悬浮液的分离。此外,液相的澄清度也相对较差。

(4) 螺旋式离心机   螺旋式离心机是连续操作的沉降设备。转鼓内有可旋转的螺旋输送器,其转数比转鼓的转数稍低,有立式和卧式两种。

卧式螺旋式离心机 (图 1-20),工作时转鼓与螺旋以一定差速同向高速旋转,悬浮液通过螺旋输送器的空心轴进入机器内中部,由进料管连续引入螺旋内筒,加速后进入转鼓。在离心力作

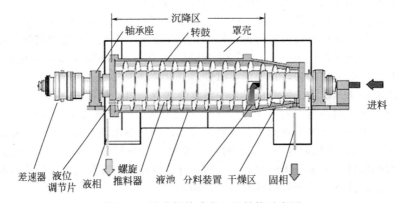

图 1-20   卧式螺旋式离心机结构示意图

用下，固相物沉积在转鼓壁上形成沉渣层。输料螺旋将沉积的固相物连续推至转鼓锥端，经排渣口排出机外，较轻的液相物则形成内层液环，由转鼓大端溢流口连续溢出转鼓，经排液口排出机外。

卧式螺旋式离心机是一种全速旋转、连续进料、分离和卸料的离心机，最大离心力可达6000重力加速度，操作温度可达300℃，用于分离固形物含量较多的悬浮液，生产能力较大。

（5）三足式离心机 三足式离心机是目前最常用的过滤式离心机，是应用离心力代替压力差作为过滤推动力的分离方法。立式有孔转鼓悬挂于三根支足上，所以习惯称为三足式（图1-21）。

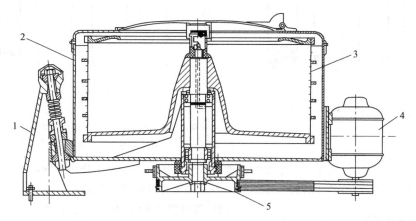

图1-21 三足式离心机的结构

1—支脚；2—外壳；3—转鼓；4—电机；5—皮带轮

三足式离心机的有孔转鼓内壁上覆盖滤布作为过滤介质，离心过滤的推动力由随转鼓高速旋转的液层自身的惯性离心力产生，迫使悬浮液中的液体穿过滤布流到转鼓外部空间而滤渣残留在转鼓中，当滤渣积累到一定量后停机，从上或下部卸出。

三足式离心机操作时应注意：启动前要盖紧盖子，完全停止运转后才能卸渣。

2. 离心分离的方法及其应用

对于低速离心机和高速离心机，由于所分离的颗粒大小和密度相差较大，只要选择好离心速度和离心时间，就能达到分离效果。若样品中存在两种以上大小和密度不同的颗粒，则采用超速离心。超速离心技术是分离纯化生物大分子及亚细胞成分的最有用技术之一。在超速离心中，离心方法可分为差速离心、密度梯度离心和等密度梯度离心等。表1-6对三种离心方法进行了比较。

表1-6 超速离心方法的比较

比较项目	差速离心	密度梯度离心	等密度梯度离心
原理	在密度均一的介质中由低速到高速逐级离心，样品按大小先后沉淀	欲分离物质的最小密度大于离心介质的最大密度，在重组分沉到管底之前停止离心，不同组分分别形成明显的区带，但并未达到自己的平衡位置	欲分离物质的密度范围处于离心介质的密度范围内，在离心力的作用下，移动到与它们各自的浮力密度恰好相等的位置形成区带
适用对象	用于物质沉降系数相差较大的情况	一般应用在物质大小相异而密度相近的情况	一般应用在物质大小相近，而密度差异较大的情况
离心介质	无	蔗糖、甘油	铯盐、三碘苯的衍生物等
分离效果	分离效果差，不能一次得到纯颗粒	分离效果较好，可一次获得较纯颗粒	分离效果较好，可一次获得较纯颗粒
应用	主要用于分离细胞器和病毒	一般用于蛋白质的分离	一般用于核酸、细胞器的分离

（1）**差速离心法** 采用不同的离心速度和离心时间，使沉降速度不同的各种颗粒分批分离的

方法称为差速离心法，是工业上最常用的离心分离方法。

其原理是：在密度均一的介质中由低速到高速逐级离心，每次可沉降样品溶液中的一些组分。操作过程中一般是在离心后用倾倒的办法把上清液与沉淀分开，然后将上清液加高转速离心，分离出第二部分沉淀，如此往复加高转速，逐级分离出所需要的物质（图1-22）。

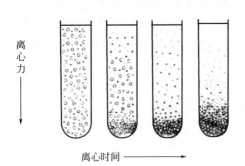

图1-22   差速离心使颗粒分级沉淀

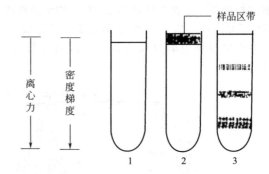

图1-23   密度梯度离心时颗粒的分离
1—装满密度梯度液的离心管；2—把样品装在梯度液的顶部；
3—在离心力的作用下颗粒根据各自的质量按不同的速度移动

差速离心主要用于分离那些大小和密度差异较大的颗粒，如用于分离不同大小的细胞和细胞器，操作简单、方便，但其分离的纯度不高。一般用于样品的粗提和浓缩。

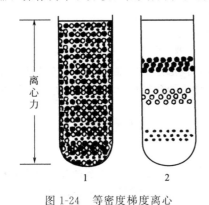

图1-24   等密度梯度离心
时颗粒的分离
1—样品和梯度介质的均匀混合液；
2—在离心力的作用下，梯度重新分配，
样品区带呈现在各自的等密度处

（2）密度梯度离心法   密度梯度离心法也叫速度区带离心法，是样品在连续或不连续的密度梯度介质中进行的离心方式。

密度梯度是由在离心管道中能迅速扩散的物质（如蔗糖、聚蔗糖等）形成的，管中溶液的密度由管底到液面逐渐降低，可以形成平滑的梯度。此密度梯度的最大值应小于沉降样品组分的最小值。样品置于密度梯度介质之上，在预定转速下离心，控制离心时间，在重组分沉到管底之前停止离心。此时，不同组分分别形成明显的区带（图1-23），但并未达到等密度区。密度梯度的作用只是为了防止已形成的区带因对流而混合。常用的密度梯度介质有蔗糖、甘油、聚蔗糖等。使用最多的是蔗糖密度梯度系统，其适用范围是：蔗糖含量5%～60%，密度范围1.02～1.30g/cm³。

（3）等密度梯度离心法   当欲分离的不同颗粒的密度范围处于离心介质的密度范围内时，在离心力的作用下，不同浮力密度的颗粒或向下沉降，或向上漂浮，只要时间足够长，就可以一直移动到与它们各自的浮力密度恰好相等的位置（等密度点），形成区带。这种方法称为等密度梯度离心，或称为平衡等密度离心。

等密度梯度离心常用的离心介质是铯盐，如氯化铯（CsCl）、硫酸铯（Cs_2SO_4）、溴化铯（CsBr）等。有时也可以采用三碘苯的衍生物作为离心介质。

操作时，先把一定浓度的介质溶液与样品液混合均匀，也可以将一定量的铯盐加到样品液中使之溶解，然后在选定的离心力的作用下，经过足够时间的离心分离。在离心过程中，铯盐在离心力的作用下，在离心场中沉降，自动形成密度梯度，样品中不同浮力密度的颗粒在其各自的等密度点位置上形成区带（图1-24）。在采用铯盐作为离心介质时，注意防止它们对离心机转子的腐蚀作用。

知识拓展　　　　　　　　生化分离的一般过程及单元操作

　　生化分离技术按其分离原理可分为机械分离与传质分离两大类。机械分离针对非均相混合物，根据物质的大小、密度的差异，依靠外力作用，将两相或多相分开，此过程的特点是相间不发生物质传递，如过滤、膜分离等分离过程。传质分离针对均相混合物，也包括非均相混合物，通过加入分离剂（能量或物质），使原混合物体系形成新相，在推动力的作用下，物质从一相转移到另一相，达到分离与纯化的目的，此过程的特点是相间发生了物质传递。推动力是溶质在两相平衡浓度差的有蒸馏、萃取、结晶；推动力是溶质在某种介质中移动速率差的有超滤、反渗透、电泳等。

1. 生化分离的一般过程

　　一般来说，生化分离过程主要包括4个方面：①发酵液的预处理和固液分离；②初步纯化；③高度纯化（精制）；④成品加工。生化分离的一般工艺过程如图1-25所示。但就具体产品其提取和精制工艺，则要根据发酵液的特点和产品的要求来决定。如有的可以直接从发酵液中提取，可省去固液分离过程。

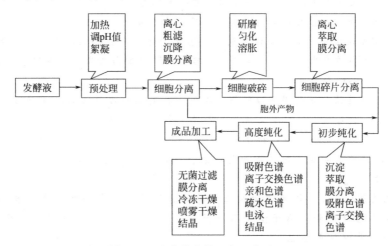

图1-25　生化分离的一般工艺过程

　　（1）发酵液的预处理和固液分离　发酵液中含有菌（细胞）体、胞内外代谢产物、残余的培养基以及发酵过程中加入的一些其他物质等。常用的预处理方法有加热、调 pH 值、凝聚、絮凝、沉淀等，其目的是改变发酵液（培养液）的物理性质及去除发酵液（培养液）中部分杂质，以利于固液分离及后期各步分离操作。一些生物活性物质在细胞培养（或发酵）过程中能分泌到细胞外的培养液中，如细菌产生的碱性蛋白酶、霉菌产生的糖化酶等胞外酶，不需要预处理或经过简单预处理后就能进行固液分离。但是，还有许多生物活性物质位于细胞内部，在细胞培养（或发酵）过程中不能分泌到细胞外的培养液中，如青霉素酰化酶、碱性磷脂酶等胞内酶，必须在固液分离以前先将细胞破碎，使细胞内产物释放到液相中，然后再进行固液分离。

　　固液分离主要是除去与产物性质差异较大的杂质，为纯化操作创造有利条件，其方法主要分为两大类：一类是限制液体流动，颗粒在外力场（如重力和离心）的作用下自由运动，如浮选、重力沉降和离心沉降等；另一类为颗粒受限，限制不同大小颗粒液体自由运动的分离方法，如粗滤等。发酵液的分离过程中，当前较多使用的还是粗滤和离心分离。随着膜分离技术的发展，微滤引入固液分离领域，具有过滤速率快、收率高、滤液质量好等优点。

(2) 细胞破碎及其碎片的分离　细胞破碎主要是用于提取细胞内的发酵产物。细胞破碎是指选用机械或物理、化学、酶等方法来破坏细胞壁或细胞膜，使产物从胞内释放到周围环境中的过程。在基因工程里，大肠杆菌是最常用的宿主，细胞破碎释放细胞内产物并恢复其生物活性显得尤为重要。大规模生产中常用细胞破碎方法是高压匀浆法和球磨法。其他方法如超声波破碎法、冻融法、干燥法以及化学渗透法等还停留在实验室基础上。细胞碎片的分离，主要利用萃取的方法将细胞碎片中的目的产物转移到提取液中，然后利用固液分离的方法将细胞碎片与提取液分开，一般常用离心法或微滤法。

(3) 初步纯化　发酵产物存在于发酵液中，要得到纯化的产物必须将其从发酵滤液中提取出来，这个过程为初步纯化，初步纯化的方法有很多，常用的有沉淀法、吸附法、离子交换法、溶剂萃取法、双水相萃取法、超临界流体萃取法、超滤法等。

① 沉淀法　是指通过改变条件或加入某种试剂，使发酵溶液中的溶质由液相转变为固相的过程。沉淀法广泛应用于蛋白质的提取过程，主要起浓缩作用，而纯化的效果较差。根据加入的沉淀剂不同，沉淀法可以分为以下几类。

a. 盐析法　加入高浓度的盐类使蛋白质沉淀的方法。

b. 有机溶剂沉淀法　加入有机溶剂会使溶液的介电常数降低，从而使水分子的溶解能力减弱，使蛋白质产生沉淀。缺点是有机溶剂常引起蛋白质失活。多用于生物小分子、多糖及核酸等产品的分离纯化。

c. 等电点沉淀法　是利用两性电解质在电中性时溶解度最低的原理进行分离纯化的过程。抗生素、氨基酸、核酸等生物大分子物质都是两性电解质。本方法适用于疏水性较强的两性电解质（如蛋白质）的分离，但对一些亲水性强的物质（如明胶），在低离子强度溶液中，效果不明显。该法常和盐析法、有机溶剂沉淀法和其他沉淀剂联合使用，以提高沉淀效果。

d. 有机聚合物沉淀　是通过加入很少量的非离子型多聚合物或离子型多聚化物、阳离子型表面活性剂和阴离子型表面活性剂等沉淀剂，改变溶剂组成和生物大分子的溶解性而使其沉淀的方法。

e. 金属离子沉淀　在发酵液中加入金属离子，能和生物物质形成不溶解的复合物沉淀。

f. 有机酸沉淀　生物大分子和小分子与生物分子的碱性官能团作用产生有机酸复合盐沉淀的方法。

② 萃取法　利用化合物在两种互不相溶（或微溶）的溶剂中溶解度或分配系数的不同，使化合物从一种溶剂中转移到另外一种溶剂中的分离方法。根据萃取剂不同分为有机溶剂萃取、双水相萃取、反胶团萃取、超临界流体萃取等。有机溶剂萃取可用于有机酸、氨基酸、抗生素、维生素、激素和生物碱等生物小分子的分离纯化；双水相萃取及反胶团萃取用于生物大分子如多肽、蛋白质、核酸等分离纯化；超临界流体萃取可用于中草药有效成分的提取、热敏性生物制品药物的精制以及脂质类混合物的分离。

③ 膜分离法　利用天然或人工合成的、具有选择透过能力的薄膜实现对双组分或多组分体系分离、分级的方法。按膜的孔径大小分为微滤法、超滤法、纳滤法和反渗透法、透析法、电渗析法。

④ 吸附法　是指利用吸附剂与生物物质之间的分子引力而将目标产物吸附在吸附剂上，然后分离洗脱得到产物的过程，主要用于抗生素等小分子物质的提取。例如，维生素

B_{12}用弱酸 122 树脂吸附，丝裂霉素用活性炭吸附等。

⑤ 离子交换法 是指利用离子交换树脂和生物物质之间的化学亲和力，有选择地将目的产物吸附，然后洗脱收集而纯化的过程，也主要用于小分子物质的提取。采用离子交换法分离的生物物质必须是极性化合物，即能在溶液中形成离子的化合物。如生物物质为碱性，则可用酸性离子交换树脂提取；如果生物物质为酸性，则可用碱性离子交换树脂来提取。如链霉素是强碱性物质，可用弱酸性树脂来提取。

(4) 高度纯化（精制） 发酵液经过初步纯化后，体积大大缩小，目标生物物质的浓度已提高，但纯度还达不到产品要求，必须进一步去除与目的产物的物理化学性质比较接近的杂质，获得高纯度的目的产物（精制）。初步纯化中的某些操作，也可应用于精制中。大分子（蛋白质）和小分子物质的精制方法有类似之处，但侧重点有所不同，大分子物质的精制依赖于色谱分离，而小分子物质的精制常利用结晶操作。

① 色谱分离 是一组相关技术的总称，又叫色谱法，是一种高效的分离技术。过去仅用于实验室中，最近 10 多年来，规模逐渐扩大而应用于工业上。操作是在柱中进行的，包含两个相——固定相和流动相，生物物质因在两相间分配情况不同，在柱中的移动速度也不同，从而获得分离。

② 结晶 是指物质从液态中形成晶体析出的过程。

(5) 成品加工 主要是根据产品的最终用途把产品加工成一定的形式。方法有浓缩、无菌过滤和去热原、干燥、加入稳定剂等。如果最后的产品要求是结晶性产品，则浓缩、无菌过滤和去热原等步骤在结晶之前，干燥一般是最后一道工序。

2. 生化分离的特点

生化产品主要包括常规的生物技术产品（如用发酵生产的有机溶剂、氨基酸、有机酸、蛋白质、酶、多糖、核酸、维生素和抗生素等）和现代生物技术产品（如用基因工程技术生产的医疗性多肽和蛋白质等）。生化产品具有生物活性，对外界条件非常敏感易失活；产品通常是由产物浓度很低的发酵液或培养液中提取的，杂质有很多与目标产物的性质很相近；有的是胞内产物、有的是胞外产物，而胞内产物较为复杂。因此，要想从各种杂质的总含量大大多于目标产物的悬浮液中制得最终所需的产品，必须经过一系列必要的分离纯化过程才能实现。要克服分离步骤多、加工周期长、影响因素复杂、控制条件严格、生产过程中不确定性较大、收率低且重复性差的弊端，且需付出昂贵的代价。据统计，对于新开发的基因药物和各种生物药品，其分离纯化费用可占整个生产费用的 $80\%\sim90\%$。由此可以看出，分离与纯化技术直接影响着产品的总成本，制约着产品生产工业化的进程。

在分离与纯化过程中，要综合运用多种现代分离与纯化技术手段，才能保证产品的有效性、稳定性、均一性和纯净度，使产品质量符合标准要求。生化分离操作呈现如下几方面特点。

(1) 发酵液中杂质成分复杂，组分不十分明确，给过程设计造成困难 生物分离实际上是利用各种物质的性质差别进行的分离，对成分的数据缺乏是分离与纯化过程共同的障碍。

(2) 起始浓度低，最终产品要求纯度高，常需多步分离，致使收率较低 如发酵液中抗生素的质量分数为 $1\%\sim3\%$、酶为 $0.1\%\sim0.5\%$、胰岛素不超过 0.01%、单克隆抗体不超过 0.0001%，而杂质含量却很高，并且杂质往往与目标药物成分有相似的结构，从而加大了分离的难度。如有的产品达到要求要经过 9 步分离操作才能完成，即使每步的收率达 90%，最终的收率也只能达到 39%。

(3) 生物物质很不稳定，生物产品往往是以生物活性量化的 遇热、极端 pH、有机溶剂都会引起生物物质失活或分解，如蛋白质的生物活性与一些辅因子、金属离子的存在和分子的空间构型有关。剪切力会影响蛋白质的空间构型，促使其分子降解，从而影响蛋白质活性，这是分离过程中要考虑的。因此，生化分离过程通常在十分温和的条件下操作，以避免因强烈外界因子的作用而丧失产品的生物活性，同时生产要尽可能迅速，缩短加工时间。

（4）发酵和培养很多是分批操作，生物变异性大，各批发酵液不尽相同　这就要求所用加工设备有一定的操作弹性，特别是对染菌的批号，也要能处理。发酵液的放罐时间、发酵过程中消泡剂的加入都对提取有影响。另外，发酵液放罐后，由于条件改变，还会继续按另一条途径发酵，同时也容易感染杂菌，破坏产品，所以在防止染菌的同时，整个提取过程要尽量缩短发酵液存放的时间。另外发酵废液量大，生化需氧量（BOD）值较高，必须经过生物处理后才能排放。

（5）某些产品在分离与纯化过程中，还要求无菌操作　对基因工程产品，还应注意生物安全问题，即在密闭环境下操作，防止因生物体扩散对环境造成危害。

由于生化产品生产所用原料的多样性、反应过程的复杂性、产品质量要求的高标准性，使生化分离技术发展迅速，许多新型分离技术应运而生，成为生化制品生产技术的重要组成部分之一。掌握一定的生化分离技术对更好地完成生化产品的生产十分必要。

实例训练

实训 3　蔗糖密度梯度离心法提取叶绿体

【任务描述】

密度梯度离心法的优点是分离效果好，可一次获得较纯颗粒；适用范围广，能像差速离心法一样分离具有沉降系数差的颗粒，又能分离有一定浮力密度差的颗粒；颗粒不会挤压变形，能保持颗粒活性，并防止已形成的区带由于对流而引起混合。

本次任务是从绿色植物的叶子中先经破碎细胞，再用差速离心法得到去除细胞核的叶绿体粗提物，然后再将叶绿体粗提物经蔗糖密度梯度离心法制备得到完整叶绿体。

【任务实施】

一、准备工作

1. 建立工作小组，制订工作计划，确定具体任务，任务分工到个人，并记录到工作表。

2. 收集利用差速离心法和密度梯度离心法制备及分析生化样品的工作信息，掌握相关知识及操作要点，与指导教师共同确定出一种最佳的工作方案。

3. 完成任务单中实际操作前的各项准备工作。

（1）材料准备　新鲜菠菜叶。

（2）试剂　60％、50％、40％、20％、15％的蔗糖溶液，匀浆介质（0.25mol/L 蔗糖、0.05mol/L Tris-HCl缓冲液，pH7.4）。

配制方法：称取 85.55g 蔗糖、6.05g 三羟甲基氨基甲烷（Tris），溶解在近 400mL 蒸馏水中，加入约 4.25mL 0.1mol/L 的 HCl 溶液，最后用蒸馏水定容至 500mL。

（3）仪器　组织捣碎机、高速冷冻离心机、普通离心机、普通离心管、耐压透紫外的玻璃离心管（Corex 离心管）、烧杯、漏斗、纱布、载玻片、盖玻片、普通光学显微镜、剪刀、滴管、荧光显微镜、天平。

二、操作过程

操作流程见图 1-26。

1. 处理菠菜

洗净菠菜叶，尽可能使其干燥，去除叶柄、主脉后，称取 50g，剪碎。

2. 细胞破碎

① 将处理后的菠菜加入预冷到近 0℃的 100mL 匀浆介质，在组织捣碎机上选高速挡捣碎 2min。

② 捣碎液用双层纱布过滤到烧杯中。

3. 离心

滤液移入普通玻璃离心管，在普通离心机上 500r/min 离心 5min，轻轻吸取上清液。

4. 制备梯度液

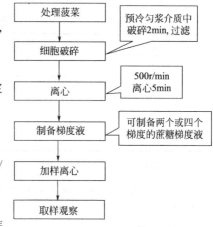

图 1-26 密度梯度离心提取叶绿体流程

在 Corex 离心管内依次加入 50％蔗糖溶液和 15％蔗糖溶液（或依次加入 60％，40％，20％，15％的蔗糖溶液），注意要用滴管吸取 15％蔗糖溶液沿离心管壁缓缓注入，不能搅动 50％蔗糖液面，一般两种溶液各加 12mL（如果是四个梯度则每个梯度加 6mL）。加液完成后，可见两种溶液界面处折光率稍不同，形成分层界面，这时密度梯度便制备完成。

5. 加样离心

① 在制好的密度梯度液上小心地沿离心管壁加入 1mL 上清液。

② 严格平衡离心管，分量不足的管内轻轻加入少量上清液。

③ 高速冷冻离心机离心 18000r/min，90min。

6. 取样观察

取出离心管，可见叶绿体在密度梯度液中间形成区带，用滴管轻轻吸出叶绿体滴于载玻片上，盖上盖玻片，显微镜下观察，还可在暗室内用荧光显微镜观察。

三、 结束工作

1. 填好所有操作记录单、任务单、各种评价表。
2. 检查设备仪表是否洁净完好。
3. 检查工作场地及环境卫生。
4. 进行任务总结。

【工作反思】

1. 蔗糖密度梯度在离心中起什么作用？
2. 两个梯度与四个梯度密度梯度介质中提取叶绿体的现象有何区别？

技能拓展　　　　**低速大容量冷冻离心机标准操作规程**

标准操作规程（简称 SOP）是经批准用以指示操作的通用性文件或管理办法。不一定专指一特定产品或一特定物料，是一个通用性的为完成操作而下达的命令。它详细地指导人们如何完成一项特定的工作，达到什么目的。企业中每个部门、每个岗位、每项操作均需制定 SOP。

标准操作规程的内容包括：规程题目；规程编号；制定人及制定日期；审核人及审核日期；批准人及批准日期；颁发部门；分发部门；生效日期；正文；颁发日期等。

设备操作规程也是某设备的使用规程或其操作程序，其正文内容有：目的、范围、责任者、程序及注意事项。

例如：

低速大容量冷冻离心机操作规程

颁发部门		低速大容量冷冻离心机操作规程		颁发日期	
编号				生效日期	
制定人		审核人		批准人	
制定日期		审核日期		批准日期	
分发部门				此标准取代	

1. 目的

建立低速大容量冷冻离心机操作规程，使操作达到规范化、标准化，确保离心机正常稳定的运转。

2. 范围

适用于低速大容量冷冻离心机的操作。

3. 责任者

低速大容量冷冻离心机的操作人员对本标准的实施负责，设备技术人员负责监督。

4. 程序

(1) 操作前准备工作

① 检查室内温度，并将温度控制在30℃以下。

② 检查离心机的清洁情况。

③ 检查转子组件（特别是离心杯内部）是否有腐蚀斑点、凹槽、细小裂纹。如有任意一种情况，应禁止使用。

④ 检查转子紧固螺杆的紧固情况，如有松动，应用金属棒紧固。

⑤ 检查转子销轴的润滑情况，必要时应涂一层薄薄的润滑油。

(2) 操作过程

① 将待分离的溶液在离心机外预先装入洁净的样品瓶内，与离心杯一起在天平上称量平衡。

② 按对称顺序将已称量平衡的离心杯正确安装于转子销轴上。

③ 用手动方式旋转转子轭架，观察离心杯是否随转子的旋转而慢慢沿水平方向甩开，以确定离心杯已正确安装于转子销轴上。

④ 盖挡风盖，并使紧固螺杆头穿出挡风罩盖中心孔。

⑤ 关离心机门，将两只门锁锁紧。

⑥ 打开电源开关。

⑦ 键盘面板上参数设置操作。

a. 转速的设置：按"转速设置"键后，输入所需的运转速度数值（0～4200r/min为速度控制范围）。转速显示窗内同步显示的为所设置的转速，确定无误后，按"输入"键。

b. 时间的设置：按"时间设置"键后，输入所需的分离时间数值（0～60min为时间控制范围），此时时间显示窗内同步显示的为所设置的分离时间，确定无误后，按"输入"键。

c. 温度的设置：按"温度设置"键后，输入所需的腔室温度（0～40℃为系统可调范围）数值，此时温度显示窗内同步显示的为所设置的腔室内温度，确认无误后，按"输入"键。

d. 速度的选择：按"速率选择"键后，输入所需升降速率数值（选择1为升降速度均较快；选择2为升速较快、降速较缓）同步显示的为所设置的升降速率数值，确认无误后，按"输入"键。

e.待以上参数设置完毕后，按下"启动"键，离心机开始运转，此时转速显示窗内显示的为转子实际转速值、时间显示窗显示的为剩余的运转时间值、温度显示窗显示的为腔室内实际温度数值。

（3）操作结束

① 待机器停机（转速归零）后，按机器右侧的"门开关"键，打开机门拎出挡风罩盖，挂在机器左侧的固定钮上。

② 轻轻地从转子轭架上，按对称次序逐一取出离心杯（包括样品瓶）。

③ 离心机停止使用后，应立即关闭电源开关。

④ 使用后的离心机按低速大容量冷冻离心机清洁规程进行清洁。

（4）注意事项

① 对称的两只离心杯，允许不平衡量为10g之内，每套离心杯是平衡配置的，任何其他同样的离心杯也不能与本套混用。

② 六只离心杯可不同时装载样品负载，但一定要对称装载样品。

③ 开机过程中，有异常显示时应关机，待停机3min后开机。

④ 离心机在升速到600～800r/min时机器产生振动为正常。

⑤ 超过正常的异常振动，不平衡指示灯亮，蜂鸣器发声机器自动停机。

⑥ 蜂鸣器发声时，按"清除"键停止其发声。

⑦ 机器在停机降速时不能启动。

⑧ 机器一旦切断电源，必须隔3min，再次接通电源。

目标检测

（一）填空题

1. 发酵液的预处理目的包括改变_____和_____。

2. 密度梯度离心法常用的离心介质是_____、_____和聚蔗糖等。

3. 降低发酵液黏度的方法主要有_____和_____。

4. 典型的工业过滤设备有_____和_____。

5. 提取的产物在细胞质内，选用_____细胞破碎法；在细胞膜附近则可用_____细胞破碎法；提取的产物与细胞壁或膜相结合时，可采用_____细胞破碎法。

6. 絮凝剂是一种_____溶于水的高分子聚合物，其分子量可高达数万至一千万以上，它们具有_____结构，其链节上含有许多_____。

7. 助滤剂的使用方法有两种：一种是_____，另一种是_____，也可两种方法同时兼用。

8. 粗滤操作可分为澄清过滤和滤饼过滤，其中_____适合于固体含量少于0.1%、颗粒直径在5～100μm的悬浮液的过滤分离；_____适合于固体含量大于0.1%的悬浮液的过滤分离。

（二）单项选择题

1. 适合于分离大小和密度差异较大组分的离心方法是（   ）。

   A. 差速离心   B. 密度梯度离心   C. 等密度梯度离心   D. 低速离心

2. 哪种细胞破碎方法适用工业生产（   ）。

   A. 高压匀浆法   B. 超声波破碎法   C. 渗透压冲击法   D. 酶解法

3. 适合于大规模生产连续式过滤设备是 (   )。

    A. 转筒真空过滤机   B. 板框压滤机   C. 离心机   D. 微孔滤膜过滤器

4. 下列细胞破碎的方法中，属于非机械破碎法的是 (   )。

    A. 化学法   B. 高压匀浆法   C. 超声波破碎法   D. 高速珠磨法

5. 真空转鼓过滤机工作一个循环经过 (   )。

    A. 过滤区、洗涤区、吸干区、卸渣区   B. 洗涤区、过滤区、吸干区、卸渣区

    C. 过滤区、洗涤区、卸渣区、吸干区   D. 过滤区、吸干区、洗涤区、卸渣区

6. 发酵液的预处理方法不包括 (   )。

    A. 加热   B. 絮凝   C. 离心   D. 调 pH 值

7. 适合小量细胞破碎的方法是 (   )。

    A. 高压匀浆法   B. 超声破碎法   C. 高速珠磨法   D. 高压挤压法

8. 工业上常用的过滤介质不包括 (   )。

    A. 织物介质   B. 堆积介质   C. 多孔固体介质   D. 真空介质

9. 高压匀浆法破碎细胞，不适用于 (   )。

    A. 酵母菌   B. 大肠杆菌   C. 巨大芽孢杆菌   D. 青霉

10. 下面是阴离子型絮凝剂的活性基团的是 (   )。

    A. —NH—R 仲胺   B. —COOH 羧酸   C. —OH 羟基   D. —CONH$_2$ 酰胺

11. 冻融法操作中将细胞突然冷冻令其凝固的条件是 (   )。

    A. $-80\sim-50℃$ B. $-40\sim-20℃$ C. $-10\sim0℃$ D. $-20\sim-15℃$

12. 分离效果差，不适于细菌、酵母菌等微小微生物悬浮液的分离设备是 (   )。

    A. 管式离心机   B. 倾析式离心机   C. 碟片式离心机   D. 螺旋式离心机

(三) 多项选择题

1. 下列细胞破碎方法中属于化学渗透法的是 (   )。

    A. 表面活性剂法   B. 有机溶剂法   C. 渗透压冲击法   D. 酸或碱调 pH 法

2. 常用的粗滤介质有 (   )。

    A. 帆布   B. 细砂   C. 滤纸   D. 微孔滤膜

3. 常用的凝聚剂有 (   )。

    A. 氯化铝   B. 明矾   C. 氯化铁   D. 明胶

4. 影响絮凝效果的因素很多，主要有 (   )。

    A. 絮凝剂的加入量   B. 溶液的 pH   C. 操作温度   D. 搅拌转速和时间

5. 下列离心设备中适合于含固形物较多的悬浮液分离的有 (   )。

    A. 管式离心机   B. 倾析式离心机   C. 碟片式离心机   D. 螺旋式离心机

(四) 简答题

1. 简述差速离心法、密度梯度离心法和等密度梯度离心法在应用上的区别。

2. 简述选择细胞破碎方法的依据。

3. 简述生化分离的一般工艺过程。

4. 简述常见发酵液中微生物细胞壁的结构特点。

5. 低速大容量冷冻离心机操作的注意事项有哪些？

6. 蔗糖密度梯度液的制备方法有哪些？

7. 应用球磨机破碎微生物细胞时选择操作条件应考虑的因素有哪些？

项目二

有机物质的萃取

　　萃取指利用化合物在两种互不相溶（或微溶）的溶剂中溶解度或分配系数的不同，使化合物从一种溶剂中转移到另外一种溶剂中，经过反复多次萃取，将绝大部分的化合物提取出来的方法。

　　有机溶剂萃取可用于有机酸、氨基酸、抗生素、维生素、激素和生物碱等生物小分子的分离和纯化，双水相萃取及反胶团萃取可用于生物大分子如多肽、蛋白质、核酸等的分离纯化。

任务四　有机溶剂萃取有机小分子物质

知识目标
- 了解溶剂萃取的条件以及萃取剂的选择原则；
- 能够熟练掌握萃取操作的影响因素。

技能目标
- 能够独立完成萃取具体操作。

必备知识

一、萃取的类型及原理

　　萃取过程是根据在两个不相混溶的相中各组分的溶解度或分配比不同，利用适当的溶剂和方法，从原料液中把有效成分分离出来的过程，如图 2-1 所示。从萃取机制来看，可以分为两种萃取方式：利用溶剂对待分离组分有较高的溶解能力而进行的萃取，分离过程纯属物理过程的物理萃取；溶剂首先有选择性地与溶质化合或者络合，形成新的化合物或者络合物，从而在两相中重新分配而达到分离的化学萃取。

1. 萃取的类型

（1）物理萃取与化学萃取

① 物理萃取：溶质根据相似相溶的原理在两相间达到分配平衡，萃取剂与溶质之间不发生

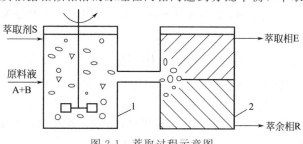

图 2-1　萃取过程示意图

1—混合器；2—分层器

化学反应，分离过程属物理过程，如乙酸丁酯萃取发酵液中的青霉素。物理萃取广泛应用于抗生素及天然植物中有效成分的提取过程。其中被萃取的物质为溶质，原先溶解溶质的溶剂为原溶剂，加入的第三组分为萃取剂。

② 化学萃取：利用脂溶性萃取剂与溶质之间的化学反应生成脂溶性复合分子实现溶质向有机相的分配为化学萃取，萃取剂与溶质间的化学反应包括离子交换和络合反应等，如以季铵盐为萃取剂萃取氨基酸。

化学萃取中常用煤油、己烷、四氯化碳和苯等有机溶剂溶解萃取剂，改善萃取相的物理性质，此时的有机溶剂称为稀释剂。化学萃取主要用于金属的提取，也可用于氨基酸、抗生素和有机酸等生物产物的分离回收。

(2) 萃取与反萃取　在溶剂萃取分离过程中，当完成萃取操作后，为进一步纯化目标产物或便于下一步分离操作的实施，往往需要将目标产物转移到水相。这种调节水相条件，将目标产物从有机相转入水相的萃取操作称为反萃取。对于一个完整的萃取过程，常常在萃取和反萃取的操作之间增加洗涤操作，目的是除去与目标产物同时萃取到有机相的杂质，提高第二水相中目标产物的纯度。经过萃取、洗涤和反萃取操作，大部分目标产物进入到反萃相（第二水相），而大部分杂质则残留在萃取后的料液相（称作萃余相）。

根据萃取剂的物理状态不同还可以将萃取分为液液萃取、液固萃取和超临界流体萃取，具体分类见表 2-1。

表 2-1　常见萃取方法

萃取剂	含目标产物的原料	方法名称
液体	液体	液液萃取
液体	固体	液固萃取或浸提
超临界流体	液体/固体	超临界流体萃取

在液液萃取中根据萃取剂的种类和形式的不同又分为有机溶剂萃取（溶剂萃取）、双水相萃取、液膜萃取和反胶团萃取。

2. 萃取的原理

萃取的实质是利用目的物质在两相中的分配不同而实现的。分配定律即溶质的分配平衡规律，即在恒温恒压条件下，溶质在互不相溶的两相中达到分配平衡时，如果其在两相中的分子量相等，其在两相中的平衡浓度（摩尔浓度）之比为常数，即：

$$K_D = [A]_有 / [A]_水$$

式中，K_D 称为分配系数。分配系数大的物质，绝大部分进入有机相，分配系数小的物质，仍留在水相中，因而将物质彼此分离。此式称为分配定律，它是溶剂萃取的基本原理。在萃取工作中，要了解对某种物质的萃取程度，必须掌握当溶液中同时含有两种以上组分时，通过萃取之后它们之间的分离情况。例如，A、B 两种物质的分离程度可用两者的分配比 D_A、D_B 的比值来表示。

$$\beta_{A/B} = D_A / D_B$$

式中，β 称为分离系数也叫选择性系数。D_A 与 D_B 之间相差越大，则两种物质之间的分离效果越好，如果 D_A 和 D_B 很接近，则 β 接近于 1，两种物质便难以分离。因此为了扩大分配比之间的差值，必须了解各种物质在两相中的溶解机理，以便采取措施，改变条件，使欲分离的物质溶于一相，而使其他物质溶于另一相，以达到分离的目的。

二、有机溶剂萃取

极性化合物易溶于极性的溶剂中，而非极性化合物易溶于非极性的溶剂中，这一规律称为相似相溶原则。利用有机溶剂充当萃取剂进行萃取的过程是目前萃取小分子物质最常用的方法，即有机溶剂萃取法。例如 I_2 是一种非极性化合物，CCl_4 是非极性溶剂，水是极性溶剂，所以 I_2 易溶于 CCl_4 而难溶于水。当用等体积的 CCl_4 从 I_2 的水溶液中提取 I_2 时，萃取率可达 98.8%。常用的非极性溶剂有：酮类、醚类、苯、CCl_4 和 $CHCl_3$ 等。

无机化合物在水溶液中受水分子极性的作用，电离成为带电荷的亲水性离子，并进一步结合成为水合离子，而易溶于水中。如果要从水溶液中萃取水合离子，显然是比较困难的。为了从水溶液中萃取某种金属离子，就必须设法脱去水合离子周围的水分子，并中和所带的电荷，使之变成极性很弱的可溶于有机溶剂的化合物，即将亲水性的离子变成疏水性的化合物。为此，常加入某种试剂使之与被萃取的金属离子作用，生成一种不带电荷的易溶于有机溶剂的分子，然后用有机溶剂萃取。

1. 萃取溶剂的选择

(1) 有机溶剂或稀释剂的选择　根据目标产物以及与其共存杂质的性质选择合适的有机溶剂，可使目标产物有较大的分配系数和较高的选择性。选择原则如下：

① 价廉易得；

② 与水相不互溶；

③ 与水相有较大的密度差，并且黏度小，表面张力适中，相分散和相分离较容易；

④ 容易回收和再利用；

⑤ 毒性低、腐蚀性小、闪点低、使用安全；

⑥ 不与目标产物发生反应影响萃取操作。

(2) 常用的萃取剂　常用丁醇等醇类、乙酸乙酯、乙酸丁酯和乙酸戊酯等乙酸酯类以及甲基异丁基甲酮等萃取抗生素类化合物；常用长链脂肪酸（如月桂酸）、烃基磺酸、三氯乙酸、四丁胺、正十二烷胺等萃取氨基酸类化合物。

2. 有机溶剂萃取的影响因素

(1) pH值　物理萃取时，弱酸性电解质的分配系数随 pH 值降低而增大，弱碱性电解质则相反，随 pH 值降低而减小。

(2) 温度　由于生物产物在较高温度下不稳定，所用有机溶剂沸点低、易挥发，一般在常温或较低温度下进行。

(3) 无机盐　无机盐的存在可降低溶质在水相中的溶解度，有利于溶质向有机相中分配。如萃取维生素 B_{12} 加硫酸铵，萃取青霉素时加氯化钠。

3. 有机溶剂萃取操作

(1) 小剂量操作　在实验中用得最多的是在水溶液中萃取物质，如图 2-2 所示，应选择容积比液体体积大一倍以上的分液漏斗。

在萃取时，特别是当溶液呈碱性时，常常会产生乳化现象。乳化即水或有机溶剂以微小液滴形式分散于有机相或水相中的现象。产生乳化后使有机相和水相分层困难，出现两种夹带：一种是发酵废液（萃余液）中夹带有机溶剂（萃取液）微滴，使目标产物受到损失；另一种是有机溶剂（萃取液）中夹带发酵液（萃余液），给后处理操作带来困难。

有时由于存在少量轻质的沉淀、溶剂互溶、两液相的相对密度相差较小等原因，也可能使两

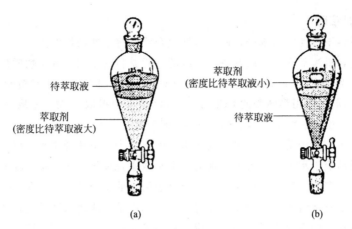

图 2-2   小剂量萃取操作示意图

液相不能很清晰地分开。用来破坏乳化的方法如下。

① 长时间静置。

② 两种溶剂（水与有机溶剂）能部分互溶而发生乳化，可以加入少量电解质（如氯化钠）利用"盐析效应"，以降低有机物在水中的溶解度，而加以破坏。在两相相对密度相差很小时，也可以加入 NaCl，以增加水相的相对密度。

③ 因溶液碱性而产生乳化，常可加入少量稀硫酸或采用过滤等方法除去。

萃取溶剂的选择要根据被萃取物质在此溶剂中溶解度而定，同时要易于与溶质分离开。所以最好用低沸点的溶剂。一般水溶性较小的物质可用石油醚萃取；水溶性较大的可用苯或乙醚；水溶性极大的用乙酸乙酯等。需注意的是第一次萃取时，使用溶剂的量，要比后期每次溶剂的用量多一些，这主要是为了补足由于它稍溶于水而引起的损失。

（2）工业生产用萃取操作

①单级萃取   使含溶质的溶液和萃取剂解除混合，静置后分成两层的操作过程称为单级萃取。

混合-澄清式萃取器是最常用的液液萃取设备（见图 2-3）。由料液与萃取剂的混合器和用于两相分离的澄清器构成，可进行间歇或连续的液液萃取。

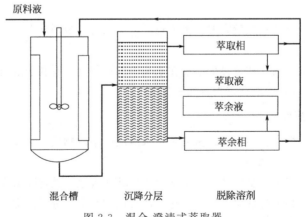

图 2-3   混合-澄清式萃取器

缺点：效率较低，为达到一定的萃取收率，间歇操作时需要的萃取剂量较大，或者连续操作时所需萃取剂的流量较大。

② 多级萃取　是工业生产最常用的萃取流程。

将多个混合-澄清器单元串联起来，各个混合器中分别通入新鲜萃取剂，而料液从第一级通入，逐次进入下一级混合器的萃取操作称为多级错流接触萃取（见图2-4）。

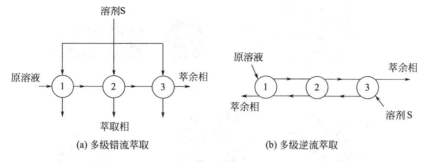

(a) 多级错流萃取　　　　　　　(b) 多级逆流萃取

图 2-4　多级错流接触萃取示意图

多级错流接触萃取的优点：分离效率高、产品回收率高、溶剂用量少。

除前述的混合-澄清式萃取设备外，另一类广泛应用的液液萃取设备为塔式萃取设备，如图2-5所示的喷淋塔、转盘塔、筛板塔和脉冲筛板塔，此外还有填料塔、往复振动筛板塔等。

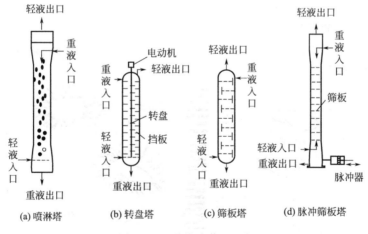

(a) 喷淋塔　　(b) 转盘塔　　(c) 筛板塔　　(d) 脉冲筛板塔

图 2-5　几种塔式萃取设备

塔式萃取操作中重相与轻相亦采用逆流接触的形式，不同的是塔内溶质在其流动方向的浓度变化是连续的，需用微分方程描述塔内溶质的质量守恒规律，因此塔式萃取又称为微分萃取。

知识拓展

一、反胶团萃取

反胶团（束）萃取是利用表面活性剂在非极性有机溶剂中形成的反胶团，从而在有机相内形成分散的亲水微环境。生物分子如蛋白质是亲水疏油的，所以在有机相（萃取相）仅少量微溶，而反胶团提供的内在的亲水微环境，为蛋白质的溶解提供了适宜的场所，从而与其他脂溶性成分分离。

反胶团是分散于连续有机相中、由表面活性剂所形成的稳定的纳米尺度的聚集体。常见的反胶团类型如图2-6所示。

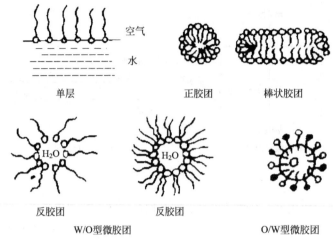

图2-6　几种常见反胶团类型

1. 反胶团萃取的原理

从宏观上看反胶团萃取，是有机相-水相间的分配萃取，和普通的液液萃取在操作上具有相同特征，如图2-7所示。

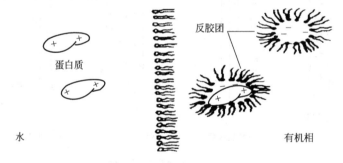

图2-7　反胶团萃取原理图

2. 影响反胶团萃取的因素

(1) 水相pH值的影响　表面活性剂的极性头是朝向反胶团的内部，使反胶团的内壁带有一定的电荷，而蛋白质是一种两性电解质，水相的pH值决定了蛋白质分子表面可电离基团的离子化程度，当蛋白质所带电荷与反胶团内所带电荷的性质相反时，由于静电引力，可使蛋白质转移到反胶团中。相反，当水相pH值大于蛋白质等电点时，由于静电斥力，使溶入反胶团的蛋白质反向萃取出来，实现了蛋白质的反萃取。

(2) 水相离子强度的影响

① 离子强度影响到反胶团内壁的静电屏蔽程度，降低了蛋白质分子和反胶团内壁的静电作用力。

② 减小了表面活性剂极性头之间的相互斥力，使反胶团变小。

这两方面的效应都会使蛋白质分子的溶解性下降，甚至使已溶解的蛋白质从反胶团中反萃取出来。

（3）表面活性剂的影响　蛋白质的分子量往往很大，超过几万或几十万，使表面活性剂形成的反胶团的大小不足以包容大的蛋白质，而无法实现萃取，此时加入一些非离子表面活性剂，使它们插入反胶团结构中，就可以增大反胶团的尺寸，溶解分子量较大的蛋白质。

（4）溶剂体系的影响　溶剂的性质，尤其是极性，对反胶团的形成和大小都有影响。常用的溶剂有：烷烃类（正己烷、环己烷、正辛烷、异辛烷等）。有时也使用助溶剂，如醇类。可以调节溶剂体系的极性，改变反胶团的大小，增加蛋白质的溶解度。

3. 反胶团萃取技术的特点

① 有很高的萃取率和反萃取率并具有选择性；

② 分离、浓缩可同时进行，过程简便；

③ 能解决蛋白质（如胞内酶）在非细胞环境中迅速失活的问题；

④ 由于构成反胶团的表面活性剂往往具有细胞破壁功效，因而可直接从完整细胞中提取具有活性的蛋白质和酶；

⑤ 反胶团萃取技术的成本低，溶剂可反复使用。

二、液膜萃取

液膜是由水溶液或有机溶剂（油）构成的液体薄膜。可将与之不能互溶的液体分隔开来，使其中一侧液体中的溶质选择性地透过液膜进入另一侧。当液膜是水溶液时（水型液膜），其两侧的液体为有机溶剂；当液膜由有机溶剂构成时（油型液膜），其两侧的液体为水溶液。液膜萃取可同时实现萃取和反萃取，主要应用于金属离子、烃类、有机酸、氨基酸和抗生素的生产，以及酶的包埋固定化和生物医学方面。

1. 液膜的种类

液膜根据其结构分为乳状液膜（表面活性剂液膜）、支撑液膜、流动液膜。其中支撑液膜是将多孔高分子固体膜浸在膜溶剂（如有机溶剂）中，使膜溶剂充满膜的孔隙形成的液膜。结构简单，放大生产容易，但液膜容易流失，弥补方法是定期停止操作，从反萃相一侧加入膜相溶液，补充膜相的损失。

2. 液膜的组成和稳定性

（1）膜溶剂　生物分离中所用的液膜基本为油膜，其中有机溶剂（膜溶剂）90%以上。常用的膜溶剂有：辛烷、癸烷等饱和烃类，辛醇、癸醇等高级醇，煤油、乙酸乙酯、乙酸丁酯或它们的混合液。

（2）表面活性剂　表面活性剂对乳状液膜的稳定作用在于其可明显改变相界面的表面张力，但不是所有表面活性剂都可用于液膜的配制。

表面活性剂能否促进稳定的乳状液膜的形成主要取决于其 HLB 值，即亲水-亲油平衡值。非离子型表面活性剂的 HLB 值可按表面活性剂分子中亲水基质量百分数的五分之一计算。因此，表面活性剂的 HLB 值越大，亲水性越强。通常使用 HLB 值 3～6 的油溶性表面活性剂配制（W/O）/W 型乳状液膜，使用 HLB 值 8～15 的水溶性表面活性剂配制（O/W）/O 型乳状液膜。

经验表明，非离子型表面活性剂的临界胶团浓度比相应的离子型表面活性剂低，在低浓度下乳化效果好。所以，普遍采用非离子型表面活性剂配制乳状液膜。常用于配制（W/O）/W 型液膜的非离子型表面活性剂为 Span-80（失水山梨醇单油酸酯）。

一般来说，随着表面活性剂浓度的增大，液膜的稳定性提高，有利于液膜萃取效果的改善。但是，随着表面活性剂浓度的增大，液膜的厚度和黏度升高，萃取速率下降。

(3) 流动载体（萃取剂） 液膜分离生物产物的流动载体，包括季铵盐、磷酸酯类和冠醚（大环醚）类等。

3. 影响液膜萃取的因素

(1) pH值 对于氨基酸和有机酸等弱电解质溶质，料液的pH值直接影响其电荷形式及不同电荷形式溶质的存在百分率，从而影响萃取率。

根据料液中溶质及共存杂质的性质选择合适的流动载体并适当调整pH值，对提高萃取速率及选择性非常重要。等电点不同的氨基酸通过调节料液pH值可实现选择性液膜分离。

(2) 流速（搅拌速度） 利用支撑液膜萃取溶质，料液的流速引起流体力学特性的改变直接影响萃取速率。

对于乳状液膜萃取系统，搅拌速度影响乳化液的分散和液膜的稳定性。搅拌速度过低，乳状液分散状态不好，相接触比表面积小，萃取操作时间长；搅拌速度过高，则液膜易被破坏，引起内外水相的混合，同样造成萃取率的下降。所以，一般存在最佳的搅拌速度，使乳状液膜萃取在最短时间内达到最大萃取率。

(3) 共存杂质 利用选择性较低的离子交换萃取剂为流动载体，当料液中存在与目标分子带相同电荷的杂质时，由于杂质与载体发生竞争性反应，减小了用于目标分子（料液一侧）和供能离子（反萃相一侧）输送的载体量，从而可引起目标分子透过通量的下降。

(4) 反萃相 对于反萃相化学反应，促进迁移和膜相流动载体促进迁移的萃取过程，反萃相的组成和浓度影响萃取速率和选择性。

(5) 操作温度 提高操作温度，溶质的扩散系数增大，有利于萃取速率的提高。但在较高的温度下，液膜黏度降低，膜相挥发速度加快，甚至造成表面活性剂的水解，对维持液膜的稳定性不利。因此，液膜分离一般在常温下操作，可保持较好的萃取效率，并可节省热能消耗。

(6) 萃取操作时间 乳状液膜为高度分散体系，相间接触比表面积极大，并且液膜很薄，传质阻力小，因此在短时间内即可萃取完全。如果萃取时间过长，反而会引起液膜的破坏，降低分离效果。

总之，液膜结构独特，工艺简单，操作弹性大，影响因素多而具有不确定性。实际应用中需正确理解和处理各种影响因素之间的关系，设计合理的液膜萃取操作。

实例训练

实训4 有机溶剂萃取红霉素

【任务描述】

红霉素为大环内酯类抗生素，白色晶体，呈微弱的碱性，难溶于水。本实训任务以乙酸丁酯为萃取剂从红霉素软膏中提取红霉素，用饱和NaCl水溶液纯化，经结晶、干燥而得红霉素纯品。

【任务实施】

一、准备工作

1. 建立工作小组，制订工作计划，确定具体任务，任务分工到个人，并记录到工作表。

2. 收集有机溶剂萃取的操作条件，掌握相关知识及操作要点，与教师共同确定出一种最佳的工作方案。

3. 完成任务单中实际操作前的各项准备工作。

(1) 材料准备　红霉素软膏 2g。

(2) 试剂　乙酸、乙酸丁酯（BA）、饱和 NaCl 水溶液、异丙醇、乙醇-乙酸钾溶液（取 10g 乙酸钾溶入 100mL 无水乙醇，即用即配）、0.35%碳酸钠溶液。

(3) 器具　锥形瓶、量杯、培养皿、玻璃棒、镊子、剪刀、不锈钢扁匙、pH 试纸、烧杯、分液漏斗、布氏漏斗及配套抽滤瓶、滤纸及纺绸布、真空干燥箱、离心机。

二、操作过程

操作流程见图 2-8。

1. 溶解除杂质

取 2g 红霉素软膏，放入锥形瓶中，加 6mL 乙酸丁酯，用 0.35%碳酸钠溶液调 pH7.2～8.0，抽滤，取澄清滤液。

2. 萃取

将上述滤液放入锥形瓶中用乙酸酸化 pH 3.5～6.0，然后转入分液漏斗，加乙酸丁酯分两次（每次加 10～20mL）进行萃取，每次加入后，缓慢倒置分液漏斗使滤液和乙酸丁酯能充分混合接触，然后置于铁架台上的铁圈中静置 30min 使之分层，用 100mL 烧杯收集上层萃取液。

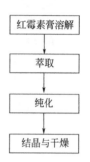

图 2-8　有机溶剂萃取法提纯红霉素操作流程

3. 纯化

将萃取液用饱和 NaCl 水溶液，分两次萃取（每次加 10～20mL），静置 20min 分层后，将上层萃取液倾倒出，倒入另一只干燥的烧杯中。

4. 结晶与干燥

① 量取一定量体积的乙醇-乙酸钾溶液，缓慢加入上述纯化后的萃取液中，待有沉淀产生时，停止搅拌静置 30min 后过滤，得红霉素晶体，将湿晶体挖出放入烧杯中，加 20～30mL 异丙醇，搅拌成糊糊状，然后抽滤。

② 将湿品平铺培养皿，置真空干燥箱（30℃以下）4～5h，干燥后取出，冷却至室温，得纯红霉素晶体。

三、结束工作

1. 填好所有操作记录单、任务单、各种评价表。
2. 检查设备仪表是否洁净完好。
3. 检查工作场地及环境卫生。
4. 进行任务总结。

【工作反思】

1. 哪些生化物质可利用溶剂萃取技术进行提取纯化？
2. 为何要选用饱和 NaCl 水溶液纯化萃取液？
3. 用乙酸丁酯萃取前为何将滤液酸化？

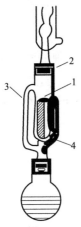

图 2-9　索氏
提取器
1—滤纸套；
2—提取器；
3—通气侧管；
4—虹吸管

技能拓展　　　　　　液固萃取

应用萃取可以从固体混合物中提取所需要的物质称为液固萃取。从固体混合物中萃取所需要的物质是利用固体物质在溶液中的溶解度不同来达到分离提纯的目的。用溶剂提取药物中有效成分的方法有多种，如：浸渍法、渗漉法、煎煮法、回流提取法、连续回流提取法等。

索氏提取器（图 2-9）是利用溶剂加热回流及虹吸原理，使固体物质每一次都能被纯的溶剂所萃取，因而效率较高并节约溶剂，但对受热易分解或变色的目的产物不适用。

萃取前先将固体物质研碎，以增加固液接触的面积。将固体物质放在滤纸包内，置于提取器中，提取器的下端与盛有浸出溶剂的圆底烧瓶相连，上面接回流冷凝管。加热圆底烧瓶，使溶剂沸腾，蒸汽通过连接管上升，进入到冷凝管中，被冷凝后滴入提取器中，溶剂和固体接触进行萃取，当提取器中溶剂液面达到虹吸管的最高处时，含有萃取物的溶剂虹吸回到烧瓶，因而萃取出一部分物质。然后圆底烧瓶中的浸出溶剂继续蒸发、冷凝、浸出、回流，如此重复，使固体物质不断被纯的浸出溶剂所萃取，将萃取出的物质富集在烧瓶中。液固萃取是利用溶剂对固体混合物中所需成分的溶解度小，对杂质的溶解度大来达到提取分离的目的。

任务五　双水相萃取生物大分子物质

知识目标

- 掌握双水相萃取技术的原理和方法；
- 了解双水相萃取分离技术的特点。

技能目标

- 能够根据欲分离物质的特性选择适宜的双水相系统并能熟练进行萃取操作。

必备知识

双水相现象是当两种聚合物或一种聚合物与一种盐溶于同一溶剂时，由于聚合物之间或聚合物与盐之间的不相溶性，当聚合物或无机盐浓度达到一定值时，就会分成不互溶的两相。因使用的溶剂是水，因此称为双水相，在这两相中水分都占很大比例（85%～95%），活性蛋白或细胞在这种环境中不会失活，但可以按不同比例分配于两相，这就克服了有机溶剂萃取中蛋白容易失活和强亲水性蛋白难溶于有机溶剂的缺点。

到目前为止，双水相技术几乎在所有的生物物质，比如氨基酸、多肽、核酸、细胞器、细胞膜、各类细胞、病毒等的分离纯化中均得到应用，特别是在蛋白质的大规模分离中成功地应用开来。

一、双水相萃取的基本原理

在聚合物-盐或聚合物-聚合物系统混合时，会出现两个不相混溶的水相，典型的例子如在水溶液中的聚乙二醇（PEG）和葡聚糖，当各种溶质均在低浓度时，可以得到单相均质液体，但是当溶质的浓度增加时，溶液会变得浑浊，在静置的条件下，会形成两个液层，实际上是其中两个不相混溶的液相达到平衡，在这种系统中，上层富集了 PEG，而下层富集了葡聚糖，就形成了双水相系统。

双水相萃取的原理即当物质进入双水相体系后，由于物质表面性质、电荷以及各种力（如疏水键、氢键、离子键等）的存在以及环境的影响，使其在上下两相中的分配系数明显不同，从而达到分离的目的。如：各种类型的细胞离子分配系数都大于 100 或小于 0.01；而酶、蛋白质等生物大分子物质的分配系数大约在 0.1～10；更有一些小分子物质的分配系数在 1.0 左右，因此双水相系统能很好地选择性地将它们分离。

二、双水相体系的种类

1. 高聚物-高聚物双水相

这类相体系最常用，易于后期处理，如直接上离子交换柱而不必脱盐。蛋白质在两相中的分配取决于高聚物分子量、浓度、pH 值及盐浓度等因素，细胞的分配也不固定，这种体系可以直接用离子交换色谱进一步纯化，而且可回收高聚物，使成本大大降低。

2. 高聚物-盐双水相

这类相体系盐浓度高，蛋白质易盐析，废水处理困难。上相富含 PEG，下相富含无机盐。PEG-盐体系是最常见的价廉体系。在 PEG-盐体系中，一般蛋白质主要分配在下相，只有疏水性很强的蛋白质或等电点较低的蛋白质，才有可能分配在上相中。这种体系中盐浓度太高，后期的纯化工艺不能采用有效的色谱纯化方法。虽然该体系的成本低，比较适合于工业化规模的应用，但废盐水的处理比较困难，不能直接排入生物氧化池中。例如：PEG-硫酸铵、PEG-硫酸钠等。

上述两种双水相体系的比较见表 2-2。

表 2-2　两种双水相体系的比较

体　系	优　点	缺　点
高聚物(PEG)-高聚物	盐浓度低，活性损失小	价格贵，黏度大，分相困难
高聚物(PEG)-盐	成本低，黏度小	盐浓度高，活性损失大，界面吸附多

三、双水相萃取的影响因素

1. 成相聚合物

聚合物的类型如何选择是双水相萃取过程中至关重要的关键问题，当两种不同的聚合物溶液混合时，可能出现以下三种情况：①完全混溶，称为溶液，未形成双水相体系；②物理性不溶，即形成双水相；③复杂的凝聚，有些水溶液聚合物呈现出与此不同的性能，当混合时，水分被大量地排出，两聚合物表现为强烈的相互吸引力，在这种情况下，聚合物离开好似纯溶剂的第二液相而聚集在单一的相中，这一过程称为复杂的凝聚。

2. 离子环境（盐的种类和浓度）

双水相萃取时，蛋白质的分配系数受离子强度的影响很小。盐的种类和浓度对分配系数的影响主要反映在相间电位和蛋白质疏水性的影响。不同电解质的正负离子的分配系数不同，当双水相系统中含有这些电解质时，由于两相均应各自保持电中性，从而产生不同的相间电位。因此盐的种类（离子组成）影响蛋白质、核酸等生物大分子的分配系数。

3. pH 值

相体系的 pH 值对溶质的分配有很大影响，这是由于体系的 pH 值变化能明显地改变两相的电位差，而且 pH 值的改变还导致蛋白质带电性质的变化，从而改变分配系数。如体系 pH 值与蛋白质的等电点相差越大，则蛋白质在两相中分配越不平均，对于酶蛋白体系应控制在酶稳定的pH 范围内。

4. 温度

分配系数对温度的变化不敏感。大规模双水相萃取操作一般在室温下进行，不需冷却。基于成相聚合物对蛋白质有稳定作用，室温操作活性收率依然很高，而且常温下溶液黏度较低，有助于相的分离并节省冷却费用。

温度影响双水相系统的相图，因而影响蛋白质的分配系数，也影响到上下相体积比，因此，在实验中对某些敏感的相体系仍要注意温度的影响。

四、双水相萃取的操作

1. 双水相系统的选择

选择合适的双水相系统，使目标蛋白质的收率和纯化程度均达到较高的水平，并且成相系统易于利用静置沉降或离心沉降法进行相分离。如果以胞内蛋白质为萃取对象，应使破碎的细胞碎片分配于下相中，从而增大两相的密度差，满足两相的快速分离、降低操作成本和操作时间的产业化要求。几种常见的双水相体系见表2-3。

双水相系统的选择应根据目标蛋白质和共存杂质的表面疏水性、分子量、等电点和表面电荷等性质上的差别，综合利用静电作用、疏水作用和添加适当种类和浓度的盐，可选择性地萃取目标产物。

表 2-3　几种双水相体系

聚合物 1	聚合物 2	聚合物 1	聚合物 2
PEG	葡聚糖 FiColl	羧甲基葡聚糖钠	PEG-NaCl 羧甲基纤维素-NaCl
聚丙二醇	PEG 葡聚糖	羧甲基纤维素钠	PEG-NaCl 羧甲基纤维素-NaCl
聚乙烯醇	甲基纤维素 葡聚糖		聚乙烯醇-NaCl
FiColl	葡聚糖	DEA-葡聚糖-盐酸盐	PEG-Li$_2$SO$_4$ 羧甲基纤维素
葡聚糖-硫酸钠	PEG-NaCl 甲基纤维素-NaCl 葡聚糖-NaCl 聚丙二醇	葡聚糖-硫酸钠	羧甲基葡聚糖钠 羧甲基纤维素钠
		羧甲基葡聚糖钠 葡聚糖-硫酸钠	羧甲基纤维素钠 DEAE-葡聚糖-HCl-NaCl

2. 胞内蛋白质的萃取

双水相萃取法可选择性地使细胞碎片分配于双水相系统的下相，而目标产物分配于上相，同时实现目标产物的部分纯化和细胞碎片的除去，从而节省利用离心法或膜分离法除碎片的操作过程。因此，双水相萃取应用于胞内蛋白质的分离纯化是非常有利的。

一般来说，根据细胞种类与目标产物的不同，每千克萃取系统的处理量上限为 $200\sim400g$ 湿细胞，即质量分数为 $20\%\sim40\%$。

3. 相平衡与相分离

双水相萃取过程包括以下几个步骤，即双水相的形成、溶质在双水相中的分配和双水相的分离。

在实际操作中，经常将固状（或浓缩的）聚合物和盐直接加入到细胞匀浆液中，同时进行机械搅拌使成相物质溶解，形成双水相；溶质在双水相中发生物质传递，达到分配平衡。

由于常用的双水相系统的表面张力很小，相间混合所需能量很低，通过机械搅拌很容易分散成微小液滴，相间比表面积极大，达到相平衡所需时间很短，一般只需几秒钟。所以，如果利用固状聚合物和盐成相，则聚合物和盐的溶解多为萃取过程的速率控制步骤。

双水相系统的相间密度差很小，重力沉降法需10h以上，很难两相完全分离。利用离心沉降可大大加快相分离速度，并易于连续化操作。

4. 多步萃取

细胞匀浆液中的目标产物可以经过多步萃取获得较高的纯化倍数。

第一步萃取，使细胞碎片、大部分杂蛋白和亲水性核酸、多糖等发酵副产物分配于下相，目标产物分配于上相。如目标产物尚未达到所需纯度，向上相中加入盐使其重新形成双水相。

第二步萃取，此步萃取可除去大部分多糖和核酸。

第三步（最后一步）萃取，则使目标产物分配于盐相，以使目标产物与 PEG 分离，便于 PEG 的重复利用和目标产物的进一步加工处理。

5. 大规模双水相萃取

双水相萃取系统的相混合能耗很低，达到相平衡所需时间很短。因此，双水相萃取的规模扩大非常容易。在双水相萃取过程中，当达到相平衡后可采用连续离心法进行相分离。

五、双水相萃取的特点及应用

① 操作条件温和，在常温常压下进行；

② 平衡时间短、含水量高、表面张力小、两相易分散，特别适合于生物活性物质的分离纯化；

③ 两相的相比随操作条件而变化；

④ 上下两相密度差小，一般在 10g/L，因此两相分离较困难，目前这方面的研究较多；

⑤ 操作简便，易于扩大；

⑥ 易于连续操作，处理量大，适合工业应用。

蛋白质、生物酶、菌体等与亲水性生物大分子的分离以及病毒、细胞等与生物大分子的分离常用双水相萃取。抗生素和氨基酸等生物小分子的分离也可用双水相萃取。另外，在两水相生物反应体系中，选择适当的反应条件，使生物催化剂分配在下相，而生物产物分配在上相，可以实现生物反应-产物分离的耦合。

知识拓展　　　　　超临界萃取

超临界萃取是近二十年来发展起来的一种新型的萃取分离技术。这类技术利用超临界流体作为萃取剂，从液体或固体中萃取出待分离的组分。与萃取和浸提操作相比较，它们同是加入溶剂，在不同的相之间完成传质分离。不同的是，超临界萃取中所用的溶剂是超临界状态下的流体，该流体具有气体和液体之间的性质，且对许多物质均有很强的溶解能力，分离速率远比液体溶剂萃取快，可以实现高效的分离过程。

1. 超临界流体

当一种流体处于临界点以上温度和压力区域下，称为超临界流体（supercritical fluid，简称 SCF 或 SF），利用超临界流体作为萃取剂的萃取操作叫做超临界流体萃取。

物质均具有其固有的临界温度和临界压力，在压力-温度相图上称为临界点。在临界点以上的物质处于既非液体也非气体的超临界状态，如图 2-10 所示。

（1）超临界流体的特点　超临界状态下流体的密度与液体很接近，使流体对溶质的溶解度大大地增加，一般可达几个数量级；它具有气体扩散性能；在超临界状态下气体和液体两相的界面消失，表面张力为零，反应速度最大，热容量、热传导率等出现峰值；在临界点附近，压力和温度的微小变化可对溶剂的密度、扩散系数、表面张力、黏度、溶解度、介电常数等带来明显的变化。超临界流体的这些特殊性质，使其成为良好的分离介质和反应介质，根据这些特性发展起来的超临界流体技术在分离、提取等领域得到了越来越广泛的开拓利用。

利用超临界流体的特殊性质，使其在超临界状态下，与待分离的物料接触，萃取出

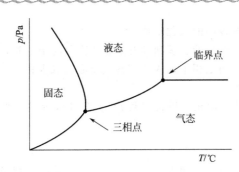

图 2-10　物质三相状态图

目的产物,然后通过降压或升温的方法,使萃取物得到分离。

(2) 常用萃取剂　作为超临界萃取的溶剂可以分为非极性和极性溶剂两种,如乙醇、甲醇等极性溶剂以及二氧化碳等非极性溶剂。在常用的超临界流体萃取剂中,非极性的二氧化碳应用最为广泛。这主要是由于二氧化碳的临界点较低,特别是临界温度接近常温,并且无毒无味、稳定性好、价格低廉、无残留。

2. 超临界 CO_2 流体萃取

超临界 CO_2 流体萃取分离过程的原理是利用超临界流体的溶解能力与其密度的关系,即利用压力和温度对超临界流体溶解能力的影响而进行的。在超临界状态下,将超临界流体与待分离的物质接触,使其有选择性地把极性大小、沸点高低和分子量大小的成分依次萃取出来。当然,对应各压力范围所得到的萃取物不可能是单一的,但可以控制条件得到最佳比例的混合成分,然后借助减压、升温的方法使超临界流体变成普通气体,被萃取物质则完全或基本析出,从而达到分离提纯的目的,所以超临界 CO_2 流体萃取过程是由萃取和分离过程组合而成的。

3. 超临界 CO_2 萃取技术的应用

超临界 CO_2 萃取的特点决定了其应用范围十分广阔,其装置如图 2-11 所示。如在医药工业中,可用于中草药有效成分的提取、热敏性生物制品药物的精制及脂质类混合物的分离。具体应用可以分为以下几个方面。

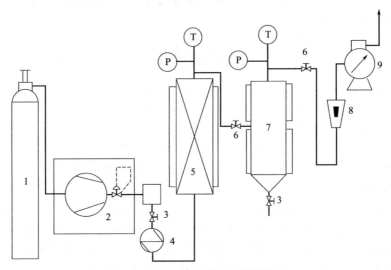

图 2-11　 CO_2 超临界流体萃取装置

1—CO_2 钢瓶;2—增压系统;3—截止阀;4—换热器;5—萃取器;
6—微调阀;7—分离器;8—转子流量计;9—湿式流量计

①　从药用植物中萃取生物活性分子,如生物碱的萃取和分离;

②　可用于不同种类的类脂的分离,或用于类脂回收,或从多糖和蛋白质中去除类脂;

③　从多种植物中萃取抗癌物质,特别是从红豆杉树皮和枝叶中获得紫杉醇对癌症有一定的辅助治疗;

④　维生素,主要是维生素 E 的萃取;

⑤　对各种活性物质(天然的或合成的)进行提纯,除去不需要分子以获得提纯产品;

⑥　对各种天然抗菌或抗氧化萃取物的加工,如甘草和茴香等。

实训5 双水相萃取细胞色素C

【任务描述】

细胞色素C是一种细胞呼吸激活剂，在临床上可以纠正由于细胞呼吸障碍引起的一系列缺氧症状，使其物质代谢、细胞呼吸恢复正常，病情得到缓解或痊愈。在自然界中，细胞色素C存在于一切生物细胞里，其含量与组织的活动强度成正比。本任务以动物心脏为材料利用双水相萃取操作纯化细胞色素C。

【任务实施】

一、准备工作

1. 建立工作小组，制订工作计划，确定具体任务，任务分工到个人，并记录到工作表；本次实训任务中浸提、透析等内容，时间要求长，应结合其他任务或课堂教学穿插开展。

2. 收集双水相萃取的萃取操作条件，掌握相关知识及操作要点，与教师共同确定出一种最佳的工作方案。

3. 完成任务单中实际操作前的各项准备工作。

(1) 材料准备 新鲜或冷冻动物心脏。

(2) 试剂 聚乙二醇（PEG）6000、1mol/L稀硫酸溶液、2mol/L氨水溶液、硫酸铵、$BaCl_2$溶液。

(3) 器具 组织捣碎机、刀、砧板、电子天平、磁力搅拌器、冷冻干燥箱、量筒、滴管、酸度计、透析袋、纱布等。

二、操作过程

操作流程见图2-12。

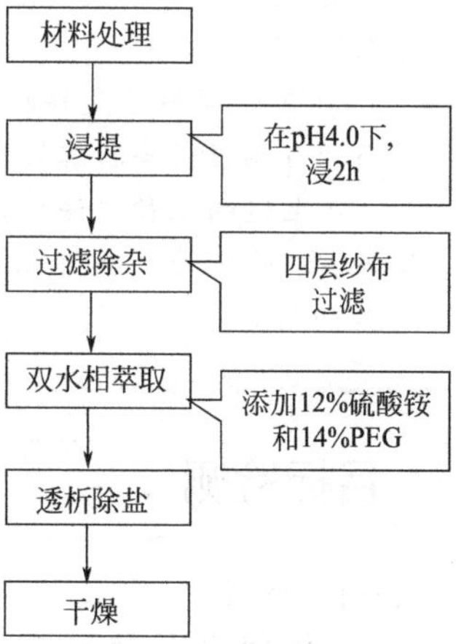

1. 材料处理

新鲜或冷冻动物心脏，除尽脂肪、血管和韧带，洗尽积血，切成小块，放入组织破碎机中绞碎（两遍）成肉糜。

2. 浸提

称取动物心脏碎肉50g，用蒸馏水定容至80mL，用电磁搅拌器搅拌提取，用1mol/L的硫酸调pH4.0（需要不断调整），搅拌提取2h。

3. 过滤除杂

用2mol/L的氨水调pH6.0，停止搅拌。四层纱布挤压过滤，收集滤液。

图 2-12 双水相萃取
细胞色素C流程图

4. 双水相萃取

将滤液用2mol/L氨水调pH7.2后，准确称重，计算硫酸铵和PEG在滤液中质量分数分别为12%和14%时所需的量，在搅拌下将硫酸铵和PEG粉末添加到滤液中，使之形成PEG-硫酸盐双水相体系。然后，将混合液倒入分液漏斗中静置。0.5~1h后，可看到红色物质（细胞色素C）完全进入下层硫酸铵相中，呈黄白色的混浊杂质进入到上层PEG相中。

5. 透析除盐

收集盐相，并将盐相用蒸馏水进行透析除盐24h，即可得液态的细胞色素C粗品。注：用

BaCl₂检测透析袋周围的水（用试管收集流下来的透析液约1mL，滴加1～2滴 BaCl₂ 试剂至试管中，摇匀若无白色沉淀，表示透析完全）。

6. 干燥

进行冷冻干燥可得粉状的细胞色素 C 粗品。

三、结束工作

1. 填好所有操作记录单、任务单、各种评价表。
2. 检查设备仪表是否洁净完好。
3. 检查工作场地及环境卫生。
4. 进行任务总结。

【工作反思】

1. 影响双水相萃取的因素有哪些？
2. 改变硫酸铵和 PEG 的添加量是否会影响双水相萃取分离效果？

技能拓展   双水相萃取操作中多聚物及盐的后处理

在生物分子回收和纯化以后，怎样从含有目标产物残余物的水溶液中回收聚合物或盐就成为一个重要的问题。

方法：

① 如果产品是蛋白质，并且分配在盐相，用超滤或渗析的膜过滤回收；如果产品蛋白质积聚在聚乙二醇（PEG 上相）中，可以通过加入盐精制，加入的盐导致蛋白质在盐相中重新分配。PEG 的分离同样可以用膜分离来实现，即用选择性孔径大小的半透膜来截留蛋白质，同时对排出的 PEG 进行回收。

② 通过盐析或使用水或可混溶性的溶剂来沉淀蛋白质，但是固体（产物）的去除被存在的 PEG 阻碍。

③ 可使用离子交换和吸附，它们是通过蛋白质与固定相的选择性相互作用进行的。然而，当黏性聚合物溶液通过柱被处理的时候，会出现高的压力降。

在上述的三种方法中，膜分离是分离和浓缩被纯化的蛋白质并同步去除聚合物的最佳方法。除此外，也可以通过电泳或亲和分配和双水相萃取结合的方法来回收或减少 PEG 的用量。

 目标检测

（一）填空题

1. 有机溶剂萃取时常用的非极性萃取剂有：_____、_____、_____、_____、_____等。
2. 双水相体系的种类包括：_____和_____。
3. 反萃取是将目标产物从_____转入_____的过程。
4. 在液液萃取中，根据萃取剂的种类和形式的不同又分为_____、_____、_____和_____。
5. 反胶团（束）萃取是利用_____在_____相中形成的反胶团，从而在有机相内形成分散的亲水微环境。

（二）单项选择题

1. 萃取中利用相似相溶的原理进行的萃取过程称为（   ）。

　　A. 反萃取　　　　　　B. 物理萃取　　　　C. 化学萃取　　　　D. 萃取剂

2. 进行萃取操作时应使（　　　）。

　　A. 分配系数大于 1　　　　　　　　　B. 分配系数小于 1

　　C. 选择性系数大于 1　　　　　　　　D. 选择性系数小于 1

3. 萃取剂的分离系数用（　　　）表示。

　　A. κ　　　　　　　B. β　　　　　　　C. γ　　　　　　　　D. α

4. 在萃取操作中，β 值越小，组分（　　　）分离。

　　A. 越易　　　　　　B. 越难　　　　　　C. 不变　　　　　　D. 不能确定

5. 采用多级逆流萃取与单级萃取比较，如果溶剂比、萃取浓度均相同，则多级逆流萃取可使萃余分数（　　　）。

　　A. 增大　　　　　　B. 减少　　　　　　C. 基本不变　　　　D. 变化趋势不确定

6. 萃取操作是利用原料液中各组分（　　　）的差异实现分离的操作。

　　A. 溶剂中溶解度　　B. 沸点　　　　　　C. 挥发度　　　　　D. 密度

7. 溶解度曲线将三角形相图分为两个区域，曲线内为（　　　）。

　　A. 溶解区　　　　　B. 均相区　　　　　C. 两相区　　　　　D. 萃余区

8. 在萃取操作中下列哪项不是选择溶剂的主要原则（　　　）。

　　A. 较强的溶解能力　　　　　　　　　B. 较高的选择性

　　C. 易于回收　　　　　　　　　　　　D. 沸点较高

（三）多项选择题

1. 某混合物中有两种物质，他们的分离系数如下，不适宜选用萃取的方法进行分离的有（　　　）。

　　A. $\beta = 1$　　　　B. $1 < \beta < 10$　　　C. $10 < \beta < 100$　　　D. $100 < \beta$

2. 萃取分离法按照萃取剂的物理状态可以分为以下哪几类（　　　）。

　　A. 液液萃取　　　　B. 液固萃取　　　　C. 物理萃取　　　　D. 超临界萃取

（四）简答题

1. 有机溶剂萃取操作中有机溶剂的选择原则。

2. 双水相萃取的优点有哪些？

3. 超临界流体的特点有哪些？

4. 分液漏斗的使用原则及注意事项有哪些？

5. 索氏提取器的使用方法及原理是怎样的？

项目三
生物大分子的沉淀与结晶

在工业生产中，生物技术的最终产品许多是以固体形态出现的。通过加入某种试剂或改变溶液条件，使生化物质以固体形式从溶液中沉淀析出的分离纯化技术称为固相析出技术，沉淀法和结晶法都是将溶质以固体形式从溶液中析出的方法，若析出的是无定形物质，则称为沉淀；析出的是晶体，则称为结晶。沉淀和结晶本质上同属一个过程，都是新相析出的过程，两者的区别在于构成单元的排列方式不同，沉淀的原子、离子或分子排列是不规则的，而结晶是规则的。沉淀和结晶通常被称为固相析出技术。沉淀法具有浓缩与分离的双重效果，但所得的沉淀物可能聚集有多种物质，或含有大量的盐类，或包裹着溶剂。由于只有同类原子、分子或离子才能排列成晶体，所以结晶法析出的晶体纯度比较高，但结晶法只有目的物达到一定的纯度后才能达到良好的效果。

本项目主要介绍盐析、等电点沉淀及结晶等方法分离和提纯生物大分子物质。

任务六　盐析法分级分离蛋白质

向蛋白质溶液中加入某些浓的中性盐溶液后，可以使蛋白质凝聚而从溶液中析出，这种现象就叫做盐析，利用盐析技术可以达到分离、提纯生物大分子的目的。向含蛋白质的粗提取液中先后加入不同饱和度的中性盐（最常用为硫酸铵，也可为磷酸钾、硫酸钠、硫酸镁、氯化钠等），使不同特征的蛋白质分别从溶液中沉淀出来称为蛋白质的分级分离。例如：20%～40%饱和度的硫酸铵可以使许多病毒沉淀；43%饱和度的硫酸铵可以使 DNA 和 rRNA 沉淀。

知识目标

- 熟悉盐析法的原理、特点及其影响因素；
- 掌握盐析法的具体操作方法及其注意事项。

技能目标

- 能熟练地进行盐析操作；
- 熟知盐析法的影响因素，并能对分离方法进行评价。

必备知识

盐析法是生物大分子制备中最常用的沉淀方法之一，除了蛋白质和酶以外，多肽、多糖和核酸等都可以用盐析法进行沉淀分离。其突出优点是：成本低、不需特殊设备、操作简单、安全、应用范围广、对许多生物活性物质具有稳定作用。但盐析法分离的分辨率不高，一般用于生物分离纯化的初步纯化阶段。

一、盐析法的原理

1. 中性盐离子破坏蛋白质表面水膜

在蛋白质分子表面分布着各种亲水基团，如：—COOH、—NH$_2$、—OH，这些基团与极性水分子相互作用形成水化膜，包围于蛋白质分子周围形成 1～100nm 大小的亲水胶体，削弱了蛋白质分子间的作用力，蛋白质分子表面的亲水基团越多，水膜越厚，蛋白质分子的溶解度也越大。当向蛋白质溶液中加入中性盐时，中性盐对水分子的亲和力大于蛋白质，它会抢夺本来与蛋白质分子结合的自由水，于是蛋白质分子周围的水化膜层减弱甚至消失，暴露出疏水区域，由于疏水区域的相互作用，使其沉淀。

2. 中性盐离子中和蛋白质表面电荷

蛋白质分子中含有不同数目的酸性和碱性氨基酸，其肽链的两端含有不同数目的自由羧基和氨基，这些基团使蛋白质分子表面带有一定的电荷，因同种电荷相互排斥，使蛋白质分子彼此分离。当向蛋白质溶液中加入中性盐时，盐离子与蛋白质表面具相反电性的离子基团结合，形成离子对，因此盐离子部分中和了蛋白质的电性，使蛋白质分子之间电排斥作用减弱而能互相聚集起来。

二、中性盐的选择

1. 选用中性盐的原则

在盐析过程中，离子强度和离子种类对蛋白质等溶质的溶解度起着决定性的影响。在选择中性盐时要考虑以下几个问题。

① 要有较强的盐析效果，一般多价阴离子的盐析效果比阳离子显著。

② 要有足够大的溶解度，且溶解度受温度的影响尽可能地小，这样便于获得高浓度的盐溶液，尤其是在较低的温度下操作时，不至于造成盐结晶析出，影响盐析效果。

③ 盐析用盐在生物学上是惰性的，并且最好不引入给分离或测定带来干扰的杂质。

④ 来源丰富，价格低廉。

2. 常用的中性盐种类及选择

盐析常用的中性盐主要有硫酸铵、硫酸镁、硫酸钠、氯化钠、磷酸二氢钠等。实际应用中以硫酸铵最为常用，主要是因为硫酸铵有以下优点。

① 离子强度大，盐析能力强。

② 溶解度大且受温度的影响小，尤其是在低温时仍有相当高的溶解度，这是其他盐类所不具备的。由表 3-1 可以看出，硫酸铵在 0℃时的溶解度，远远高于其他盐类。

③ 有稳定蛋白质结构的作用，不易使蛋白质变性。有的蛋白质在 2～3mol/L 的（NH$_4$）$_2$SO$_4$溶液中可保存数年。

④ 价格低廉，废液不污染环境。缺点是硫酸铵水解后变酸，在高 pH 值下会释放出氨，腐蚀性较强。因此，盐析后要将硫酸铵从产品中除去。

表 3-1　常用盐析剂在水中的溶解度　　　　　　　　　　单位：g/100mL

盐析剂	温度/℃					
	0	20	40	60	80	100
（NH$_4$）$_2$SO$_4$	70.6	75.4	81.0	88.0	95.3	103
MgSO$_4$	—	34.5	44.4	54.6	63.6	70.8
Na$_2$SO$_4$	4.9	18.9	48.3	45.3	43.3	42.2
NaH$_2$PO$_4$	1.6	7.8	54.1	82.6	93.8	101

硫酸钠无腐蚀性，但低于 40℃就不易溶解，因此只适用于热稳定性较好的蛋白质的沉淀过

程。磷酸盐也常用于盐析，具有缓冲能力强的优点，但它们的价格较昂贵，溶解度较低，还容易与某些金属离子生成沉淀，所以也没有硫酸铵应用广泛。

三、 影响盐析的因素

1. 蛋白质性质

各种蛋白质的结构和性质不同，盐析沉淀要求的离子强度也不同。例如，血浆中的蛋白质，纤维蛋白原最易析出，硫酸铵的饱和度达到20％即可；饱和度增加到28％～33％时，优球蛋白析出；饱和度增加至33％～50％时，拟球蛋白析出；饱和度大于50％时，白蛋白析出。

硫酸铵的饱和度是指饱和硫酸铵溶液的体积占混合后溶液总体积的百分比。通常盐析所用中性盐的浓度不以百分浓度或物质的量浓度表示，而多用相对饱和度来表示，也就是把饱和时的浓度当作1或100％，如1L水在25℃时溶入了767g硫酸铵固体就是100％饱和，溶入383.5硫酸铵称半饱和（50％或0.5饱和度）。同样，对于液体饱和硫酸铵来说，1体积的含蛋白溶液加1体积饱和硫酸铵溶液时，饱和度为50％或0.5，3体积的含蛋白溶液加1体积饱和硫酸铵溶液时，饱和度为25％或0.25。

2. 蛋白质浓度

在相同的盐析条件下，样品的浓度越大，越容易沉淀，所需的盐饱和度也越低。但样品的浓度越高，杂质的共沉作用也越强，从而使分辨率降低；相反，样品浓度低时，共沉作用小、分辨率高，但盐析所需的盐饱和度大，用盐量大，样品的回收率低。所以在盐析时，要根据实际条件选择适当的样品浓度。一般较适当的样品浓度是2.5％～3.0％。

3. 离子强度和类型

一般来说，离子强度越大，蛋白质的溶解度越低。离子种类对蛋白质溶解度也有一定影响，一般阴离子的盐析效果比阳离子好，尤其以高价阴离子更为明显。阴离子的盐析效果排序为：柠檬酸盐＞磷酸盐＞硫酸盐＞乙酸盐＞盐酸盐＞硝酸盐＞硫氰酸盐，阳离子的盐析效果排序为：铝盐＞钙盐＞镁盐＞铵盐＞钾盐＞钠盐。另外，离子半径小而高电荷的离子在盐析方面影响较强，离子半径大而低电荷的离子的影响较弱。所以，在进行盐析操作选择中性盐时要利用试验确定最适盐析剂。

4. 氢离子浓度

一般来说，蛋白质所带净电荷越多溶解度越大，净电荷越少溶解度越小，在等电点时蛋白质溶解度最小。为提高盐析效率，多将溶液pH值调到目的蛋白质的等电点处。但必须注意在水中或稀盐液中的蛋白质等电点与高盐浓度下所测的结果是不同的，需根据实际情况调整溶液pH值，以达到最好的盐析效果。

5. 温度

在低离子强度或纯水中，蛋白质溶解在一定范围内随温度增加而增加。但在高浓度下，蛋白质、酶和多肽类物质的溶解度随温度上升而下降。在一般情况下，蛋白质对盐析温度无特殊要求，可在室温下进行，只有某些对温度比较敏感的酶要求在0～4℃进行。

四、 盐析操作过程及其注意事项

硫酸铵是盐析中最为常用的中性盐，下面以硫酸铵盐析蛋白质为例介绍盐析操作的过程。

1. 盐析曲线的制作

如果要分离一种新的蛋白质或酶，没有文献可以借鉴，则应先确定沉淀该物质所需的硫酸铵饱和度。具体操作方法如下。

取已定量测定蛋白质（或酶）的活性与浓度的待分离样品溶液，冷却至 0℃，调至该蛋白质稳定的 pH 值，分 6～10 次分别加入不同量的硫酸铵，第一次加硫酸铵至蛋白质溶液刚开始出现沉淀时，记下所加硫酸铵的量，这是盐析曲线的起点。继续加硫酸铵至溶液微微浑浊时，静置一段时间，离心得到第一个沉淀级分，然后取上清再加至浑浊，离心得到第二个级分，如此连续可得到 6～10 个级分，按照每次加入硫酸铵的量，在表 3-2 中查出相应的硫酸铵饱和度。将每一级分沉淀物分别溶解在一定体积的适宜的 pH 缓冲液中，测定其蛋白质含量或酶活力。以每个级分的蛋白质含量或酶活力对硫酸铵饱和度作图，即可得到盐析曲线（如图 3-1）。

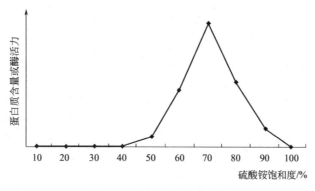

图 3-1　蛋白质的盐析曲线

2. 操作方式

盐析时，将盐加入溶液中有两种方式。

（1）加硫酸铵的饱和溶液　在实验室和小规模生产中溶液体积不大时，或硫酸铵浓度不需太高时，可采用这种方式。这种方式可防止溶液局部过浓，但是溶液会被稀释，不利于下一步的分离纯化。

为达到一定的饱和度，所需要加入的饱和硫酸铵溶液的体积可由下式求得：

$$V = V_0 \frac{S_2 - S_1}{1 - S_2}$$

式中，V 为需要加入的饱和硫酸铵溶液的体积；V_0 为溶液的原始体积；S_1 和 S_2 分别为硫酸铵溶液的初始和最终饱和度。其中，所加的硫酸铵饱和溶液应达到真正的饱和，配制时加入过量的硫酸铵，加热至 50～60℃，保温数分钟，趁热滤去不溶物，在 0～25℃下平衡 1～2 天，有固体析出，即达到 100% 饱和度。

（2）直接加固体硫酸铵　在工业生产中溶液体积较大时，或需要达到较高的硫酸铵饱和度时，可采用这种方式。加入之前先将硫酸铵研成细粉不能有块状，加入时速度不能太快，要在搅拌下缓慢均匀少量多次地加入，尤其到接近计划饱和度时，加盐的速度要更慢一些，尽量避免局部硫酸铵浓度过高而造成不应有的蛋白质沉淀。

为了达到所需的饱和度，应加入固体硫酸铵的量，可由表 3-2 或表 3-3 查得，也可由下列公式计算而得：

$$X = \frac{G(S_2 - S_1)}{1 - A S_2}$$

式中，X 为 1L 溶液所需加入的硫酸铵质量，g；S_1 和 S_2 分别为硫酸铵溶液的初始和最终饱和度；G 为经验常数，0℃时为 515，20℃时为 513；A 为常数，0℃时为 0.27，20℃时为 0.29。

表 3-2　0℃下硫酸铵水溶液由原来的饱和度达到所需饱和度时，
每 100mL 硫酸铵水溶液应加入固体硫酸铵的质量　　　　单位：g

		20	25	30	35	40	45	50	55	60	65	70	75	80	85	90	95	100
硫酸铵初浓度(饱和度/%)	0	10.6	13.4	16.4	19.4	22.6	25.8	29.1	32.6	36.1	39.8	43.6	47.6	51.6	55.9	60.3	65.0	76.7
	5	7.9	10.8	13.7	16.6	19.7	22.9	26.2	29.6	33.1	36.8	40.5	44.4	48.4	52.6	57.0	61.5	69.7
	10	5.3	8.1	10.9	13.9	16.9	20.0	23.3	26.6	30.1	33.7	37.4	41.2	45.2	49.3	53.6	58.1	62.7
	15	2.6	5.4	8.2	11.1	14.1	17.2	20.4	23.7	27.1	30.6	34.3	38.1	42.0	46.0	50.3	54.7	59.2
	20		2.7	5.5	8.3	11.3	14.3	17.5	20.7	24.1	27.6	31.2	34.9	38.7	42.7	46.9	51.2	55.7
	25			2.7	5.6	8.4	11.5	14.6	17.9	21.1	24.5	28.0	31.7	35.5	39.5	43.6	47.8	52.2
	30				2.8	5.6	8.6	11.7	14.8	18.1	21.4	24.9	28.5	32.2	36.2	40.2	44.5	48.8
	35					2.8	5.7	8.7	11.8	15.1	18.4	21.8	25.4	29.1	32.9	36.9	41.0	45.3
	40						2.9	5.8	8.9	12.0	15.3	18.7	22.2	25.8	29.6	33.5	37.6	41.8
	45							2.9	5.9	9.0	12.3	15.6	19.0	22.6	26.3	30.2	34.2	38.3
	50								3.0	6.0	9.2	12.5	15.9	19.4	23.3	26.8	30.8	34.8
	55									3.0	6.1	9.3	12.7	16.1	19.7	23.5	27.3	31.3
	60										3.1	6.2	9.5	12.9	16.4	20.1	23.1	27.9
	65											3.1	6.3	9.7	13.2	16.8	20.5	24.4
	70												3.2	6.5	9.9	13.4	17.1	20.9
	75													3.2	6.6	10.1	13.7	17.4
	80														3.3	6.7	10.3	13.9
	85															3.4	6.8	10.5
	90																3.4	7.0
	95																	3.5

表 3-3　室温 25℃下硫酸铵水溶液由原来的饱和度达到所需饱和度时，
每 1L 硫酸铵水溶液应加入固体硫酸铵的质量　　　　单位：g

		10	20	25	30	33	35	40	45	50	55	60	65	70	75	80	90	100
硫酸铵初浓度(饱和度/%)	0	56	114	144	176	196	209	243	277	313	351	390	430	472	516	561	662	767
	10		57	86	118	137	150	183	216	251	288	326	365	406	449	494	592	694
	20			29	59	78	91	123	155	190	225	262	300	340	382	424	520	619
	25				30	49	61	93	125	158	193	230	267	307	348	390	485	583
	30					19	30	62	94	127	162	198	235	273	314	356	449	546
	33						12	43	74	107	142	177	214	252	292	333	426	522
	35							31	63	94	129	164	200	238	278	319	411	506
	40								31	63	97	132	168	205	245	285	375	469
	45									32	65	99	134	171	210	250	339	431
	50										33	66	101	137	176	214	302	392
	55											33	67	103	141	179	264	353
	60												34	69	105	143	227	314
	65													34	70	107	190	275
	70														35	72	153	237
	75															36	115	198
	80																77	157
	90																	79

3. 脱盐

利用盐析法进行初级纯化时，产物中的盐含量较高，一般在盐析沉淀后，需要进行脱盐处理，才能进行后期的纯化操作。通常所说的脱盐就是指将小分子的盐与目的物分离开。最常用的脱盐方法有两种，即透析和凝胶过滤。凝胶过滤脱盐不仅能除去小分子的盐，也能除去其他小分子的物质。用于脱盐的凝胶主要有 Sephadex G-10、G-15、G-25 和 Bio-Gel P-2、P-6、P-10。与透析法相比，凝胶过滤脱盐速度比较快，对不稳定的蛋白质影响较小。但样品的黏度不能太高，不能超过洗脱液的2～3倍。

4. 操作注意事项

① 加固体硫酸铵时，必须注意表 3-2 和表 3-3 中规定的温度，一般有0℃和室温两种，加入固体盐后体积的变化已考虑在表中。

② 分段盐析时，要考虑到每次分段后蛋白质浓度的变化。蛋白质浓度不同，要求盐析的饱和度也不同。

③ 为了获得实验的重复性，盐析的条件如 pH 值、温度和硫酸铵的纯度都必须严格控制。

④ 盐析后一般要放置半小时至一小时，待沉淀完全后再离心与过滤，过早的分离将影响收率。低浓度硫酸铵溶液盐析可采用离心分离，高浓度硫酸铵溶液则常用过滤方法。因为高浓度硫酸铵密度太大，要使蛋白质完全沉降下来需要较高的离心速度和较长的离心时间。

⑤ 盐析过程中，搅拌必须是有规则和温和的。搅拌太快将引起蛋白质变性，其变性特征是起泡。

⑥ 为了平衡硫酸铵溶解时产生的轻微酸化作用，沉淀反应至少应在 50mmol/L 缓冲溶液中进行。

五、 盐析的应用

盐析广泛应用于各类蛋白质的初级纯化和浓缩。例如，人干扰素的培养液经硫酸铵盐析沉淀，可使人干扰素纯化 1.7 倍，回收率为99%；白细胞介素 2 的细胞培养液经硫酸铵沉淀后，白细胞介素 2 的回收率为 73.5%，纯化倍数达到 7。

盐析沉淀法不仅是蛋白质初级纯化的常用手段，在某些情况下还可用于蛋白质的高度纯化。例如，利用无血清培养基培养的融合细胞培养液浓缩 10 倍后，加入等量的饱和硫酸铵溶液，在室温下放置 1h 后离心除去上清液，得到的沉淀物中单克隆抗体回收率达 100%。对于杂质含量较高的料液，例如，从胰脏中提取胰蛋白酶和胰凝乳蛋白酶，可利用反复盐析沉淀并结合其他沉淀法，制备纯度较高的酶制剂。蛋白质的盐析沉淀纯化实例见表 3-4。

表 3-4　蛋白质的盐析沉淀纯化实例

| 目标蛋白 | 来源 | 硫酸铵饱和度/% | | 收率/% | 纯化倍数 |
		一次沉淀	二次沉淀		
人干扰素	细胞培养液	30(上清)	80(沉淀)	99	1.7
白细胞介素	细胞培养液	35(上清)	85(沉淀)	73.5	7.0
单克隆抗体	细胞培养液	50(沉淀)		100	>8
组织纤溶酶原激活物	猪心抽提液	50(沉淀)		76	1.8

知识拓展

一、有机溶剂沉淀

在含有蛋白质、酶、核酸、黏多糖等生物大分子的水溶液中，加入一定量亲水性的有机溶剂，能降低溶质的溶解度，使其从溶液中沉淀出来。利用生物大分子在不同浓度的有机溶剂中的溶解度差异而分离的方法，称为有机溶剂沉淀法。

1. 有机溶剂沉淀的特点

有机溶剂沉淀法的特点在于：

① 分辨能力比盐析法高。因为蛋白质等其他生物大分子只在一个比较窄的有机溶剂浓度范围内沉淀。

② 有机溶剂沸点低，容易除去或回收，产品更纯净，沉淀物与母液间的密度差较大，分离容易。

盐析法需要复杂的除盐过程才能将盐从产品中除去。但有机溶剂沉淀法没有盐析法安全，它容易使蛋白质等生物大分子变性，沉淀操作需要在低温下进行，需要耗用大量的有机溶剂，为了节约成本，常将有机溶剂回收利用。另外，有机溶剂一般易燃易爆，储存比较麻烦。

2. 有机溶剂沉淀的基本原理

有机溶剂沉淀的原理主要有两点。

① 有机溶剂降低水溶液的介电常数，使溶质分子之间的静电引力增加，互相吸引聚集，形成沉淀。

② 有机溶剂的亲水性比溶质分子的亲水性强，它会抢夺本来与亲水溶质结合的自由水，破坏其表面的水化膜，导致溶质分子之间的相互作用增大而发生聚集，从而沉淀析出。

3. 常用的有机溶剂及其选择

沉淀用的有机溶剂一般要能与水无限混溶，也可使用一些与水部分混溶或微溶的溶剂如三氯甲烷等，一般利用其变性作用除去杂蛋白。在选择有机溶剂时需考虑以下几方面。

① 介电常数小，沉淀作用强。

② 对生物大分子的变性作用小。

③ 毒性小，挥发性适中。沸点低虽有利于溶剂的除去和回收，但挥发损失较大，且给劳动保护和安全生产带来麻烦。

④ 一般需能与水无限混溶。

结合上面几个因素，常用于生物大分子沉淀的有机溶剂有乙醇、丙酮、异丙酮和甲醇等。其中，乙醇是最常用的有机溶剂沉淀剂。因为它具有沉淀作用强、沸点适中、无毒等优点，广泛用于蛋白质、核酸、多糖、核苷酸、氨基酸等的沉淀过程。丙酮的介电常数小于乙醇，故沉淀能力较强，用丙酮代替乙醇作沉淀剂一般可减少 1/4～1/3 有机溶剂用量，但丙酮具有沸点较低、挥发损失大、对肝脏有一定的毒性、着火点低等缺点，使得它的应用不如乙醇广泛。甲醇的沉淀作用与乙醇相当，对蛋白质的变性作用比乙醇、丙酮都小，但甲醇口服有剧毒，所以应用也不如乙醇广泛。

进行有机溶剂沉淀时，欲使溶液达到一定的有机溶剂浓度，需要加入的有机溶剂的量可按下面的公式计算而得：

$$V = V_0 \frac{S_2 - S_1}{S_3 - S_2}$$

式中，V 为需加入的有机溶剂的体积，L；V_0 为原溶液体积，L；S_1 为原溶液中有机溶剂的浓度，g/L；S_2 为需达到的有机溶剂的浓度，g/L；S_3 为加入的有机溶剂浓度，g/L。

上式的计算由于没有考虑混溶后体积的变化和溶剂的挥发情况，实际上存在一定的误差。在实际工作中，有时为了获得沉淀而不着重于进行分离，可用溶液体积的倍数，如：加入一倍、二倍、三倍原溶液体积的有机溶剂，来进行有机溶剂沉淀。

4. 影响有机溶剂沉淀的因素

(1) 温度 多数蛋白质在有机溶剂与水的混合液中，溶解度随温度降低而下降。值得注意的是，大多数生物大分子如蛋白质、酶和核酸在有机溶剂中对温度特别敏感，温度稍高就会引起变性，且有机溶剂与水混合时产生放热反应，因此有机溶剂必须预先冷至较低温度，操作要在冰盐浴中进行，加入有机溶剂时必须缓慢且不断搅拌以免局部过浓。一般规律是温度越低得到的蛋白质活性越高。

(2) 样品浓度 样品浓度对有机溶剂沉淀生物大分子的影响与盐析的情况相似。低浓度样品要使用比例更大的有机溶剂进行沉淀，且样品的损失较大，即回收率低，具有生物活性的样品易产生稀释变性。但对于低浓度的样品，杂蛋白与样品共沉淀的作用小，有利于提高分离效果。反之，对于高浓度的样品，可以节省有机溶剂，减少变性的危险，但杂蛋白的共沉淀作用大，分离效果下降。通常使用 5～20mg/mL 的蛋白质初浓度为宜，可以得到较好的沉淀分离效果。

(3) pH 值 有机溶剂沉淀适宜的 pH 值要选择在样品稳定的 pH 值范围内，而且尽可能选择样品溶解度最低的 pH 值，通常是选在等电点附近，从而提高此沉淀法的分辨能力。

(4) 离子强度 离子强度是影响有机溶剂沉淀生物大分子的重要因素。以蛋白质为例，盐浓度太大或太小都有不利影响，通常溶液中盐浓度以不超过 5% 为宜，少量的中性盐对蛋白质变性有良好的保护作用，但盐浓度过高会增加蛋白质在水中的溶解度，降低了有机溶剂沉淀蛋白质的效果，通常是在低盐或低浓度缓冲液中沉淀蛋白质。

(5) 金属离子 一些金属离子如 Zn^{2+}、Ca^{2+} 等可与某些呈阴离子状态的生物高分子形成复合物。金属离子有利于沉淀形成，并可降低有机溶剂的用量，0.005～0.02mol/L 的 Zn^{2+} 可使有机溶剂用量减少 1/3～1/2，但要避免与金属离子形成难溶盐的阴离子（如磷酸根）的存在。

有机溶剂沉淀法经常用于蛋白质、酶、多糖和核酸等生物大分子的沉淀分离，使用时先要选择合适的有机溶剂，然后注意调整样品的浓度、温度、pH 值和离子强度，并考虑到金属离子的助沉作用，使之达到最佳的分离效果。

二、血浆蛋白

血液是由有形成分红细胞、白细胞和血小板，以及无形的液体成分血浆组成。血液凝固后析出淡黄色透明液体，称为血清。血清与血浆的区别在于血清中没有纤维蛋白原，但含有一些在凝血过程中生成的分解产物。血浆蛋白是血浆中最主要的固体成分，含量为 60～80 g/L，血浆蛋白种类繁多，功能各异。用不同的分离方法可将血浆蛋白质分为不同的种类。血浆蛋白的浓度不同是血浆和组织液的主要区别，因为血浆蛋白的分子很大，不能透过毛细血管管壁。在生物化学研究中，曾经用盐析法将血浆蛋白分为白蛋白、球蛋白与纤维蛋白原三大类。后来，用醋酸纤维素薄膜电泳法可将血浆蛋白分为白蛋白和 α_1-、α_2-、α_3-、β-、γ-球蛋白等。用等电聚焦电泳与聚丙烯酰胺电泳组合的双向电泳，分辨力更高，可将血浆蛋白分为一百多种。这说明血浆蛋白包括了很多分子大小和结构都不相同的蛋白质。

1. 血浆蛋白分类

各种血浆蛋白有其独特的功能，按功能可分为以下 8 类。①凝血系统蛋白质，包括 12 种凝血因子（除 Ca^{2+} 外）；②纤溶系统蛋白质，包括纤溶酶原、纤溶酶、激活剂及抑制剂等；③补体系统蛋白质；④免疫球蛋白；⑤脂蛋白；⑥血浆蛋白酶抑制剂，包括酶原激活抑制剂、血液凝固抑制剂、纤溶酶抑制剂、激肽释放抑制剂、内源性蛋白酶及其他蛋白酶抑制剂；⑦载体蛋白；⑧未知功能的血浆蛋白质。

2. 血浆蛋白的主要功能

①营养功能　每个成人 3L 左右的血浆中约含有 200g 蛋白质，它们起着营养贮备的功能。虽然消化道一般不吸收蛋白质，吸收的是氨基酸，但是体内的某些细胞，特别是单核吞噬细胞系统，吞饮完整的血浆蛋白，然后由细胞内的酶类将吞入细胞的蛋白质分解为氨基酸。这样生成的氨基酸运输进入血液，随时可供其他细胞合成新的蛋白质之用。

②运输功能　蛋白质巨大的表面上分布有众多的亲脂性结合位点，它们可以与脂溶性物质结合，蛋白质具有水溶性，可携带脂溶性物质，便于运输；血浆蛋白还可以与血液中分子较小的物质（如激素、各种正离子）可逆性地结合，既可防止它们从肾流失，又由于结合状态与游离状态的物质处于动态平衡之中，可使处于游离状态的这些物质在血液中的浓度保持相对稳定。

③维持酸碱平衡　血浆蛋白的等电点大部分在 pH4～6，在生理 pH 下，血浆中蛋白多以负离子形式存在，为弱酸，其中一部分与 Na^+ 结合成弱酸盐，弱酸与弱酸盐构成缓冲体系，保持血液 pH 稳定。

④维持血浆渗透压　血浆白蛋白因其含量多而分子小，调节血管内外水分分布，血浆胶体渗透压的 75%～80% 由其维持。

⑤免疫作用　在实现免疫功能中有重要作用的免疫抗体、补体系统等，都是由血浆球蛋白构成的。

⑥凝血和抗凝血作用　绝大多数的血浆凝血因子、生理性抗凝物质以及促进血纤维溶解的物质都是血浆蛋白。各种凝血因子及抗凝血因子在减少出血、防止循环阻塞中发挥重要作用。

实例训练

实训6　硫酸铵盐析法分级分离血浆中的 IgG

【任务描述】

IgG 是免疫球蛋白（简称 IgG）的主要成分之一，分子量约为 15 万～16 万。IgG 是动物和人体血浆的重要成分之一。血浆蛋白质的成分多达 70 余种，要从血浆中分离出 IgG，首先要进行尽可能除去其他蛋白质成分的粗分离程序，使 IgG 在样品中比例大为提高，然后再纯化而获得 IgG。盐析法是粗分离蛋白质的重要方法之一，是利用各种蛋白质所带电荷不同、分子量不同，从而在高浓度的盐溶液中溶解度就不同，因此一个含有几种蛋白质的混合液，就可用不同浓度的中性盐来使其中各蛋白质先后分别沉淀下来，达到分离纯化的目的，这种方法称为分级盐析。其中最常用的盐析剂是硫酸铵，本实训利用硫酸铵饱和溶液沉淀并分离目的蛋白质。

【任务实施】

一、准备工作

1. 建立工作小组，制订工作计划，确定具体任务，任务分工到个人，并记录到工作表。

2. 收集硫酸铵盐析血浆中的 IgG 工作中的必需信息，掌握相关知识及操作要点，与教师共同确定出一种最佳的工作方案。

3. 完成任务单中实际操作前的各项准备工作。

(1) 材料准备　新鲜动物血浆或血清（无溶血现象）。

(2) 试剂　饱和硫酸铵溶液：取化学纯（NH_4）$_2SO_4$ 800g，加蒸馏水 1000mL，不断搅拌下加热至 $50\sim60℃$，并保持数分钟，趁热过滤，滤液在室温中过夜，有结晶析出，即达到 100% 饱和度，使用时用浓 NH_4OH 调至 pH7.0。

0.2mol/L pH7.2 的磷酸盐缓冲液（PBS）其配制方法如下：①配 A 液：0.2mol/L 磷酸氢二钠溶液（称取磷酸氢二钠 5.37g 加去离子水定容至 100mL）；②配 B 液：0.2mol/L 磷酸二氢钠溶液（称取磷酸二氢钠 3.12g 加去离子水定容至 100mL）；③取 A 液约 72mL，取 B 液约 28mL，然后将这两种溶液边混合边用高精度 pH 试纸检测，调配成约 100mL 浓度为 0.2mol/L pH7.2 的磷酸盐缓冲液备用。

(3) 仪器　离心机、烧杯、高精度 pH 试纸、大容量瓶、移液管、玻璃棒、滴管等。

二、操作步骤

① 在 1 支离心管中加入 5mL 血清和 5mL 0.2mol/L pH7.2 磷酸盐缓冲液，混匀。用胶头滴管吸取饱和硫酸铵溶液，边滴加边搅拌于血浆溶液中，使溶液的最终饱和度为 20%。用滴管边加边搅拌是为防止饱和硫酸铵一次性加入或搅拌不均匀造成局部过饱和的现象，使盐析达不到预期的饱和度，得不到目的蛋白质。搅拌时不要过急以免产生过多泡沫，致使蛋白质变性。加完后应在 4℃ 放置 15min，使之充分盐析（蛋白质样品量大时，应放置过夜）。然后以 3000r/min 离心 10min，弃去沉淀（沉淀为纤维蛋白原），上清液为清蛋白、球蛋白。

② 量取上清液的体积，置于另一离心管中，用滴管继续在上清液中滴加饱和硫酸铵溶液，使溶液的饱和度达到 50%（计算出应加入饱和硫酸铵溶液的体积）。加完后在 4℃ 放 15min，以 3000r/min 离心 10min，清蛋白在上清液中，沉淀为球蛋白。弃去上清液，留下沉淀部分。

③ 将所得的沉淀再溶于 5mL 0.2mol/L pH7.2 磷酸盐缓冲液中。滴加饱和硫酸铵溶液，使溶液的饱和度达 35%（计算出应加入饱和硫酸铵溶液的体积）。加完后 4℃ 放置 20min，3000r/min 离心 15min，α 球蛋白、β 球蛋白在上清液中，沉淀为 IgG。弃去上清液，即获得粗制的 IgG 沉淀。

三、结束工作

1. 填好所有操作记录单、任务单、各种评价表。

2. 检查设备仪表是否洁净完好。

3. 检查工作场地及环境卫生。

4. 进行任务总结。

【工作反思】

1. 如何继续分离纯化上清液中的球蛋白？

2. 如何加磷酸盐缓冲液？

任务七　等电点沉淀法分离蛋白质

等电点沉淀法是有效的蛋白质初级分离手段，因其操作简单、设备要求不高、操作条件温和、对蛋白质损伤小等特点，被广泛应用于蛋白质等特别是疏水性大的生物大分子的初级分离。

- 熟悉等电点沉淀法的原理及操作注意事项;
- 掌握等电点沉淀法的操作注意事项。

- 能够独立进行等电点沉淀法沉淀蛋白质的操作;
- 熟知等电点沉淀法的影响因素,并能对分离方法进行评价。

等电点沉淀

利用蛋白质在等电点时溶解度最低的特性,向含有目的产物成分的混合液中加入酸或碱,调整其 pH 值,使蛋白质沉淀析出的方法,称为等电点沉淀法。

1. 等电点沉淀法的原理

在等电点时,蛋白质分子以两性离子形式存在,其分子净电荷为零(即正负电荷相等),此时蛋白质分子颗粒在溶液中因没有相同电荷的相互排斥,分子相互之间的作用力减弱,其颗粒极易碰撞、凝聚而产生沉淀,所以蛋白质在等电点时,其溶解度最小,最易形成沉淀物。等电点时的许多物理性质如黏度、膨胀性、渗透压等都变小,从而有利于悬浮液的过滤。

2. 等电点沉淀法的操作

等电点沉淀的操作条件是:低离子浓度,pH＝pI(表示等电点时的 pH 值)。因此,等电点沉淀操作需要低离子浓度下调整溶液的 pH 至等电点,或在等电点的 pH 下利用透析等方法降低离子强度,使蛋白质沉淀。由于一般蛋白质的等电点多在偏酸性范围内,故等电点沉淀操作中,多通过加入无机酸(如盐酸、磷酸和硫酸等)调节 pH。

等电点沉淀法一般适用于疏水性较强的蛋白质(如酪蛋白),而对亲水性很强的蛋白质(如明胶),由于在水中的溶解度较大,在等电点的 pH 下不易产生沉淀,所以,等电点沉淀法不如盐析沉淀法应用广泛。但该法仍不失为有效的蛋白质初级分离手段。例如从猪胰脏中提取胰蛋白酶原:胰蛋白酶原的 pI＝8.9,可先于 pH3.0 左右进行等电点沉淀,除去共存的许多酸性蛋白质(pI3.0)。工业生产胰岛素(pI5.3)时,先调节 pH8.0 除去碱性蛋白质,再调节 pH3.0 除去酸性蛋白质,同时配合其他沉淀技术以提高沉淀效果。

在盐析沉淀中,要综合等电点沉淀技术,使盐析操作在等电点附近进行,降低蛋白质的溶解度。例如,碱性磷酸酯酶的 pI 沉淀提取:发酵液调 pH4.0 后出现含碱性磷酸酯酶的沉淀物,离心收集沉淀物。用 pH9.0 的 0.1mol/L Tris-HCl 缓冲溶液重新溶解,加入 20%～40%饱和度的硫酸铵分级,离心收集的沉淀用 Tris-HCl 缓冲液再次溶解,用硫酸铵沉淀,即得较纯的碱性磷酸酯酶。

3. 等电点沉淀法操作注意事项

(1) 不同的蛋白质,具有不同的等电点　在生产过程中应根据分离要求,除去目的产物之外的杂蛋白;若目的产物也是蛋白质,且等电点较高时,可先除去低于等电点的杂蛋白,如细胞色素 C 的等电点为 10.7,在细胞色素 C 的提取纯化过程中,调 pH6.0 除去酸性蛋白,调 pH7.5～8.0 除去碱性蛋白。

(2) 同一种蛋白质在不同条件下,等电点不同　在盐溶液中,蛋白质若结合较多的阳离子,则等电点的 pH 值升高。因为结合阳离子后,正电荷相对增多,只有 pH 值升高才能达到等电点状态,如胰岛素在水溶液中的等电点为 5.3,在含一定浓度锌盐的水-丙酮溶液中的等电点为 6.0,如果改变锌盐的浓度,等电点也会改变。蛋白质若结合较多的阴离子(如

Cl⁻、SO₄²⁻等），则等电点移向较低的 pH 值，因为负电荷相对增多，只有降低 pH 值才能达到等电点状态。

（3）目的产物成分对 pH 值的要求　生产中应尽可能避免直接用强酸或强碱调节 pH 值，以免局部过酸或过碱，而引起目的产物成分蛋白或酶的变性。另外，调节 pH 值所用的酸或碱应与原溶液中的盐或即将加入的盐相适应，如溶液中含硫酸铵时，可用硫酸或氨水调 pH 值；如原溶液中含有氯化钠时，可用盐酸或氢氧化钠调 pH 值。总之，应以尽量不增加新物质为原则。

（4）采用几种方法结合来实现沉淀分离　由于各种蛋白质在等电点时仍存在一定的溶解度，使沉淀不完全，而多数蛋白质的等电点都十分接近，因此当单独使用等电点沉淀法效果不理想时，可以考虑采用几种方法结合来实现沉淀分离。

知识拓展

一、有机聚合物沉淀

有机聚合物是 20 世纪 60 年代发展起来的一类沉淀剂，最早被用来沉淀分离血纤维蛋白原和免疫球蛋白以及一些细菌与病毒，近年来被广泛应用于核酸和酶的分离纯化。这类有机聚合物包括不同分子量的聚乙二醇（PEG）、聚乙烯吡咯烷酮和葡聚糖等。其中应用最多的是 PEG，它的亲水性强，溶于水和许多有机溶剂，对热稳定，有广范围的分子量。在生物大分子的制备中，用得较多的是分子量为 6000～20000 的 PEG。

到目前为止，关于 PEG 沉淀机理的解释还都仅仅是假设，没有得到充分的证实，其解释主要有：①认为沉淀作用是由于聚合物与生物大分子发生共沉淀作用。②由于聚合物有较强的亲水性，使生物大分子脱水而发生沉淀。③聚合物与生物大分子之间以氢键相互作用形成复合物，在重力作用下形成沉淀析出。④通过空间位置排斥，使液体中生物大分子被迫挤聚在一起而发生沉淀。

PEG 的沉淀效果主要与 PEG 的浓度和分子量有关，同时还受离子强度、溶液 pH 值和温度等因素的影响。在一定的 pH 值下，盐浓度越高，所需的 PEG 浓度越低。溶液的 pH 值越接近目的物的等电点，沉淀所需的 PEG 浓度越低。在一定浓度范围内，高分子量的 PEG 沉淀的效率高。此外，随着蛋白质分子量的提高，沉淀所需加入的 PEG 用量减少。一般地说，PEG 浓度常为 20%，浓度过高会使溶液的黏度增大，加大沉淀物分离的困难。

PEG 沉淀法的主要优点为：①操作条件温和，体系的温度控制在室温条件下即可，不易引起生物大分子变性。②沉淀效能高，使用很少量的 PEG 即可沉淀相当多的生物大分子。③沉淀的颗粒往往比较大，与其他方法相比，产物比较容易收集。但利用 PEG 沉淀蛋白质所得的沉淀物中含有大量的 PEG。除去 PEG 的方法有吸附法、乙醇沉淀法和盐析法等。吸附法是将沉淀物溶于磷酸缓冲溶液中，然后用 DEAE-纤维素阴离子交换剂吸附蛋白质，PEG 不被吸附而除去，蛋白质再用 0.1mol/L 氯化钾溶液洗脱，最后经透析脱盐制得成品。乙醇沉淀法是将沉淀物溶于磷酸缓冲溶液后，用 20% 的乙醇沉淀蛋白质，离心后可将 PEG 除去（留在上清液中）。盐析法是将沉淀物溶于磷酸缓冲溶液后，用 35% 硫酸铵沉淀蛋白质，PEG 则留在上清液中。

用有机聚合物沉淀生物大分子和微粒，一般有两种方法：①选用两种有机聚合物组成液液体系，使生物大分子或微粒在这两相体系中不等量的分配，从而分离。这种方法主要基于不同生物分子和微粒表面结构不同，有不同的分配系数，再加上离子强度、pH 值和温度等因素的影响，从而扩大分离的效果。②选用一种有机聚合物，使生物大分子或微粒在同一液相中由于被排斥相互凝集而沉淀析出。操作时，先离心除去粗大的悬浮颗粒，调整适宜的 pH 值和温度，然后加入中性盐和多聚物至一定浓度，低温储存一段时间，即形成沉淀。

二、金属离子沉淀

许多生物活性物质（如核酸、蛋白质、多肽、抗生素和有机酸等）能与金属离子形成难溶性的复合物而沉淀。根据它们与物质作用的机制不同，可把金属离子分为三大类：第一类，能与羧基、含氮化合物和含氮杂环化合物结合的金属离子，如 Mn^{2+}、Fe^{2+}、Co^{2+}、Ni^{2+}、Cu^{2+}、Zn^{2+}、Cd^{2+}；第二类，能与羧基结合，但不能与含氮化合物结合的金属离子，如 Ca^{2+}、Ba^{2+}、Mg^{2+}、Pb^{2+} 等；第三类，与巯基结合的金属离子，如 Hg^{2+}、Ag^{2+}、Pb^{2+}。分离出沉淀物后，应将复合物分解，并采用离子交换法或金属螯合剂 EDTA 等将金属离子除去。

金属离子沉淀生物活性物质已有广泛的应用，如锌盐可用于沉淀杆菌肽和胰岛素等，$CaCO_3$ 用来沉淀乳酸、柠檬酸、人血清蛋白等。此外，金属离子沉淀法还能用来除去杂质，例如微生物细胞中含大量核酸，它会使料液黏度提高，影响后期纯化操作，因此特别在胞内产物提取时，预先除去核酸是很重要的，锰盐能选择性地沉淀核酸。例如，从大肠杆菌中小规模连续分离 β-半乳糖苷酶时，在细胞匀浆液中加入 0.05mol/L 的 Mn^{2+}，可除去 30%～40%核酸，而在这一步操作中酶无损失。除沉淀核酸外，还可采用 $ZnSO_4$ 沉淀红霉素发酵液中的杂蛋白以提高过滤速度；用 $BaCl_2$ 回收废水中的酚类物质；用 $MgSO_4$ 除去 DNA 和其他核酸等。金属离子沉淀法的主要缺点是：有时复合物的分解较困难，并容易促使蛋白质变性，故应注意选择适当的操作条件。

三、有机酸沉淀

生物大分子和小分子都可以生成盐类复合物沉淀，利用与生物分子的碱性官能团作用产生有机酸复合盐沉淀（如苦味酸盐、苦酮酸盐、单宁酸盐等）即为有机酸沉淀技术。但这些有机酸与蛋白质形成盐复合物沉淀时，常发生不可逆的沉淀反应。工业上应用此法制备蛋白质时，需采取较温和的条件，有时还加入一定的稳定剂，以防止蛋白质变性。

(1) 单宁（即没食子鞣酸） 广泛存在于植物界，其分子结构中含有酯键，是葡萄糖的没食子酸酯，为多元酚类化合物，分子上有羧基和多个羟基。由于蛋白质分子中有许多氨基、亚氨基和羧基等，这样就有可能在蛋白质分子与单宁分子间形成为数众多的氢键而结合在一起，从而生成巨大的复合物颗粒沉降下来。

单宁沉淀蛋白质的能力与蛋白质种类、环境 pH 值及单宁本身的来源（种类）和浓度有关。由于单宁与蛋白质的结合相对比较牢固，用一般方法不易将它们分开。故多采用竞争结合法，即选用比蛋白质更强的结合剂与单宁结合，使蛋白质游离释放出来。这类竞争性结合剂有聚乙烯吡咯烷酮（PVP），它与单宁形成氢键的能力很强。此外还有聚乙二醇、聚氧化乙烯及山梨糖醇甘油酯酸，也可用来从单宁复合物中分离蛋白质。

(2) 雷凡诺 一种吖啶染料。虽然其沉淀机理比一般有机酸盐复杂，但其与蛋白质作用也主要是通过形成盐的复合物而沉淀的。此种染料对提纯血浆中 γ-球蛋白有较好效果。实际应用时以 0.40%的雷凡诺溶液加到血浆中，调 pH7.6～7.8，可将血浆中除 γ-球蛋白外的其他蛋白质沉淀下来，然后将沉淀物溶解，再以 5%NaCl 将雷凡诺沉淀除去（或通过活性炭或马铃薯淀粉柱吸附除去）。溶液中的 γ-球蛋白可用 25%乙醇或加等体积饱和硫酸铵溶液沉淀回收。使用雷凡诺沉淀蛋白质，不影响蛋白质活性，并可通过调整 pH 值，分段沉淀一系列蛋白质组分。但蛋白质的等电点在 3.5 以下或 9.0 以上，不被雷凡诺沉淀。核酸大分子也可在较低的 pH 值时（pH2.4 左右），被雷凡诺沉淀。

　　(3) 三氯乙酸（TCA）　沉淀蛋白质迅速而完全，一般会引起变性。但在低温下短时间作用可使有些较稳定的蛋白质或酶保持原有的活力，如用 2.5% 浓度 TCA 处理胰蛋白酶、抑肽酶或细胞色素 C 提取液，可以除去大量杂蛋白而对酶活性没有影响。此法多用于目的物比较稳定且分离杂蛋白相对困难的情况。

四、牛乳中的蛋白质

　　蛋白质是生命物质的基础，它对人体生长发育和健康的重要作用是脂肪和碳水化合物所不能代替的，它是人体最重要的营养物质之一。乳中的蛋白质是乳的主要成分，人乳含蛋白质 1.12%，牛乳含蛋白质 3.3%，山羊乳含蛋白质 3.6%，乳中的蛋白质是非常完全的蛋白质，由于它含有人体必需的氨基酸，所以营养价值很高，牛乳中的蛋白质消化率可以达到 90%～100%，而蔬菜、粮食中的蛋白质消化率只有 80%～90%。

　　蛋白质的重要作用首先它是形成人体各种细胞、组织、器官的基础物质，也是人体赖以进行正常代谢和生命活动如心脏跳动、呼吸运动等必需的能量物质，是促进生长发育、提高抵抗疾病能力及人体所需要的各种酶、激素、抗体、核酸、血红蛋白等的基本成分。蛋白质还有修补人体器官的功能。蛋白质是由各种氨基酸组成的化合物，在自然界中植物和某些微生物有能力把简单的含氮化合物，通过一系列的变化合成各种氨基酸，再由氨基酸合成蛋白质。蛋白质在人体脂肪、碳水化合物供应不足的情况下也能分解而供给人体热能，但应尽量用脂肪和碳水化合物供给人体热能。

　　乳中蛋白质都是优质蛋白质，其所含蛋白质有三种，即乳酪蛋白、乳白蛋白、乳球蛋白，牛乳所含蛋白质中酪蛋白占 83%，白蛋白占 13%，球蛋白占 4% 左右，但牛乳中各种蛋白含量和人乳是有差别的，如人乳中含酪蛋白只有 0.4%～0.5%，而牛乳中酪蛋白含量是 3%，是人乳的六倍左右，就拿牛乳所含的蛋白总量来说也是人乳所含蛋白总量的三倍左右。乳中的白蛋白有特殊的生理功能，特别对婴幼儿的生长发育有很好的作用，乳中的球蛋白是免疫体的携带者具有一定的免疫功能。

　　蛋白质是人体非常重要的营养物质，若缺乏蛋白质特别是儿童体内蛋白质分解消耗得不到补偿，就会引起身高体重增长缓慢、肌肉松弛、贫血、消瘦，成人蛋白质不足会引起体重减轻、容易疲劳、对疾病抵抗力下降、代谢紊乱，严重时引起水肿等一系列蛋白质缺乏症状。

　　牛乳蛋白质的氨基酸组成与人乳较相近，而且含有人体内不能合成的八种必需氨基酸，由于氨基酸构成的比例较平衡，氨基酸的利用率高，合成人体蛋白时生物效价也高。1L 牛乳所含的蛋白质完全可以满足一个成年人一天所需的必需氨基酸，而且牛乳蛋白质在人体内的消化速度比肉类、鸡蛋、鱼、粮食等都快。

　　牛乳蛋白质中赖氨酸的含量丰富，而植物性食物如面粉、大米中赖氨酸的含量都很少，经常喝牛乳可以补充赖氨酸的不足。牛乳中的蛋氨酸有促进钙的吸收、预防感染的作用，也是人体必需的氨基酸。牛乳中蛋白质的品质极高与植物性蛋白质相比，牛乳蛋白质的生物价值为 85%，而粮食谷物生物价值只有 60%～70%，牛乳蛋白质有极高的消化性，所以牛乳蛋白质特别适合于婴幼儿、发育期的青少年、老年人和肝脏病患者的食用。与其他营养品相比，牛乳的价格比较便宜，是一种经济实惠的优质蛋白质来源，但牛乳所含蛋白质的不足之处是酪蛋白含量较高，消化吸收较慢，但牛乳蛋白质仍是高质量的、优质的蛋白质，也是人们的高级营养食品。60kg 体重的人，每天喝 250m/L 新鲜牛乳，能获得每天需要蛋白质的 20%～25%（蛋白质摄入量为每千克体重 0.9kg/d）、氨基酸需要量的 50%，牛乳蛋白质是全价蛋白质，在人体内消化快，能被人体完全吸收。

实例训练

实训7　等电点沉淀法分离牛乳中的酪蛋白

【任务描述】

蛋白质是一种亲水胶体，在水溶液中蛋白质分子表面形成一个水化层。另外，蛋白质又是一种两性离子，在一定 pH 值下溶液能够维持一个稳定的状态。但是调节蛋白质溶液的 pH 值至等电点时，蛋白质会因失去电荷而变得不稳定，此时若再加脱水剂或加热，水化层被破坏，蛋白质分子就相互凝聚而析出。等电点沉淀法主要利用两性电解质分子在等电点时溶解度最低的原理，而多种两性电解质具有不同等电点而进行分离的一种方法。

牛乳中主要的蛋白质是酪蛋白，含量约为 35g/L。酪蛋白是一些含磷蛋白质的混合物，等电点为 4.7。将牛乳的 pH 调至 4.7 时，酪蛋白就沉淀出来。用乙醇洗涤沉淀，除去脂类杂质后便可得到较纯的酪蛋白。

但单独利用等电点沉淀法来分离生化产品效果并不太理想，因为即使在等电点时，有些两性物质仍有一定的溶解度，并不是所有的蛋白质在等电点时都能沉淀下来，特别是同一类两性物质的等电点十分接近时。生产中常与有机溶剂沉淀法、盐析法并用，这样沉淀的效果较好。

本任务的目的是使学生运用等电点沉淀法制备酪蛋白，从而掌握等电点沉淀法；学习从牛乳中制备酪蛋白的方法；加深对蛋白质等电点性质的理解。

【任务实施】

一、准备工作

1. 建立工作小组，制订工作计划，确定具体任务，任务分工到个人，并记录到工作表。

2. 收集等电点沉淀法工作中必需信息，掌握相关知识及操作要点，与教师共同确定出一种最佳的工作方案。

3. 完成任务单中实际操作前的各项准备工作。

(1) 材料准备　新鲜牛乳。

(2) 试剂　95％乙醇、乙醚、0.2mol/L 乙酸溶液、0.2mol/L pH4.7 乙酸乙酸钠缓冲液［配制 A 液（0.2mol/L 乙酸钠溶液）：称取分析纯乙酸钠（$CH_3COONa \cdot 3H_2O$）27.22g 溶于蒸馏水中，定容至 1000mL。配制 B 液（0.2mol/L 乙酸溶液）：称取分析纯冰醋酸（含量大于 99.8％）12.0g 溶于蒸馏水中，定容至 1000mL。取 A 液 885mL 和 B 液 615mL 混合，即得 pH4.7 的乙酸-乙酸钠缓冲液 1500mL］。

(3) 仪器　恒温水浴、普通离心机、精密 pH 试纸或酸度计、布氏漏斗、抽滤瓶、表面皿、离心管、量筒、烧杯、玻璃棒、电子天平。

二、操作过程

① 取 30mL 鲜牛乳，置 100mL 烧杯中，加热至 40℃。在搅拌下慢慢加入预热至 40℃、pH4.7 的乙酸-乙酸钠缓冲溶液 40mL，用精密 pH 试纸或酸度计检查 pH，再用 0.2mol/L 乙酸溶液调至 pH4.7，静置冷至室温。

② 悬浮液出现大量沉淀后，转移至离心管中，3500r/min 离心 10min，弃去上清液，所得沉淀为酪蛋白的粗制品。

③ 用 40mL 蒸馏水洗涤沉淀，将沉淀搅起，同上离心分离，弃去上清液。加入 30mL 95％乙醇，把沉淀充分搅起成悬浊液，将其转移到布氏漏斗中抽滤，先用 30mL 95％乙醇洗涤，再用 30mL 乙醚洗涤，最后抽干制得酪蛋白。

④ 将酪蛋白白色粉末摊在表面皿上风干，于电子天平称重，计算得率（牛乳中酪蛋白理论含量为 3.5g/100mL）。

三、结束工作

1. 填好所有操作记录单、任务单、各种评价表。
2. 检查设备仪表是否洁净完好。
3. 检查工作场地及环境卫生。
4. 进行任务总结。

【工作反思】

1. 为什么在牛乳中加入缓冲液后，还要再加几滴 0.2mol/L 的乙酸溶液？
2. 用乙醇洗涤沉淀时，为什么要充分将沉淀搅起成悬浊液？

任务八　结晶法提纯蛋白质

生物大分子主要包括蛋白质、多糖、核酸，特别是蛋白质类生物制品在医药、农业和食品工业中具有很大的应用价值。近年来生物大分子制品生产和应用发展很快，越来越多的试验证明，以晶体结构存在的生物大分子是比较稳定的，并且人们在生物大分子，特别是蛋白质结晶方面逐渐积累了较多成功的技术经验，能够获得晶体结构的蛋白质数目也有一定的增长。

知识目标

- 掌握结晶技术的基本理论知识；
- 掌握结晶工艺过程（如过饱和溶液的形成、晶核的生成、晶体的生长等）的基本原理、方法及控制。

技能目标

- 能进行结晶操作，并能找出提高晶体质量的途径；
- 熟知结晶操作的影响因素。

必备知识

结晶是溶质呈晶态从溶液中析出来的过程。利用许多生化药物具有形成晶体的性质进行分离纯化，是常用的一种手段。溶液中的溶质在一定条件下因分子有规则的排列而结合成晶体，晶体的化学成分均一具有各种对称的晶状，其特征为离子和分子在空间晶格的结点上成有规则的排列。固体有结晶和无定形两种状态。两者的区别就是构成一单位（原子、离子或分子）的排列方式不同，前者有规则，后者无规则。在条件变化缓慢时，溶质分子具有足够时间进行排列，有利于结晶形成；相反，当条件变化剧烈，强迫快速析出，溶质分子来不及排列就析出，结果形成无定形沉淀。

通常只有同类分子或离子才能排列成晶体，所以结晶过程有很好的选择性，通过结晶溶液中的大部分杂质会留在母液中，再通过过滤、洗涤等就可得到纯度高的晶体。许多蛋白质就是利用多次结晶的方法制取高纯度产品的。

与其他生化分离操作相比，结晶过程具有如下特点。

① 能从杂质含量相当多的溶液或多组分的熔融混合物中形成纯净的晶体。对于许多使用其他方法难以分离的混合物系，例如同分异构体混合物、共沸物系、热敏性物系等，采用结晶分离往往更为有效。

② 结晶过程可赋予固体产品以特定的晶体结构和形态（如晶形、粒度分布、堆密度等）。

③ 能量消耗少，操作温度低，对设备材质要求不高，一般亦很少有三废排放，有利于环境保护。

④ 结晶产品包装、运输、储存或使用都很方便。

一、结晶的过程

溶质从溶液中析出一般可分为三个阶段，即过饱和溶液的形成、晶核的生成和晶体的成长阶段。过饱和溶液的形成可通过减少溶剂或降低溶质的溶解度而达到，晶核的生成和晶体的成长过程都是复杂的过程。

1. 过饱和溶液的形成

溶质在溶剂中溶解而形成溶液，在一定条件下，溶质在固液两相之间达到平衡状态，此时溶液中的溶质浓度称为该溶质的溶解度或饱和浓度，该溶液称为该溶质的饱和溶液。结晶过程都必须以溶液的过饱和度作为推动力，过饱和溶液的形成可通过降低溶剂或降低溶质的溶解度而达到，直接影响过程的速度，而过程的速度也影响晶体产品的粒度分布和纯度。因此，过饱和度是结晶过程中一个极其重要的参数。除改变温度外，改变溶剂组成、离子强度、调节 pH，是蛋白质、抗生素等生物产物结晶操作的重要手段。

(1) 蒸发法　蒸发法是在常压或减压下加热蒸发除去一部分溶剂，以达到或维持溶液过饱和度。此法适用于溶解度随温度变化不显著的物质或随温度升高溶解度降低的物质，而且要求物质有一定的热稳定性。蒸发法多用于一些小分子化合物的结晶中，而受热易变性的蛋白质或酶类物质则不宜采用。如丝裂霉素从氧化铝吸附柱上洗脱下来的甲醇-三氯甲烷溶液，在真空浓缩除去大部分溶剂后即可得到丝裂霉素结晶；灰黄霉素的丙酮提取液，在真空浓缩蒸发掉大部分丙酮后即有灰黄霉素晶体析出。

(2) 温度诱导法　蛋白质、酶、抗生素等生化物质的溶解度大多数受温度影响。若先将其制成溶液，然后升高或降低温度，使溶液逐渐达到过饱和，即可慢慢析出晶体。该法基本上不除去溶剂。例如猪胰 α-淀粉酶，室温下用 $0.005 mol/L$ pH8.0 的 $CaCl_2$ 溶液溶解，然后在 $4℃$ 下放置，可得结晶。

热盒技术也是温度诱导法之一，它利用某些比较耐热的生化物质在较高温度下溶解度较大的性质，先将其溶解，然后置于可保温的盒内，使温度缓慢下降以得到较大而且均匀的晶体。应用此法成功制备了胰高血糖素和胰岛素晶体。这两种蛋白质在 $50℃$ 低离子强度缓冲液中有较高的溶解度和稳定性。

(3) 盐析结晶法　这是生物大分子如蛋白质及酶类药物制备中用得最多的结晶方法。通过向结晶溶液中引入中性盐，逐渐降低溶质的溶解度使其过饱和，经过一定时间后晶体形成并逐渐长大。例如细胞色素 C 的结晶，向细胞色素 C 浓缩液中按每克溶液 $0.43g$ 的比例投入硫酸铵细粉，溶解后再投入少量维生素 C（抗氧剂）和 36% 的氨水。在 $10℃$ 下分批加入少量硫酸铵细粉，边加边搅拌，直至溶液微浑。加盖，室温放置（$15\sim25℃$）$1\sim2$ 天后细胞色素 C 的红色针状结晶体析出。再按每毫升 $0.02g$ 的量加入硫酸铵细粉，数天后结晶体析出完全。

盐析结晶法的优点是可与冷却法结合，提高溶质从母液中的回收率。另外，结晶过程的温度可保持在较低的水平，有利于热敏性物质结晶。

(4) 透析结晶法　由于盐析结晶时溶质溶解度发生跳跃式非连续下降，下降的速度也较快。对一些结晶条件苛刻的蛋白质，最好使溶解度的变化缓慢而且连续。为达到此目的，透析法最方便。如糜胰蛋白酶的结晶：将硫酸铵盐析得到的沉淀溶于少量水，再加入适量含 25% 饱和度硫酸铵的 $0.16 mol/L$ pH6.0 的磷酸缓冲液，装入透析袋，室温下对含 27.5% 饱和度硫酸铵的相同磷酸缓冲液透析。每日换外透析液 $4\sim5$ 次，$1\sim2$ 天后可见菱形糜胰蛋白酶晶体析出。

透析法同样可以用在盐浓度缓慢降低的结晶情况。如将赖氨酸合成酶溶液溶于 $0.2 mol/L$ pH7.0 的磷酸缓冲液中装入透析袋，对 $0.2 mol/L$ pH7.0 磷酸缓冲液透析，每小时换外透析液，直至晶体出现。这种透析法又称脱盐结晶法。透析法还可用在向结晶液缓慢输入某种离子的情况。如牛胰蛋白酶结晶时，外透析液中需有 Mg^{2+} 存在，它是牛胰蛋白酶结晶的条件。

(5) 有机溶剂结晶法　向待结晶溶液中加入某些有机溶剂，以降低溶质的溶解度。常用的有机溶剂有乙醇、丙酮、甲醇、丁醇、异丙醇、2-甲基-2,4-戊二醇（MPD）等。如天冬酰胺酶的有机溶剂结晶法：将天冬酰胺酶粗品溶解后透析去除小分子杂质，然后加入 0.6 倍体积的 MPD 去除大分子杂质，再加入 0.2 倍体积 MPD 可得天冬酰胺酶精品。再将精品用缓冲液溶解后滴加 MPD 至微浑，置于 4℃ 冰箱 24h 后得到酶结晶。又如利用卡那霉素易溶于水、不溶于乙醇的性质，在卡那霉素脱色液中加 95% 乙醇至微浑，加晶种于 30～35℃ 保温即得卡那霉素晶体。

应用有机溶剂结晶法的最大缺点是有机溶剂可能会引起蛋白质等物质变性，另外，结晶残液中的有机溶剂常需回收。

（6）等电点法　利用某些生物物质具有两性化合物性质，使其在等电点（pI）时于水溶液中游离而直接结晶的方法。等电点法常与盐析法、有机溶剂沉淀法一起使用。如溶菌酶（浓度 3%～5%）调整 pH9.5～10.0 后在搅拌下慢慢加入 5% 的氯化钠细粉，室温放置 1～2 天即可得到正八面体结晶。又如四环类抗生素是两性化合物，其性质和氨基酸、蛋白质很相似，等电点为 5.4。将四环素粗品溶于用盐酸调 pH2 的水中，用氨水调 pH4.5～4.6，28～30℃ 保温，即有四环素游离碱结晶析出。

（7）化学反应结晶法　调节溶液的 pH 或向溶液中加入反应剂，生成新物质，当其浓度超过它的溶解度时，就有结晶析出。例如青霉素结晶就是利用其盐类不溶于有机溶剂、游离酸不溶于水的特性使结晶析出。在青霉素乙酸丁酯的萃取液中，加入乙酸钾-乙醇溶液，即得青霉素钾盐结晶；头孢菌素 C 的浓缩液中加入乙酸钾即析出头孢菌素 C 钾盐；利福霉素 S 的乙酸丁酯萃取浓缩液中，加入氢氧化钠，利福霉素 S 即转为其钠盐而析出结晶。

2. 晶核的生成

溶质在溶液中成核现象即生成晶核，在结晶过程中占有重要的地位。晶核的产生根据成核机理不同分为初级成核和二次成核。

（1）初级成核　初级成核是过饱和溶液中的自发成核现象，即在没有晶体存在的条件下自发产生晶核的过程。初级成核根据饱和溶液中有无其他微粒诱导而分为非均相成核、均相成核。溶质单元（分子、原子、离子）在溶液中做快速运动，可统称为运动单元，结合在一起的运动单元称结合体。结合体逐渐增大，当增大到某种极限时，结合体可称之为晶坯，晶坯长大成为晶核。

实际上溶液中常常难以避免有外来固体物质颗粒，如大气中的灰尘或其他人为引入的固体粒子，这种存在其他颗粒的过饱和溶液中自发产生晶核的过程称为非均相初级成核。非均相成核可以在比均相成核更低的过饱和度下发生。在工业结晶器中发生均相初级成核的机会比较少。

（2）二次成核　如果向过饱和溶液中加入晶核，就会产生新的晶核，这种现象称为二次成核。工业结晶操作一般是晶种的存在下进行，因此工业结晶的成核现象通常为二次成核。二次成核的机理一般认为有剪应力成核和接触成核两种。剪应力成核是指当过饱和溶液以较大的流速流过正在生长中的晶体表面时，在流体边界层存在的剪应力能将一些附着于晶体之上的粒子扫落，而成为新的晶核。接触成核是指晶体与其他固体物接触时所产生的晶体表面的碎粒。

在工业结晶器中，一般接触成核的概率往往大于剪应力成核。例如，用水与冰晶在连续混合搅拌结晶器中的试验表明，晶体与搅拌桨的接触成核速率在总成核速率中约占 40%，晶体与器壁或挡板的约占 15%，晶体与晶体的约占 20%，剩下的 25% 可归因于流体剪应力等作用。

工业结晶中有几种不同的起晶方法，下面分别加以介绍。

① 自然起晶法：先使溶液进入不稳区形成晶核，当生成晶核的数量符合要求时，再加入稀溶液使溶液浓度降低至亚稳区，使之不生成新的晶核，溶质即在晶核的表面长大。这是一种古老的起晶方法，因为它要求过饱和浓度较高，晶核不易控制，现已很少采用。

② 刺激起晶法：先使溶液进入亚稳区后，将其加以冷却，进入不稳区，此时即有一定量的晶核形成，由于晶核析出使溶液浓度降低，随即将其控制在亚稳区的养晶区使晶体生长。味精和柠檬酸结晶都可采用先在蒸发器中浓缩至一定浓度后再放入冷却器中搅拌结晶的方法。

③ 晶种起晶法：先使溶液进入到亚稳区的较低浓度，投入一定量和一定大小的晶种，使溶

液中的过饱和溶质在所加的晶种表面上长大。晶种起晶法是普遍采用的方法，如掌握得当可获得均匀整齐的晶体。加入的晶种不一定是同一种物质，溶质的同系物、衍生物、同分异构体也可作为晶种加入，例如，乙基苯胺可用于甲基苯胺的起晶。对纯度要求较高的产品必须使用同种物质起晶。晶种直径通常小于 0.1mm，可用湿式球磨机置于惰性介质（如汽油、乙醇）中制得。

3. 晶体的成长

在过饱和溶液中，形成晶核或加入晶种后，在结晶推动力（过饱和度）的作用下，晶核或晶种将逐渐长大。与工业结晶过程有关的晶体生长理论及模型很多，传统的有扩散理论、吸附层理论，近年来提出的有形态学理论、统计学表面模型、二维成核模型等，这里仅介绍得到普遍应用的扩散学说。

（1）晶体生长的扩散学说　按照扩散学说，晶体生长过程由三个步骤组成。

① 溶液主体中的溶质借扩散作用，穿过晶粒表面的滞流层到达晶体表面，即溶质从溶液主体转移到晶体表面的过程，属于分子扩散过程；

② 到达晶体表面的溶质长入晶面，使晶体增大的过程，同时放出结晶热，属于表面反应过程；

③ 释放出的结晶热再扩散传递到溶液主体中的过程，属于传热过程。

（2）影响晶体生长速率的因素　影响晶体生长速率的因素很多，如过饱和度、粒度、搅拌、温度及杂质等，在实际工业生产中，控制晶体生长速率时，还要考虑设备结构、产品纯度等方面的要求。

过饱和度增高，晶体生长速率增大，但过饱和度增高往往使溶液黏度增大，从而使扩散速率降低，导致晶体生长速率减慢。另外，过高的过饱和度还会使晶型发生不利变化，因此不能一味地追求过高的过饱和度，应通过实验确定一个适合的过饱和度，以控制适宜的晶体生长速率。以浓度差为推动力，再考虑粒度的影响，在实测值的基础上，通过线性回归，可得到过饱和度、粒度与晶体生长速率的关系式，即

$$G_M = K_G L^m \Delta c^n$$

式中，G_M 为过饱和度；K_G 为晶体生长速率；c^n 为推动力浓度差（或过饱和度）；L 为粒度；m，n 为常数。

杂质的存在对晶体的生长有很大影响，从而成为结晶过程中的重要问题之一。有些杂质能完全阻止晶体的生长，有些则能促进生长，有些能对同一种晶体的不同晶面产生选择性影响，从而改变晶体外形。总之，杂质对晶体生长的影响复杂多样。

杂质影响晶体生长速率的途径也各不相同。有的是通过改变晶体与溶液之间界面上液层的特性而影响晶体生长，有的是通过杂质本身在晶面上吸附发生阻挡作用而影响晶体生长，如果杂质和晶体的晶格有相似之处，则杂质可能长入晶体内，从而产生影响。有些杂质能在极低的浓度下产生影响，有些却需要在相当高的浓度下才能起作用。

一般情况下，过饱和度增高，搅拌速率提高，温度升高，都有利于晶体的生长。

二、 结晶条件的选择与控制

晶体质量主要指晶体大小、性状和纯度三个方面，而内在质量（如纯度）与其外观性状（如晶型、粒度等）密切相关，一般情况下，晶型整齐和色泽洁白的固体产品，具有较高的纯度。由结晶过程可知，溶液的过饱和度、结晶温度、时间、搅拌及晶种加入等操作条件对晶体质量影响很大，必须根据产物在粒度大小、分布、晶型以及纯度等方面的要求，选择适合的结晶条件，并严格控制结晶过程。

1. 过饱和度

溶液的过饱和度是结晶过程的推动力，因此在较高的过饱和度下进行结晶，可提高结晶速率和收率。但是在工业生产实际中，当过饱和度（推动力）增高时，溶液黏度增大，杂质含量也升高，可能会出现以下问题：成核速率过快，使晶体细小；结晶生长速率过快，容易在晶体表面产

生液泡，影响结晶质量；结晶器壁易产生晶垢，给结晶操作带来困难；产品纯度降低。因此，过饱和度与结晶速率、成核速率、晶体生长速率及结晶产品质量之间存在着一定的关系，应根据具体产品的质量要求，确定最适宜的过饱和度。

2. 晶浆浓度

结晶操作一般要求结晶液具有较高的浓度，有利于溶液中溶质分子间的相互碰撞聚集，以获得较高的结晶速率和结晶收率。但当晶浆浓度增高时，相应杂质的浓度及溶液黏度也随之增大，悬浮液的流动性降低，反而不利于结晶析出；也可能造成晶体细小，使结晶产品纯度较差，甚至形成无定形沉淀。因此，晶浆浓度应在保证晶体质量的前提下尽可能选择较大值。对于加晶种的分批结晶操作，晶种的添加量也应根据最终产品的要求，选择较高的晶浆浓度。只有根据结晶生产工艺和具体要求，确定或调整晶浆浓度，才能得到较好的晶体。对于生物大分子，通常选择 3%～5% 的晶浆浓度比较适宜，而对于小分子物质（如氨基酸类）则需要较高的晶浆浓度。

3. 温度

许多物质在不同的温度下结晶，其生成的晶型和晶体大小会发生变化，而且温度对溶解度的影响也较大，可直接影响结晶收率。因此，结晶操作温度的控制很重要，一般控制较低的温度和较小的温度范围。如生物大分子的结晶，一般选择在较低温度条件下进行，以保持生物物质的活性，还可以抑制细菌的繁殖。但温度较低时，溶液的黏度增大，可能会使结晶速率变慢，因此应控制适宜的结晶温度。

4. 结晶时间

对于小分子物质，如果在适宜的条件下，几小时或几分钟内即可析出结晶。对于蛋白质等生物大分子物质由于分子量大，立体结构复杂，其结晶过程比小分子物质要困难得多。这是由于生物大分子在进行分子的有序排列时，需要消耗较多的能量，使晶核的生成及晶体的生长都很慢，而且为防止溶质分子来不及形成晶核而以无定形沉淀形式析出的现象发生，结晶过程必须缓慢进行。生产中主要控制过饱和溶液的形成时间，防止形成的晶核数量过多而造成晶粒过小。生物大分子的结晶时间差别很大，从几小时到几个月的都有，早期用于研究 X 射线衍射的胃蛋白酶晶体的制备就需花费几个月的时间。

5. 溶剂与 pH 值

结晶操作选用的溶剂与 pH 值，都应使目的产物的溶解度降低，以提高结晶的收率。另外溶剂的种类和 pH 值对晶型也有影响，如普鲁卡因青霉素在水溶液中的结晶为方形而在乙酸丁酯中的结晶为长棒形。因此，需通过实验确定溶剂的种类和结晶操作的 pH 以保证结晶产品质量和较高的收率。

6. 晶种

加晶种进行结晶是控制结晶过程、提高结晶速率、保证产品质量的重要方法之一。工业晶种的引入有两种方法：一种是通过蒸发或降温等方法，使溶液的过饱和状态达到不稳定自发成核至一定数量后，迅速降低溶液浓度（如稀释法）至亚稳区，这部分自发成核的晶核为晶种；另一种是向处于亚稳区的过饱和溶液中直接添加细小均匀的晶种。工业生产中对于不易结晶（即难以形成晶核）的物质，常采用加入晶种的方法，以提高结晶速率。对于溶液黏度较高的物系，晶核产生困难，而在较高的过饱和度下进行结晶时，由于晶核形成速率较快，容易发生聚晶现象，使产品质量不易控制。因此，高黏度的物系必须采用在亚稳区内添加晶种的操作方法。

7. 搅拌与混合

提高搅拌速率，可提高成核速率，同时搅拌也有利于溶质的扩散而加速晶体生长；但搅拌速率过快会造成晶体的剪切破碎，影响结晶产品质量。工业生产中，为获得较好的混合状态，同时避免晶体的破碎，一般通过大量的实验，选择搅拌桨的形式，确定适宜的搅拌速率，以获得所需的晶体。搅拌速率在整个结晶过程中可以是不变的，也可以根据不同阶段选择不同的搅拌速率。也可采用直径及叶片较大的搅拌桨，降低转速，以获得较好的混合效果；也可采用气体混合方式，以防止晶体破碎。

8. 结晶系统的晶垢

在结晶操作系统中，常在结晶器壁及循环系统内产生晶垢，严重影响结晶过程的效率。为防止晶垢的产生，或除去已形成的晶垢，一般可采用下述方法。

① 器壁内表面采用有机涂料，尽量保持壁面光滑，可防止在器壁上进行二次成核而产生晶垢；

② 提高结晶系统中各部位的流体流速，并使流速分布均匀，消除低流速区内晶体的沉积结垢现象；

③ 若外循环液体为过饱和溶液，应使溶液中含有悬浮的晶种，防止溶质在器壁上析出结晶而产生晶垢；

④ 控制过饱和形成的速率和过饱和程度，防止壁面附近过饱和度过高而结垢；

⑤ 增设晶垢铲除装置，或定期添加污垢溶解剂，除去已产生的晶垢。

知识拓展　　　　胃液成分

胃液分泌有三个主要作用：①启动蛋白质的消化；②将摄入的食物进行物理与化学的预处理，成为一种能适应小肠消化的混合物；③分泌的内因子能促进维生素B_{12}在小肠内的吸收。

胃黏膜具有复杂的分泌功能，胃液是由胃壁黏膜各种细胞分泌物组织成的液体。人的纯净胃液是一种无色透明酸性液体，其成分有无机物如盐酸、钾、钠、碳酸氢盐等；有机物有胃蛋白酶原、凝乳酶、内因子、分泌素、黏蛋白等。

1. 盐酸

胃内的盐酸由壁细胞分泌，通常所谓的胃酸即指盐酸。壁细胞可以从血浆中摄取氢离子分泌到胃液中，使胃液中氢离子浓度高出血浆百万倍以上。其分泌浓度在未被其他分泌物稀释以前约为150mmol/L，在胃中和食物等其他物质混合后下降。胃盐酸的分泌量与黏膜壁细胞量呈现正相关，可从盐酸分泌量推测壁细胞量，壁细胞分泌盐酸的机制尚不十分清楚，但至少知道它是一个跨膜的主动运输过程。

胃液中盐酸以解离的游离酸与结合的结合酸两种形式在，两者加在一起为总胃盐酸分泌量。此外胃液中还有极少的可以忽略不计的其他酸性物质，如乳酸、乙酸及酸性磷酸盐。这些酸以总酸度表示，但目前多以总盐酸分泌量表示胃液酸排出量。

盐酸的主要消化功能是为胃蛋白酶原的激活提供所必需的高度酸化条件，同时也能有限地水解少许多肽和多糖。胃酸还杀死食入细菌的能力，当盐酸进入小肠后可以促进胰液、肠液和胆汁的分泌，促进对钙和铁等物质的吸收。胃液过多或过少均可出现许多症状，或成为疾病的原因之一。测定胃盐酸分泌量是常用的测量胃分泌功能的试验。

2. 胃蛋白酶

由胃腺的主细胞分泌，先以不具活性的酶原形式分泌出来，在盐酸的作用和已激活的胃蛋白酶的自身催化下转变具有活性的胃蛋白酶，胃蛋白酶是胃液内几种消化酶中最主要的一种，因此以胃液中胃蛋白酶含量代表胃液的消化力。胃蛋白酶能水解蛋白质，其最适合反应为pH2。随着pH的升高活性降低，达到pH6以上时即可发生不可逆的变性。

因此当胃内容物进入小肠以后，胃蛋白酶即失去作用。患者胃酸缺乏或患有疾病，特别是恶性贫血患者可无胃蛋白酶。这是因为胃黏膜萎缩，使胃蛋白酶原分泌减少；又由于低酸或无酸，即使有少量酶原分泌，也不能成为有活性的酶。

3. 黏液

胃黏膜常处于与胃液接触中，而只有食物被消化，胃组织不受损伤，其部分原因是覆盖于全胃表面的一层胶状黏液的保护作用。这种胶状物形成一种黏液屏障与胃黏膜屏障不同，保护胃黏膜免受酸、胃蛋白酶及其他的有害物质侵蚀。此外还有滑润作用，使胃黏膜不受机械性损伤。黏液不能阻挡水和电解质的通透。在基础状况下对胃酸有一定的中和作用，但在刺激胃酸分泌时，此作用微不足道。

4. 碳酸氢盐

碳酸氢盐是覆盖于胃表面的黏液——碳酸氢盐屏障，对黏膜起保护作用，这个屏障作为含有 pH 梯度的胶状物为上皮表面提供了一处中性微环境。碳酸氢盐由胃表面黏液细胞所分泌。

5. 内因子

内因子是胃黏膜分泌的一种分子量为 1.7 万的黏蛋白，其主要功能是促进肠胃对维生素 B_{12} 的吸收，1U 内因子可使 1ng 维生素 B_{12} 被吸收。内因子缺乏可引起恶性贫血。萎缩性胃炎、胃酸缺乏的患者内因子分泌量减少。刺激内因子分泌的物质与刺激胃酸分泌者相同，如五肽胃泌素、组织胺、胆碱能兴奋剂等，但内因子对刺激反应的程度与胃酸分泌量无关。正常情况下内因子不被蛋白分解酶和胃酸所破坏。

胃液中的成分很复杂，除胃泌素外还有许多内泌素，全身契约的电解质几乎都在胃液中出现。胃液除消化酶外还有一些非消化酶，如 LDH、AST、ALT、ALP 等。除胃黏膜分泌物质外，胃液中还有少量唾液中的物质，如淀粉酶等，但在胃液的 pH 下，淀粉酶已失去活性。若有十二指肠的反流，胃液中还会出现胆汁酸。

实例训练

实训8　结晶法提纯胃蛋白酶

【任务描述】

药用胃蛋白酶是胃液中多种蛋白水解酶的混合物，含有胃蛋白酶、组织蛋白酶、胶原蛋白酶等，为粗制的酶制剂。临床上主要用于因食蛋白性食物过多所致的消化不良及病后恢复期消化功能减退等。胃蛋白酶广泛存在于哺乳类动物的胃液中，药用胃蛋白酶系从猪、牛、羊等家畜的胃黏膜中提取。

药用胃蛋白酶制剂，外观为淡黄色粉末，具有肉类特殊的气味及微酸味，吸湿性强，易溶于水，水溶液呈酸性，可溶于 70% 乙醇和 pH4 的 20% 乙醇中，难溶于乙醚、氯仿等有机溶剂。

干燥的胃蛋白酶稳定，100℃加热 10min 不破坏。在水中，于 70℃以上或 pH6.2 以上开始失活，pH8.0 以上呈不可逆失活，在酸性溶液中较稳定，但在 2mol/L 以上的盐酸中也会慢慢失活，最适 pH1.0～2.0。

结晶胃蛋白酶呈针状或板状，经电泳可分出 4 个组分，其组成元素除 N、C、H、O、S 外，还有 P、Cl，分子量为 34500，pI 为 1.0。

胃蛋白酶能水解大多数天然蛋白质底物，如鱼蛋白、黏蛋白、精蛋白等，尤其对两个相邻芳香族氨基酸构成的肽键最为敏感。它对蛋白质水解不彻底，产物为胨、肽和氨基酸的混合物。

胃蛋白酶是具有生物活性的大分子物质，其活性很容易受到有机溶剂的破坏，所以本任务采用结晶法提纯胃蛋白酶，可以大大提高胃蛋白酶的活性。

【任务实施】

一、准备工作

1. 建立工作小组，制订工作计划，确定具体任务，任务分工到个人，并记录到工作表。

2. 收集结晶法提纯胃蛋白酶工作中的必需信息，掌握相关知识及操作要点，与教师共同确定出一种最佳的工作方案。

3. 完成任务单中实际操作前的各项准备工作。

(1) 材料准备 猪胃黏膜。

(2) 试剂 6mol/L盐酸、盐酸试液（取1mol/L盐酸溶液65mL，加水至1000mL）、6mol/L硫酸、纯化水、氯仿、5％三氯乙酸、血红蛋白试液、硫酸镁、无水乙醇、L-酪氨酸标准品、1mol/L血红蛋白试液。

(3) 器具 烧杯、玻璃棒、试管、水浴锅、旋转蒸发仪、真空干燥箱、可见分光光度计、研钵、移液管等。

二、操作过程

操作流程见图3-2。

猪胃黏膜 —[酸解、过滤]H₂O、HCl 45～48℃、3～4h→ 酸解液 —[脱脂、去杂质]氯仿或乙醚 24～28h→ 酶液 —[结晶、干燥]40℃以下→ 胃蛋白酶

图3-2 结晶法提纯胃蛋白酶操作流程

1. 酸解、过滤

在烧杯内预先加水500mL，加6mol/L盐酸，调pH1.0～2.0，加热至50℃时，在搅拌下加入1kg猪胃黏膜，快速搅拌使酸度均匀，45～48℃，消化3～4h。用纱布过滤除去未消化的组织，收集滤液。

2. 脱脂、去杂质

将滤液降温至30℃以下用氯仿提取脂肪，水层静置24～48h。使杂质沉淀，分出弃去，得脱脂酶液。

3. 结晶，干燥

加入乙醇中，使乙醇体积为20％，加6mol/L硫酸调pH3.0，5℃静置20h后过滤，加硫酸镁至饱和，进行盐析。盐析物再在pH3.8～4.0的乙醇中溶解，过滤，滤液用硫酸调pH1.8～2.0，即析出针状胃蛋白酶。沉淀再溶于pH4.0的20％乙醇中，过滤，滤液用硫酸调pH1.8，在20℃放置，可得板状或针状结晶。真空干燥，球磨，即得胃蛋白酶粉。

4. 活力测定

胃蛋白酶系药典收载药品，按规定每1g胃蛋白酶应至少能使凝固卵蛋白3000g完全消化。在109℃干燥4h，减重不得超过4.0％。每1g含糖胃蛋白酶中含蛋白酶活力不得少于标示量。

取试管6支，其中3支各精确加入对照品溶液（准确量取L-酪氨酸，用盐酸试液制成0.5mg/mL溶液）1mL，另3支各精确加入供试品溶液（准确量取胃蛋白酶，用盐酸试液制成0.2mg/mL溶液）1mL，摇匀，并准确计时，在（37±0.5）℃水浴中保温5min，精确加入预热至（37±0.5）℃的1％血红蛋白试液5mL，摇匀，并准确计时，在（37±0.5）℃水浴中反应10min。立即精确加入5％三氯乙酸溶液5mL，摇匀，过滤，弃去初滤液，取滤液备用。另取试管2支，各精确加入血红蛋白试液5mL，置（37±0.5）℃水浴中，保温10min，再精确加入5％三氯乙酸溶液5mL，其中1支加盐供试品溶液1mL，另一支加酸溶液1mL，摇匀，过滤，弃去初滤液，取续滤液，以1％血红蛋白试液5mL，置（37±0.5）℃水浴中，保温10min，准确加入5％三氯乙酸溶液5mL、盐酸试液1mL，作为空白。按照分光光度法，在波长275nm处测吸光度，算出平均值A_s和A，按下式计算：

$$每克含蛋白酶活力 = \frac{A \times W_s \times n}{A_s \times W \times 10 \times 181.19}$$

式中，A 为供试品的平均吸收值；A_s 为对照品的平均吸收值；W 为供试品取样量，g；W_s 为对照品溶液中含酪氨酸的量，$\mu g/mL$；n 为供试品稀释倍数；181.19 为酪氨酸分子量。

三、结束工作

1. 填好所有操作记录单、任务单、各种评价表。
2. 检查设备仪表是否洁净完好。
3. 检查工作场地及环境卫生。
4. 进行任务总结。

【工作反思】

1. 影响胃蛋白酶纯化的因素有哪些？
2. 结晶过程中调节 pH 值的目的是什么？

技能拓展　　　　　　　结晶设备

目前世界化学工业和制药工业中已经应用了许多构造不同的溶液结晶器。典型的有强迫外循环结晶器、流化床结晶器、DTB 型结晶器等。

1. 强迫外循环结晶器

图 3-3 所示的是一台由美国 Swenson 公司开发的强迫外循环结晶器，由结晶室、循环管及换热器、循环泵和蒸汽冷凝器组成。部分晶浆由结晶室的锥形底排出后，经循环管与原料液一起通过换热器加热，沿切线方向重新返回结晶室。这种结晶器可用于间接冷却法、蒸发法及真空冷却法结晶过程。

它的特点是生产能力很大。但由于外循环管路较长，输送晶浆所需的压头较高，循环泵叶轮转速较快，因而循环晶浆中晶体与叶轮之间的接触成核速率较高。另外它的循环量较低，结晶室内的晶浆混合不是很均匀，存在局部过浓现象，因此，所得产品平均粒度较小，粒度分布较宽。

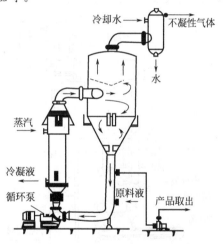

图 3-3　强迫外循环结晶器

2. 流化床结晶器

图 3-4 是流化床结晶器的示意图。结晶室的器身常有一定的锥度，即上部较底部有较大的截面积，液体向上的流速逐渐降低，其中悬浮晶体的粒度越往上越小，因此结晶室成为粒度分级的流化床。在结晶室的顶层，基本上已不再含有晶粒，作为澄清的母液进入循环管路，与热浓料液混合后，或在换热器中加热并送入汽化室蒸发浓缩（对蒸发结晶器），或在冷却器中冷却（对冷却结晶器）而产生过饱和度。过饱和的溶液通过中央降液管流至结晶室底部，与富集于结晶室底层的粒度较大的晶体接触，使之长得更大。溶液在向上穿过晶体流化床时，逐步解除其过饱和度。

流化床结晶器的主要特点是过饱和度产生的区域与晶体成长区分别设置在结晶器的两处，由于采用母液循环式，循环液中基本上不含晶粒，从而避免发生叶轮与晶体间的接触成核现象，再加上结晶室的粒度分级作用，使这种结晶器所生产的晶体大而均匀，特别适合于生产在过饱和溶液中沉降速度大于 0.02m/s 的晶粒。其缺点在于生产能力受到限制，因为必须限制液体的循环速度及悬浮密度，把结晶室中悬浮液的澄清界面限制在

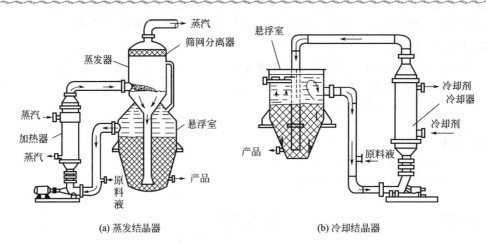

(a) 蒸发结晶器　　　　　　(b) 冷却结晶器

图 3-4　流化床结晶器

循环泵的入口以下，以防止母液中带有明显数量的晶体。

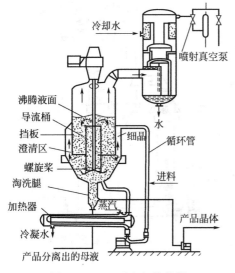

图 3-5　DTB 型真空结晶器

3. DTB 型结晶器

DTB 型结晶器是具有导流桶及挡板的结晶器的简称，它也是由美国 Swenson 公司开发的，可用于真空冷却法、蒸发法、直接接触冷冻法以及反应结晶法等多种结晶操作。DTB 型结晶器性能优良，生产强度高，能产生粒度达 $600 \sim 1200 \mu m$ 的大粒结晶产品，器内不易结晶疤，已成为连续结晶器的最主要形式之一。

图 3-5 是 DTB 型真空结晶器的构造简图。结晶器内有一圆筒形挡板，中央有一导流桶，在其下端装置的螺旋桨式搅拌器的推动下，悬浮液在导流桶以及导流桶与挡板之间的环形通道内循环，形成良好的混合条件。圆筒形挡板将结晶器分为晶体成长区和澄清区。挡板与器壁的环隙为澄清区，其中搅拌的作用基本上已经消除，使晶体得以从母液中沉降分离，只有过量的细晶可随母液从澄清区的顶部排出器外加以消除，从而实现对晶核数量的控制。为了使产品粒度分布更均匀，有时在结晶器的下部设置淘洗腿。

DTB 型结晶器属于典型的晶浆内循环结晶器。由于设置了导流桶，形成了循环通道，循环速度很高，可使晶浆质量密度高达 $30\% \sim 40\%$，因而强化了结晶器的生产能力。结晶器内各处的过饱和度较低，并且比较均匀，而且由于循环流动所需的压头很低，螺旋桨只需在低速下运转，使桨叶与晶体间的接触成核速率很低，这也是该结晶器能够生产较大粒度晶体的原因之一。

目标检测

（一）填空题

1. 过饱和溶液的形成方式有＿＿＿＿、＿＿＿＿、＿＿＿＿、＿＿＿＿、＿＿＿＿和＿＿＿＿。

2. 在结晶操作中，工业上常用的起晶方法有＿＿＿＿＿、＿＿＿＿＿和＿＿＿＿＿。

3. 晶体质量主要指＿＿＿＿＿、＿＿＿＿＿和＿＿＿＿＿三个方面。

4. 结晶的前提是＿＿＿＿＿；结晶的推动力是＿＿＿＿＿。

（二）单项选择题

1. 盐析法沉淀蛋白质的原理是（　　）。
   A. 降低蛋白质溶液的介电常数　　　　　　B. 中和电荷，破坏水膜
   C. 与蛋白质结合成不溶性蛋白　　　　　　D. 调节蛋白质溶液 pH 到等电点

2. 从组织中提取酶时，最理想的结果是（　　）。
   A. 蛋白产量最高　　B. 酶活力单位数值很大　　C. 比活力最高　　D. K_m 最小

3. 氨基酸的结晶纯化是根据氨基酸的（　　）性质。
   A. 溶解度和等电点　　B. 分子量　　　　C. 酸碱性　　　　D. 生产方式

4. 等电点沉淀法是利用（　　）进行分离的。
   A. 电荷性质　　　　　B. 挥发性质　　　　C. 溶解性质　　　　D. 分配系数

5. 在盐析实际应用过程中，最常用的无机盐为（　　）。
   A. 硫酸镁　　　　　　B. 硫酸钠　　　　　C. 硫酸铵　　　　　D. 乙酸铵

6. 人血清蛋白的等电点为 4.64，在 pH 7 的溶液中将血清蛋白质溶液通电，血清蛋白质分子向（　　）。
   A. 正极移动　　　　　B. 负极移动　　　　C. 不移动　　　　　D. 不确定

7. 蛋白质具有两性性质的主要原因是（　　）。
   A. 蛋白质分子有一个羧基和一个氨基　　　B. 蛋白质分子有多个羧基和氨基
   C. 蛋白质分子有苯环和羟基　　　　　　　D. 以上都对

8. 使蛋白质盐析可加入试剂（　　）。
   A. 氯化钙　　　　　　B. 硫酸　　　　　　C. 硝酸汞　　　　　D. 硫酸铵

9. 结晶过程中，溶质过饱和度大小（　　）。
   A. 不仅会影响晶核的形成速度，而且会影响晶体的长大速度
   B. 只会影响晶核的形成速度，但不会影响晶体的长大速度
   C. 不会影响晶核的形成速度，但会影响晶体的长大速度
   D. 不会影响晶核的形成速度，而且不会影响晶体的长大速度

10. 大多数蛋白质的等电点都在（　　）范围内。
    A. 酸性　　　　　B. 碱性　　　　　C. 中性　　　　　D. 缓冲液

11. 盐析法纯化酶类是根据（　　）进行纯化。
    A. 酶分子电荷性质的纯化方法　　　　B. 调节酶溶解度的方法
    C. 酶分子大小、形状不同的纯化方法　　D. 酶分子专一性结合的纯化方法

12. 有机溶剂沉淀法中可使用的有机溶剂为（　　）。
    A. 乙酸乙酯　　B. 正丁醇　　　　C. 苯　　　　　D. 丙酮

13. 有机溶剂能够沉淀蛋白质是因为（　　）。
    A. 介电常数大　　B. 介电常数小　　　C. 中和电荷　　　D. 与蛋白质相互反应

14. 若两性物质结合了较多阳离子，则等电点 pH 会（　　）。
    A. 升高　　　　B. 降低　　　　C. 不变　　　　D. 以上均有可能

15. 若两性物质结合了较多阴离子，则等电点 pH 会（　　）。
    A. 升高　　　　B. 降低　　　　C. 不变　　　　D. 以上均有可能

16. 生物活性物质与金属离子形成难溶性的复合物沉淀，然后采用（　　）去除金属离子。

　　A. SDS　　　　　B. CTAB　　　　　　C. EDTA　　　　　　D. CPC

17. 在什么情况下得到粗大而有规则的晶体（　　　）。

　　A. 晶体生长速度大大超过晶核生成速度　　　B. 晶体生长速度大大低于晶核生成速度

　　C. 晶体生长速度等于晶核生成速度　　　　D. 以上都不对

18. 当向蛋白质纯溶液中加入中性盐时，蛋白质溶解度（　　　）。

　　A. 增大　　　　　B. 减小　　　　　　C. 先增大，后减小　D. 先减小，后增大

19. 盐析法与有机溶剂沉淀法比较，其优点是（　　　）。

　　A. 分辨率高　　　B. 变性作用小　　　　C. 杂质易除　　　　　D. 沉淀易分离

（三）判断题

1. 要增加目的物的溶解度，往往要在目的物等电点附近进行提取。（　　　）

2. 蛋白质类的生物大分子在盐析过程中，最好在高温下进行，因为温度高会增加其溶解度。
（　　　）

3. 蛋白质变性后溶解度降低，主要是因为电荷被中和及水膜被去除所引起的。（　　　）

4. 蛋白质为两性电解质，改变 pH 可改变其荷电性质，pH＞pI 蛋白质带正电。（　　　）

5. 盐析是利用不同物质在高浓度的盐溶液中溶解度的差异，向溶液中加入一定量的中性盐，
使原溶解的物质沉淀析出的分离技术。（　　　）

6. 硫酸铵在碱性环境中可以应用。（　　　）

7. 在低盐浓度时，盐离子能增加生物分子表面电荷，使生物分子水合作用增强，具有促进
溶解的作用。（　　　）

8. 丙酮沉淀作用小于乙醇。（　　　）

9. 有机溶剂与水混合要在低温下进行。（　　　）

10. 若两性物质结合了较多阳离子，则等电点 pH 降低。（　　　）

11. 盐析反应完全需要一定时间，一般硫酸铵全部加完后，应放置 30min 以上才可进行固液
分离。（　　　）

12. 丙酮，介电常数较低，沉淀作用大于乙醇，所以在沉淀时选用丙酮较好。（　　　）

13. 甲醇沉淀作用与乙醇相当，但对蛋白质的变性作用比乙醇、丙酮都小，所以应用广泛。（　　　）

14. 氨基酸、蛋白质、多肽、酶、核酸等两性物质可用等电点沉淀。（　　　）

15. 盐析一般可在室温下进行，当处理对温度敏感的蛋白质或酶时，盐析操作要在低温下
（如 0～4℃）进行。（　　　）

（四）简答题

1. 简述中性盐沉淀蛋白质的原理。

2. 简述过饱和溶液形成的方法。

3. 何谓等电点沉淀法？

4. 简述有机溶剂沉淀的原理。

5. 影响盐析的因素有哪些？

6. 结晶条件如何选择与控制？

项目四

膜分离

膜分离是在 20 世纪 60 年代后迅速崛起的一门分离新技术。它是利用天然或人工合成的、具有选择透过能力的薄膜，以外界能量或化学位差为推动力，实现对双组分或多组分体系进行分离、分级、提纯或富集的方法的统称。如图 4-1 所示，膜分离并不能完全把溶质与溶剂分开，而只能把原液分成浓度较低和浓度较高的两部分。经膜分离处理前的料液称为原液，溶质在其中浓缩的部分称为截留液，透过膜而浓度降低的部分称为透过液。

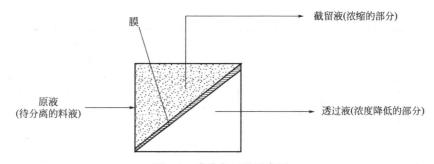

图 4-1　膜分离过程示意图

膜分离法的核心是膜本身，膜材料的性质和化学结构对膜分离性能起着决定性的影响。由于膜分离过程具有无相变化、节能、体积小、可拆分等特点，与传统过滤方法相比，膜分离方法可以在分子范围内进行分离，并且这个过程是一种物理过程，不需发生相的变化和添加助滤剂，使膜广泛应用于生物化工、医药、食品、环保等领域。

任务九　超滤法分离生物大分子

知识目标

- 了解膜的分类；
- 熟悉膜分离的类型、膜组件的基本结构；
- 掌握超滤过程中温度、压力、流量及物料分子量等因素对超滤通量的影响；
- 掌握超滤器污染的原因及其对策。

技能目标

- 能熟练应用超滤膜组件分离料液中不同分子量的物质；
- 能对膜进行常规处理及维护。

必备知识

一、膜的分类及性能

1. 膜的分类

膜是指在一种流体相内或是在两种流体相之间有一层薄的凝聚相，它把流体相分隔为互不相通的两部分，并能使这两部分之间产生传质作用。

膜一般很薄，厚度仅有 $0.5\sim1.5\mu m$，为了增加其强度，常与另一层较厚的多孔性支撑层相复合，总厚度可达 $0.125\sim0.25mm$，而长度和宽度要以米来计量。目前大规模工业应用的多为固相聚合物膜。

膜的种类和功能繁多，难以用一种方法来明确分类，比较通用的分类方法如下。

（1）按膜的来源分类 可分为天然膜、合成膜。

（2）按膜的材料分类 可分为无机膜和有机膜。

① 无机膜主要是微滤级别的膜，如陶瓷膜和金属膜。

② 有机膜是由高分子材料做成的，如醋酸纤维素、芳香族聚酰胺、聚醚砜、聚氟聚合物等。

（3）按膜的孔径大小（或称为截留分子量）分类 如图 4-2 所示，可将膜分为微滤膜、超滤膜、纳滤膜和反渗透膜等。

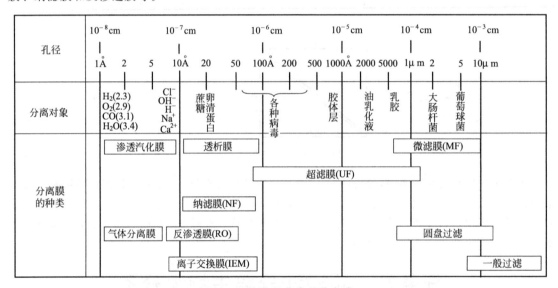

图 4-2　按孔径分类的分离膜

（4）按膜的作用机理分类 可分为吸附性膜、扩散性膜、离子交换膜、选择性渗透膜和非选择性膜。

（5）按膜断面的物理形态分类 可分为对称膜、不对称膜和复合膜。

① 对称膜，又称各向同性膜，指各向均质的致密或多孔膜，物质在膜中各处的渗透速率相同。

② 不对称膜，又称各向异性膜，是由一个极薄的致密皮层（决定分离效果和传递速率）和一个多孔支撑层（主要起支撑作用）组成。

③ 复合膜，实际上也是一种具有表皮层的非对称性膜，但表皮层材料与用作支撑层的对称或非对称性膜的材料不同。

2. 膜的性能

膜的性能通常是指膜的分离透过特性和物理化学稳定性。膜的物理化学稳定性主要取决于构成膜的高分子材料，主要参数有：膜允许使用的最高压力、温度范围、适用的 pH 范围、游离氯最高允许浓度等。膜的分离透过特性，不同的膜有不同的表示方法，主要参数如下。

（1）**膜孔特征** 包括孔径大小、孔径分布和孔隙度。孔径分布是指膜中一定大小的孔的体积占整个孔体积的百分数。孔径分布越窄，膜的分离性能越好。孔隙度是指膜孔的体积占整个膜体积的百分数。孔隙度越大，流动阻力越小，但膜的机械强度将降低。

（2）**膜通量** 在一定操作条件下（一般压力为0.1MPa，温度为20℃），单位时间通过单位面积膜的体积流量。对于水溶液体系，又称透水率或水通量，多采用纯水在0.35MPa、25℃条件下进行试验而得到的。在实际膜分离操作中，由于溶质的吸附、膜孔的堵塞以及浓差极化或凝胶极化现象的产生，都会造成透过的附加阻力，使透过通量大幅度降低。膜孔径越大，通量下降速度越快，大孔径微滤膜的稳定通量比小孔径膜小，有时甚至微滤膜通量比超滤膜还要小。

（3）**截留率和截留分子量** 截留率是指对于一定分子量的物质，膜能截留的程度。100%截留率表示溶质全部被膜截留，此为理想的半渗透膜；0截留率则表示溶质全部透过膜，无分离作用，通常截留率在0～100%之间。截留分子量为相当于一定截留率（90%或95%）时溶质的分子量，用以估计膜孔径的大小。

二、膜分离过程的类型

膜分离过程一般根据膜分离的推动力和传递机理进行分类。常见的膜分离过程的基本原理、流程及在工业生产中的典型应用如表4-1所示。

表4-1 工业生产中常用的膜分离过程

分离过程	膜类型	功能	传质推动力	传递机理	应用举例
微滤（MF）	多孔膜	滤除0.1μm以上颗粒	压力差 0.01～0.2MPa	筛分	无菌过滤、细胞收集、去除细菌和病毒
超滤（UF）	非对称膜	滤除5～100nm的颗粒	压力差 0.1～1.0MPa	筛分	去除菌丝、病毒、热原；大分子（如蛋白质、酶和多肽等）溶液的分离、浓缩、纯化和回收
纳滤（NF）	非对称膜或复合膜	能截留小分子的有机物，并同时透析出盐	压力差 0.5～1.0MPa 道南(Donnan)效应	筛分、道南(Donnan)效应	药物的纯化、浓缩脱盐和母液回收
反渗透（RO）	非对称膜或复合膜	脱除溶液中的盐类及低分子物质	压力差 1.0～10MPa	优先吸附-毛细孔流、溶解扩散	药物的纯化、浓缩和回收；无菌水的制备
透析（DA）	非对称膜	脱除溶液中的盐类及低分子物	浓度差	筛分 溶解扩散	人工肾、化工及食品中高聚物和低分子物的分离
电渗析（ED）	离子交换膜	脱除溶液中的离子	电位差	离子迁移	脱盐、氨基酸和有机酸分离

三、膜组件

膜组件是膜分离装置的核心，是一种将膜以某种形式组装在一个基本单元设备内，在外界驱动力的作用下实现对混合物中各组分分离的器件。它是由过滤膜、支撑材料、间隔器及外壳等部分组装而成的。

膜材料种类很多，但膜分离设备仅有几种。目前，工业上常用的膜组件形式主要有：板框式、管式、螺旋卷式、中空纤维式四种类型，其结构示意如图4-3～图4-6所示。各种膜组件根据两膜构型设计可划分为平板构型和管式构型两种形式，板框式和卷式膜组件均使用平板膜，而管式和中空纤维式膜组件均使用管式膜。

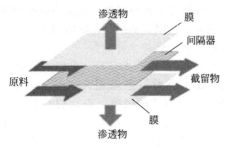

图 4-3 板框式膜组件示意图

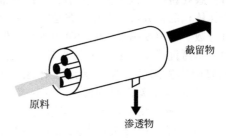

图 4-4 管式膜组件示意图

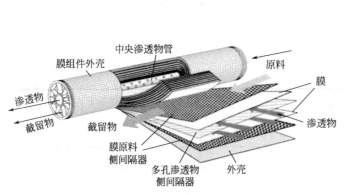

图 4-5 螺旋卷式膜组件示意图

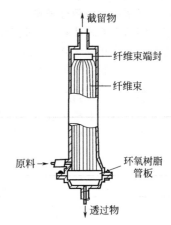

图 4-6 中空纤维式膜组件示意图

不论采用何种形式的膜分离装置,都必须对料液进行预处理,除去其中的颗粒悬浮物、胶体和某些不纯物,必要时还应包括调节 pH 值和温度,这对延长膜的使用寿命和防止膜孔堵塞非常重要。上述四种膜组件的性能比较见表 4-2、表 4-3 所示。

表 4-2 各种膜组件结构特点比较

类型	结构	优点	缺点	应用领域
管式	与列管式换热器结构类似,分内压型和外压型两种。内压型有单管式和管束式两种,外压型需耐高压的外壳,应用较少	易清洗,单根管子容易调换,无机组件可在高温下用有机溶剂进行操作并可用化学试剂来消毒	保留体积大,单位体积中所含过滤面积较小,压力降大。装置体积大,而且两端要较多的连接装置	微滤(MF)、超滤(UF)、纳滤(NF)和单级反渗透(RO)
中空纤维式	将膜材料制成外径为 80~400μm、内径为 40~100μm 的空心管,即为中空纤维膜。将大量的中空纤维一端封死,另一端用环氧树脂浇注成管板,装在圆筒形压力容器中,就构成了中空纤维膜组件。操作方式分为内压式和外压式,水处理采用外压式	保留体积小,单位体积中所含过滤面积大,可以逆流操作,压力较低。制造和安装简单,不需要支撑物,设备投资低	对料液的预处理要求高,液体在管内流动时阻力很大,易阻塞,清洗困难。单根纤维损坏时,需调换整个组件	反渗透(RO)、纳滤(NF)、超滤(UF)
螺旋卷式	两层膜三边封口,构成信封状膜袋,膜袋内填充多孔支撑层,一层膜袋衬一层隔网,从膜袋开口端开始绕多孔中心管卷而成	结构紧凑、单位体积膜面积很大、透水量大、设备费用低,换新膜容易	料液需经预处理,压力降大、易污染、难清洗、液流不易控制	超滤(UF)、反渗透(RO)、纳滤(NF)
板框式	与板框式压滤机类似,由导流板、膜和多孔支撑板交替重叠组成	保留体积小,压力降小,液流稳定,比较成熟。构造简单,清洗更换容易,不易堵塞	结构不紧凑,单位体积膜表面积小,对膜的机械强度要求较高,死体积较大,对密封要求高	超滤(UF)、反渗透(RO)、电渗析(ED)

表 4-3　各种膜组件特性比较

项　　目	管式	板框式	螺旋卷式	中空纤维式
装填密度	低……………………………………………→非常高			
投资	高……………………………………………→低			
污染趋势	低……………………………………………→非常高			
清洗	易……………………………………………→难			
膜是否更换	可/不可	可	不可	不可

四、浓差极化与消除措施

1. 浓差极化

在膜分离操作中，所有溶质均被透过液传送到膜表面上，不能完全透过膜的溶质受到膜的截留作用，在膜表面附近浓度升高。这种在膜表面附近浓度高于主体浓度的现象称为浓差极化。膜分离过程中浓差极化情况见表 4-4。

表 4-4　膜分离过程中浓差极化情况

分离过程	微滤	超滤	纳滤	反渗透	透析	电渗析
浓差极化情况	严重	严重	中等	中等	低	严重

2. 浓差极化的危害

① 使膜表面溶质浓度增高，引起渗透压的增大，从而减小传质驱动力；

② 当膜表面溶质浓度达到其饱和浓度时，便会在膜表面形成沉积层或凝胶层，从而改变膜的分离特性，增加透过阻力；

③ 当有机溶质在膜表面达到一定浓度时，有可能使膜发生溶胀或恶化膜的性能；

④ 严重的浓差极化会导致结晶析出，阻塞流道，运行恶化。

3. 消除措施

① 选择合适的膜组件结构；

② 改善流动状态，如加入紊流器、料液脉冲流动、螺旋流等；

③ 提高流速，提高传质系数；

④ 适当提高进料液温度以降低黏度，增大传质系数；

⑤ 选择适当的操作压力，避免增加沉积层的厚度；

⑥ 采用错流操作方式；

⑦ 定期对膜进行反冲和清洗。

知识拓展　　　　　　　膜污染的清除

膜污染是指处理物料中的微粒、胶体粒子或溶质大分子由于与膜存在物理化学相互作用或机械作用而引起的在膜表面吸附或膜孔内附着（活性物质嵌入膜并生长聚集过程）、沉积造成膜孔径变小或堵塞，使膜产生渗透通量与分离特性的不可逆变化现象。如图 4-7 所示，在任何膜分离技术应用中，尽管选择了较合适的膜和适宜的操作条件，但在长期运行过程中，仍然会出现膜的透水量随运行时间增长而下降现象，即膜污染问题必然发生。必须采取一定的清洗方法，使膜面或膜孔内污染物去除，达到透水量恢复、延长膜寿命的目的。

根据国内外已发表的膜清洗方法与清洗剂配方专利，在清洗程序设计中，通常要考

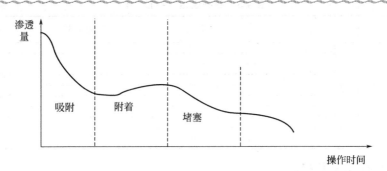

图 4-7 渗透量随操作时间变化

虑下面两个因素。

① 膜的化学特性，即耐酸碱性、耐温性、耐氧化性和耐化学试剂特性。通常，膜供应商对其产品化学特性均给出简单说明。当要使用超出说明书的化学清洗剂时，要先做试验检测是否可能给膜带来危害。

② 污染物特性，即在不同介质中，不同温度下的溶解性、荷电性、可氧化性及可酶解性等。膜清洗方法通常可分为物理方法与化学方法。

① 物理方法是指用海绵球机械擦洗或利用供给液本身间歇地冲洗膜件内部，并利用其产生的剪切力来洗涤膜面附着层。通过物理清洗，一般能有效地清除因颗粒沉积造成的膜孔堵塞。

② 化学方法是选用一定的化学清洗剂，如稀碱、稀酸、酶、表面活性剂、络合剂和氧化剂等对膜组件进行浸泡，并应用物理清洗的方法循环清洗，达到清除膜上污染物的目的。对于不同种类膜，选择化学清洗剂时要慎重，以防止化学清洗剂对膜的损害。

实例训练

实训 9 超滤法浓缩明胶蛋白水溶液

【任务描述】

明胶是一种蛋白质，是选用动物皮、骨和筋腱经复杂的理化处理制得的，其平均分子量为 7 万~9 万，具有黏度高、冻力高、易凝冻等特点，在医药行业主要用作软硬胶囊、片剂糖衣、止血海绵等的原材料。目前，工业上普遍采用蒸发浓缩除去明胶溶液中大部分水分。这不仅耗费大量能量，而且设备投资大，明胶受热也容易变性。因此，本工作任务是采用超滤法浓缩明胶蛋白水溶液。

【任务实施】

一、准备工作

1. 建立工作小组，制订工作计划，确定具体任务，任务分工到个人，并记录到工作表。

2. 收集超滤法分离生物大分子的文献资料，掌握相关知识及操作要点，与教师共同确定出一种最佳的工作方案。

3. 完成任务单中实际操作前的各项准备工作。

(1) 材料准备 明胶蛋白，市售固体颗粒，用冷水溶胀、温水溶解后稀释成 5% 的水溶液。

(2) 试剂 水合茚三酮（分析纯）、三甲胺水溶液（化学纯）、0.1mol/L NaOH 溶液。

(3) 明胶水溶液浓度的测定及截留率计算 分别取 5% 的明胶水溶液稀释成不同浓度，各加入 10 滴茚三酮、5 滴三甲胺水溶液，然后加热至沸腾状态，保持数分钟，直至颜色变紫为止，冷却至室温，倒入 25mL 容量瓶中，稀释至刻度，用分光光度计在 570nm 处测定其吸光度，作标准曲线，然后按类似方法确定超滤液和原料液中明胶的浓度，将结果填入表 4-5 中，按下式计算截留率：

$$R = \frac{C_f - C_p}{C_f}$$

式中，C_f 为料液的浓度；C_p 为超滤液的浓度。

表 4-5　实训数据记录

料液	操作序号	进口压力/MPa	出口压力/MPa	平均压力/MPa	纯水通量/[L/(m²·h)]	明胶超滤液通量/[L/(m²·h)]	超滤液明胶浓度/%	截流液明胶浓度/%
纯水溶液	1							
	2							
	3							
	4							
明胶水溶液	1							
	2							
	3							
	4							

（4）超滤膜的选择　超滤是分离生物大分子的简捷方便的手段。目前，超滤膜的孔径以截留分子量为衡量标准。常用的超滤膜截留分子量为 1kD、2kD、4kD、6kD、8kD、10kD、30kD、50kD、100kD、150kD、200kD。在超滤前需要根据被分离的对象选择适宜的膜孔径。由于超滤膜孔径不均匀，为了保证将目标产物分子截留 90% 以上，根据实践经验，最小孔径比目标产物分子量要小 1/3。在选择最大孔径时要保证 90% 以上的目标产物通过，则应选择比目标产物分子量大 3 倍的孔径。本操作建议采用截留分子量为 50kD 的膜。

（5）实训装置　如图 4-8 所示，为本实训的流程。料液先放入料液槽（一次处理料液 30L），由泵供给，用旁路阀 3 调节进料流量，用出口阀 4 调节出口压力，料液经泵入系统后，超滤液用一排塑料收集管收集，截留液进入料液槽循环。超滤膜组件采用板框式结构。

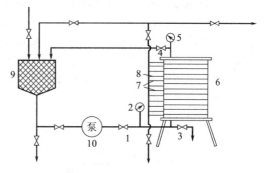

图 4-8　超滤装置工作流程示意图
1—进口阀；2—进口压力表；3—旁路阀；
4—出口阀；5—出口压力表；
6—板式超滤器主体；7—滤出软管；
8—滤出总管；9—料液槽；10—多级离心泵

二、操作过程

操作流程参考图 4-8。

1. 关闭进口阀 1，向料液槽加入一定量的自来水（水位高于泵体，足够整个系统循环），打开泵的排气孔，排出泵内空气后，再拧紧。

2. 接通电源，启动泵，打开出口阀 4，并半开进口阀 1，然后调整出口阀开度，使出口压力表的读数由小到大发生变化（注意不能超过压力表的量程范围），每改变一次压力，记下纯水的通量（用量筒量取透过膜的纯水的体积，并记下时间）。

3. 测定完毕后，先打开出口阀 4，再关闭进口阀 1，停止进料泵。

4. 在料液槽内加入适量的明胶，使料液中明胶的浓度大致为 0.5%，重复上述步骤，记下超滤通量。并测定料液、超滤液、截留液中明胶的含量。

三、结束工作

1. 装置清洗。洗涤时，进口压力控制在 0.2MPa，操作过程同 1～4 步骤，使清洗液在系统内循环，清洗程序为：①用 40℃ 左右自来水清洗一次；②用 0.1mol/L NaOH 溶液清洗一次；③用 40℃ 左右自来水再清洗一次；④最后用室温下自来水清洗一次（每换一次洗液，都要重复 1～4 步骤）。

2. 填好所有操作记录单、任务单、各种评价表。

3. 检查工作场地及环境卫生。

　　4. 进行任务总结。

【工作反思】

　　1. 纯水通量与压力有什么关系？

　　2. 为什么本操作中超滤液与原料液的成分差别较大，而截留液与原料液的组分差别较小？

　　3. 为什么对于纯水来说，无论压力增加多大，通量均随着压力的增加而增加。而对于明胶蛋白水溶液来说，在初始压力增加时，通量随着压力成正比增加，而当压力增加到一定程度后，通量不再随着压力增大而增大？

技能拓展　　　　中空纤维式超滤膜组件的完整性检测

　　对于超滤系统而言，完整性由两部分组成：一是超滤膜组件的完整性；二是配套件、阀门及连接件的完整性，可采用气泡观察法和压力衰减试验法（简称 PDT）两种方法检测系统的完整性。

　　1. 气泡观察法

　　在超滤系统的每支组件的上端口（回流口）连接管路上加一段透明管（如有机玻璃管），可视长度约为 100mm。如图 4-9 所示。

　　当干净的压缩空气压入组件时，缓慢增压至 0.1MPa，并将空气压力保持在 0.1MPa，保压时间为 20min。仔细观察透明管，如果纤维丝有破裂或大孔缺陷，压缩空气就会从纤维丝外侧进入纤维丝内腔，上升至透明管，这样，就会在透明管中看到连续气泡，即可确定有问题的膜组件。

　　需要强调的是，膜组件进行完整性检测时，无论新旧组件，在检测前都应将组件经过纯水的完全浸透式浸泡（或在装置上工作过），特别是膜孔道里的气体尽量排净，避免假象。

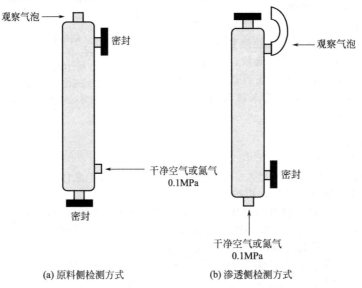

(a)原料侧检测方式　　　　(b)渗透侧检测方式

图 4-9　中空膜组件的完整性检测示意图

　　2. 压力衰减试验法

　　采用干净的压缩空气，以低于 0.1MPa 的气压，将超滤膜中孔腔内的水排净。然后对超滤膜中孔腔加压至 0.1MPa（超滤膜的渗透侧与大气连通），计时观察超滤膜中孔腔内气压的衰减速度。如果压力衰减速度太快，超出设计要求，根据漏气声响确定泄漏点或有问题的组件，然后进行修补。

任务十　透析法除生物大分子中的无机盐

透析是以膜两侧的浓度差为传质推动力，从溶液中分离出小分子物质的过程。自 Thomas Graham 1861 年发明透析方法至今已有 150 多年的历史。目前，透析主要用于肾衰竭患者的血液透析、生物大分子溶液的脱盐。

知识目标

● 熟悉透析的基本原理和操作。

技能目标

● 能正确对透析袋进行前处理。

必备知识

一、透析原理

透析的动力是扩散压，扩散压是由横跨膜两边的浓度梯度形成的。如图 4-10 所示，透析时，小于截留分子量的分子在透析膜两边溶液浓度差产生的扩散压作用下渗过透析膜，高分子溶液中的小分子溶质（如无机盐）透向水侧，水则向高分子溶液一侧透过。如果经常更换蒸馏水，则可将蛋白质溶液中的盐类分子全部除去，这就是半透膜的除盐透析原理。假若膜外不是蒸馏水而是缓冲液，可以经过膜内外离子的相互扩散，改变蛋白质溶液中的无机盐成分，这就是半透膜的平衡透析原理。在离子交换色谱分离前经常进行平衡透析处理。

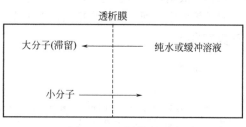

图 4-10　透析原理图

透析速度与浓度梯度、膜面积及温度成正比。常用温度为 4℃，升温、更换袋外透析液或用磁力搅拌器，均能提高透析速度。

二、透析袋

透析膜一般为 5～10nm 的亲水膜，如纤维素膜、聚丙烯腈膜和聚酚膜等，通常是将膜制成袋状。商品透析袋制成管状，其扁平宽度为 23～50mm 不等。目前，常用的是美国 Union Carbide（联合碳化物公司）和美国光谱医学公司生产的各种尺寸的透析管，截留分子量通常为 1 万左右。

> **知识拓展　　　　　　　　膜的消毒与保存**
>
> **1. 膜的消毒**
>
> 大多数药物的生产过程需在无菌条件下进行，因此膜分离系统需进行无菌处理。有的膜（如无机膜）可以进行高温灭菌，而大多数有机高分子膜通常采用化学消毒法。常用的化学消毒剂有乙醇、甲醛、环氧乙烷等，需根据膜材料和微生物特性的要求选用和配制消毒剂，一般采用浸泡膜组件的方式进行消毒，膜在使用前需用洁净水冲洗干净。
>
> 如果膜分离操作停止时间超过 24h 或长期不用，则应将膜组件清洗干净后，选用能长期储存的消毒剂浸泡保存。一般情况下，膜供应商根据膜的类型和分离料液的特性，提供配套的清洁剂、消毒剂和相应的工艺参数，用于指导用户科学使用和维护膜组件，防止膜受损，提高膜的使用寿命。

2. 膜的保存

膜的保存对其性能极为重要，主要应防止微生物、水解、冷冻对膜的破坏和膜的收缩变形。

微生物的破坏主要发生在醋酸纤维素膜，而水解和冷冻破坏则对任何膜都可能发生。温度、pH 值不适当和水中游离氧的存在均会造成膜的水解。冷冻会使膜膨胀而破坏膜的结构。膜的收缩主要发生在湿态保存时的失水。收缩变形使膜孔径大幅度下降，孔径分布不均匀，严重时还会造成膜的破裂。当膜与高浓度溶液接触时，由于膜中水分急剧地向溶液中扩散而失水，也会造成膜的变形收缩。

实例训练

实训 10　透析法去除蛋白质溶液中的无机盐

【任务描述】

透析法是利用小分子物质在溶液中可通过半透膜，而大分子物质不能通过半透膜的性质，达到分离的方法。例如分离和纯化皂苷、蛋白质、多肽、多糖等物质时，可用透析法以除去无机盐、单糖、双糖等杂质。反之也可将大分子的杂质留在半透膜内，而将小分子的物质通过半透膜进入膜外溶液中，而加以分离精制。本工作任务是采用搅拌透析法去除蛋白质溶液中的无机盐。

【任务实施】

一、准备工作

1. 建立工作小组，制订工作计划，确定具体任务，任务分工到个人，并记录到工作表。

2. 收集透析法去除蛋白质溶液中的无机盐的文献资料，掌握相关知识及操作要点，与教师共同确定出一种最佳的工作方案。

3. 完成任务单中实际操作前的各项准备工作。

(1) 材料准备

① 蛋白质的氯化钠溶液制备：用 3 个除去卵黄的鸡卵蛋清与 700mL 水及 300mL 饱和氯化钠溶液混合后，用数层干纱布过滤。

② 透析袋的前处理：戴手套把透析袋剪成适当长度（通常长度为 10cm、20cm 和 30cm）的小段。用沸水煮 5～10min，再用 60℃蒸馏水冲洗 2min，然后置于 4℃蒸馏水中待用。若长时间不用，可加少量 0.02% NaN₃，以防长菌。

(2) 试剂　双缩脲试剂、10% HNO₃ 溶液、1% AgNO₃ 溶液。

(3) 实训装置　如图 4-11 所示。

二、操作过程

操作流程见图 4-12。

1. 将蛋白质溶液做双缩脲反应（若有紫蓝色出现，说明有蛋白质）。

2. 取出透析袋，用蒸馏水清洗袋内外。然后一端用线绳扎紧，或使用特制的透析袋夹夹紧，由另一端灌满水，用手指稍加压，检查不漏，方可装入待透析液。

3. 取 8mL 蛋白质溶液放入透析袋中，并将开口端同样用线绑住并放入盛有蒸馏水的烧杯中。透析袋装液时应留 1/3～1/2 空间，并排除袋内空气，以防透析过程中，袋外的水和缓冲液过量进入袋内将袋胀破。

4. 每 30min 从烧杯中取水 1mL，用 10% HNO₃ 酸化溶液，再加入 1% AgNO₃ 1～2 滴，检查

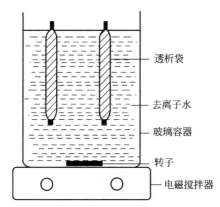

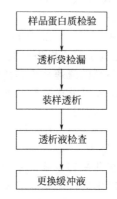

图 4-11 透析操作装置示意图　　图 4-12 透析除蛋白质中的无机盐操作流程

氯离子的存在。另外再取出 1～2mL 烧杯中的水做双缩脲反应，检查烧杯中是否有蛋白质存在。

5. 每 0.5h 更换一次烧杯中的蒸馏水以加速透析过程。直到数小时后，烧杯中的水不能检出氯离子的存在时，停止透析。

6. 观察和检测透析袋内容物是否有蛋白质或者氯离子存在。

三、结束工作

1. 清洗实训操作装置。
2. 填好所有操作记录单、任务单、各种评价表。
3. 检查工作场地及环境卫生。
4. 进行任务总结。

【工作反思】

1. 影响透析的因素有哪些？
2. 透析袋是否可重复使用？
3. 透析时为什么将透析袋置于透析液层的中部？

目标检测

（一）填空题

1. 膜分离过程中所使用的膜，依据其膜孔径不同可为 _____、_____、_____ 和 _____ 等。

2. 根据膜结构的不同，常用的膜可分为 _____、_____ 和 _____ 三类。

3. 工业上常用的膜组件形式有 _____、_____、_____ 和 _____。

（二）单项选择题

1. 膜分离是利用具有一定（　　）性的过滤介质进行物质的分离过程。
　　A. 扩散　　　　B. 吸附　　　　C. 溶解　　　　D. 选择性透过

2. 超滤技术常被用作（　　）。
　　A. 小分子物质的脱盐和浓缩　　　　B. 小分子物质的分级分离
　　C. 小分子物质的纯化　　　　　　　D. 固液分离

3. 为减少被截留物质在膜面上的沉积，膜过滤常采用的操作方式是（　　）。
　　A. 常规过滤　　　B. 错流过滤　　　C. 平行过滤　　　D. 交叉过滤

4. 微滤（MF）、超滤（UF）、纳滤（NF）和反渗透（RO）都是以压差为推动力使溶剂（水）通过膜的分离过程。一般情况下，截留分子大小的顺序是（　　）。
　　A. UF＞MF＞RO＞NF　　　　　　B. MF＞UF＞NF＞RO

　　C. MF＞NF＞RO＞UF　　　　　　　D. NF＞MF＞RO＞UF

5. 临床上治疗尿毒症采用的膜分离方法是（　　　）。

　　A. 电渗析　　　　B. 透析　　　　C. 渗透气化　　　D. 反渗透

6. 下列不是减小浓差极化有效措施的是（　　　）。

　　A. 提高料液的流速，提高传质系数　　B. 降低料液的温度

　　C. 在膜组件内设置湍流促进器　　　　D. 定期清洗膜

7. 菌体分离可选用（　　　）。

　　A. 超滤　　　　　B. 反渗透　　　　C. 微滤　　　　　D. 电渗析

8. 膜面流速增大，则（　　　）。

　　A. 浓差极化减轻，截留率增加　　　　B. 浓差极化严重，截留率减少

　　C. 浓差极化减轻，截留率减少　　　　D. 浓差极化严重，截留率增加

9. 膜分离过程中，料液浓度升高，则（　　　）。

　　A. 黏度下降，截留率增加　　　　　　B. 黏度下降，截留率降低

　　C. 黏度上升，截留率下降　　　　　　D. 黏度上升，截留率增加

10. 膜过滤法不包括（　　　）。

　　A. 透析法　　　　B. 凝胶过滤法　　C. 电渗析法　　　D. 反渗透法

（三）简答题

1. 膜分离过程中，有哪些原因会造成膜污染，如何处理？

2. 膜分离装置的主要类型有哪几种？各自有何优缺点？

项目五

药物的高度纯化

在生物药品生产过程中，药物不可避免产生或带入杂质，杂质的种类和数量很多，一部分杂质的性质与目的产物相似，为了得到产量高、质量好的成品，生产过程中的分离纯化过程至关重要。高度纯化的方法和手段直接决定最终产品的质量与制备成本，根据药物的不同与杂质的种类，选取一种或几种合适的高度纯化方法，可以保证药物的质量。

任务十一　离子交换色谱纯化药物

离子交换色谱技术是一种分离纯化生物物质的最常用的方法之一，是一种建立在各种生物分子携带有不同电荷的基础之上的分离方法，生物分子表面所带电荷即使有很小的差别，也足以采用离子交换色谱技术把它们分离开来。通过优化分离系统的离子强度和 pH 值以及采用梯度洗脱方法可以使离子交换色谱的分辨力更高。

知识目标

- 了解吸附的原理和常用吸附剂；
- 熟悉离子交换色谱的基本原理和方法。

技能目标

- 能够独立完成离子交换纯化的具体操作；
- 能够掌握离子交换色谱设备的操作规程。

必备知识

发酵液经微孔膜过滤和初步纯化分离后，溶液组成成分得到初步纯化。但是，由于初步纯化手段分辨率不高、选择性不强，所以得到的样品仍然为粗品，粗品中常会含有蛋白质、核酸、氨基酸、脂类以及其他小分子等物质，蛋白质、氨基酸等物质具有离子性，即可采取离子交换剂做进一步分离纯化，制得高纯度制品。

一、色谱

色谱法又称色层分析法或层析法，是一种基于被分离物质的物理、化学及生物学特性的不同，使它们在某种基质中移动速度不同而进行分离和分析的方法。它是在 1903～1906 年由俄国植物学家 M. Tswett 首先系统提出来的。色谱法的最大特点是分离效率高，它能分离各种性质极相类似的物质，而且它既可以用于少量物质的分析鉴定，又可用于大量物质的分离纯化制备，因此作为一种重要的分析分离手段与方法广泛地应用于科学研究与工业生产上。现在，它在石油、化工、医药卫生、生物科学、环境科学、农业科学等领域都发挥着十分重要的作用。

1. 色谱系统组成

色谱系统组成一般包括固定相、流动相和样品三个部分，固定相和流动相是影响分离效果的最主要的因素。

（1）固定相　固定相是一个基质。它可以是固体物质，如吸附剂、凝胶、离子交换剂等，也可以是液体物质，如固定在硅胶或纤维素上的溶液，这些基质能与待分离的化合物进行可逆的吸附、溶解、交换等作用。固定相对分离的效果起着关键性的作用。

（2）流动相　在分离过程中，推动固定相上待分离的物质朝着一个方向移动的液体、气体或超临界体等，都称为流动相。流动相在不同色谱技术中也不同，柱色谱中一般称为洗脱剂，薄层色谱中称为展开剂。它是色谱分离中的重要影响因素之一。

2. 色谱的分类

色谱的分类方法很多，通常可以根据固定相的形式、流动相的形式、分离的原理不同进行分类。

（1）根据固定相的形式分类　色谱可以分为纸色谱、薄层色谱和柱色谱。

① 纸色谱是指以滤纸作为固定相的色谱，主要用来分离、鉴别、测定中药中复杂的有效成分，而且可以用于少量成分的提取精制。

② 薄层色谱是将基质在玻璃或塑料等光滑表面铺成一薄层，在薄层上进行分离过程，能进行分析鉴定和少量制备，配合薄层扫描仪，可以同时做到定性定量分析。

③ 柱色谱则是指将基质填装在管中形成柱形，在柱中进行色谱。

纸色谱和薄层色谱主要适用于小分子物质的快速检测分析和少量分离制备，通常为一次性使用，而柱色谱是常用的形式，适用于样品分析、分离。生物化学中常用的凝胶色谱、离子交换色谱、亲和色谱、高效液相色谱等通常采用柱色谱形式。

（2）根据流动相的形式分类　色谱可以分为液相色谱和气相色谱。

气相色谱是指流动相为气体的色谱，而液相色谱指流动相为液体的色谱。气相色谱测定样品时需要汽化，大大限制了其在生物领域的应用，主要用于氨基酸、核酸、糖类、脂肪酸等的分析鉴定，而液相色谱是生物领域最常用的色谱形式，适于生物样品的分析、分离。

（3）根据分离的原理不同分类　色谱可以分为吸附色谱、分配色谱、凝胶过滤色谱、离子交换色谱、亲和色谱、疏水色谱等。

① 吸附色谱是以吸附剂为固定相，根据待分离物与吸附剂之间吸附力不同而达到分离目的的一种色谱技术。

② 分配色谱是根据在一个有两相同时存在的溶剂系统中，不同物质的分配系数不同而达到分离目的的一种色谱技术。

③ 凝胶过滤色谱是以具有网状结构的凝胶颗粒作为固定相，根据物质的分子大小进行分离的一种色谱技术。

④ 离子交换色谱是以离子交换剂为固定相，根据物质的带电性质不同而进行分离的一种色谱技术。

⑤ 亲和色谱是根据生物大分子和配体之间的特异性亲和力（如酶和底物、抗体和抗原、激素和受体等），将某种配体连接在载体上作为固定相，而对能与配体特异性结合的生物大分子进行分离的一种色谱技术。

⑥ 疏水色谱是以疏水性填料为固定相，以含盐溶液为流动相，根据不同物质与固定相间的疏水性相互作用不同实现分离的一种色谱技术。

3. 柱色谱的基本操作

柱色谱是将固定相装在色谱柱中，使样品朝着一个方向移动，通过各组分随流动相流动而得到分离的方法，是目前最常用的色谱类型。

（1）装柱　柱子装的质量好与差，是柱色谱法能否成功分离纯化物质的关键步骤之一，一般要求柱子装得要均匀，不能分层，柱子中不能有气泡等，否则要重新装柱。首先选好柱子，根据色谱的固定相和分离目的而定，一般柱子的直径与长度比为1∶（10～50），将柱子洗涤干净，将固定相（如吸附剂、树脂、凝胶等）在适当的溶剂或缓冲液中溶胀，并用适当浓度的酸（0.5～1.0mol/L）、碱（0.5～1.0mol/L）或盐（0.5～1.0mol/L）溶液洗涤处理，以除去其表面可能吸附的杂质。然后用去离子水或蒸馏水洗涤干净并真空抽气，以除去其内部的气泡，关闭色谱柱出水口，并装入 1/3 柱高的缓冲液，并将处理好的固定相等缓慢地倒入柱中，使其沉降约 3cm 高，打开出水口，控制适当流速，使固定相等均匀沉降，并不断加入固定相悬浮液，最后使柱中固定相表面平坦并在表面上留有 2～3cm 高的缓冲液，同时关闭出水口。注意不能干柱、分层，否则必须重新装柱。

（2）平衡 装柱后，要用有一定的 pH 和离子强度的缓冲液平衡柱子，用恒流泵在恒定压力下走柱子。平衡液体积一般为 3～5 倍柱床体积，以保证平衡后柱床体积稳定及固定相充分平衡。如果需要，可用蓝色葡聚糖 2000 在恒压下走柱，如色带均匀下降，则说明柱子是均匀的，有时柱子平衡好后，还要进行转型处理。

（3）加样 加样量的多少直接影响分离的效果，通常加样量应少于 20% 的操作容量，体积应低于 5% 的床体积，对于分析性柱色谱，一般不超过床体积的 1%。当然，最大加样量必须在具体条件下多次试验后才能决定。注意加样时应缓慢小心地将样品溶液加到固定相表面，尽量避免冲击固定相，以保持固定相表面平坦。

（4）洗脱 洗脱的方式分为简单洗脱、分步洗脱和梯度洗脱三种。

① 简单洗脱，柱子始终用同样的一种溶剂洗脱，直到分离过程结束为止，如果被分离物质对固定相的亲和力差异不大，其区带的洗脱时间间隔（或洗脱体积间隔）也不长，采用这种方法是适宜的，但选择的溶剂必须很合适方能使各组分的分配系数较大，否则应采用分步洗脱或梯度洗脱法。

② 分步洗脱是按照递增洗脱能力顺序排列的几种洗脱液，进行逐级洗脱的方法，它主要对混合物组成简单、各组分性质差异较大或需快速分离时适用，每次用一种洗脱液将其中一种组分快速洗脱下来。

③ 梯度洗脱用于混合物中组分复杂且性质差异较小时，它的洗脱能力是逐步连续增加的，其中梯度可以指浓度、极性、离子强度或 pH 值等，最常用的是浓度梯度，在水溶液中即指离子强度梯度。

洗脱条件的选择是影响分离效果的重要因素。当对所分离的混合物的性质了解较少时，一般先采用线性梯度洗脱的方式去尝试，这梯度的斜率要小一些，尽管洗脱时间较长，这对性质相近的组分分离更为有利。同时还应注意洗脱时的速率，速度太快，各组分在固液两相中平衡时间短，相互分不开，仍以混合组分流出；速度太慢，将增大物质的扩散，同样达不到理想的分离效果，只有多次试验才会得到合适的流速。注意在整个洗脱过程中，千万不能干柱，否则分离纯化将会前功尽弃。

（5）收集、鉴定及保存 在生化实验中，基本上都是采用部分收集器来收集分离纯化的样品。由于检测系统的分辨率有限，洗脱峰不一定能代表一个纯净的组分，因此每管的收集量不能太多，一般 1～5mL/管，如果分离的物质性质很相近，可低至 0.5mL/管。在合并一个峰的各管溶液之前，应先进行鉴定，如一个蛋白峰的各管溶液，要先用电泳法对各管进行鉴定，对于是单条带的，认为已达电泳纯，可合并在一起，其他的另行处理。最后，为了保持所得产品的稳定性与生物活性，一般采用透析除盐、超滤或减压薄膜浓缩，再冷冻干燥，得到干粉，在低温下保存备用。

（6）固定相的再生 大部分固定相如吸附剂、交换树脂或凝胶等可以反复使用多次，由于价格昂贵，所以分离后要回收处理，以备再用，严禁乱倒乱扔。

二、 离子交换色谱

离子交换色谱是以离子交换剂为固定相，依据流动相中的组分离子与交换剂上的平衡离子进行可逆交换时的结合力大小的差别而进行分离的一种色谱分离方法。离子交换色谱是生物化学领域中常用的一种色谱方法，广泛地应用于各种生化物质如氨基酸、蛋白质、糖类、核苷酸等的分离纯化。

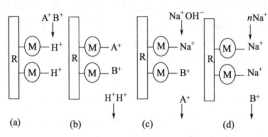

图 5-1　离子交换、洗脱示意图

(a) 交换前；(b) A⁺、B⁺取代 H⁺而被交换；

(c) 加碱后 A⁺首先被洗脱；(d) 提高碱液浓度 B⁺被洗脱；

H⁺为树脂上的平衡离子，A⁺、B⁺为待分离离子

图 5-1 为阳离子交换剂的离子交换色谱的基本分离过程。阳离子交换剂的电荷基团带负电，装柱平衡后，与缓冲溶液中的带正电的平衡离子结合，待分离溶液中可能有正电基团、负电基团和中性基团，加样后，正电基团可以与平衡离子进行可逆的置换反应，结合到离子交换剂上。而负电基团和中性基团则不能与离子交换剂结合，随流动相流出而被去除。通过选择合适的洗脱方式和洗脱液，如增加离子强度的梯度洗脱，随着洗脱液离子强度的增加，洗脱液中的离子可以逐步与结合在离子交换剂上的各种正电基团进行交换，而将各种正电基团置换出来，随洗脱液流出。与离子交换剂结合力小的正电基团先被置换出来，而与离子交换剂结合力强的需要较高的离子强度才能被置换出来，这样各种正电基团就会按其与离子交换剂结合力从小到大的顺序逐步被洗脱下来，从而达到分离目的。

1. 离子交换剂

离子交换剂是由一类不溶于水的惰性高分子聚合物基质通过一定的化学反应共价结合上某种电荷基团形成的。离子交换剂可以分为三部分，高分子聚合物基质、电荷基团和平衡离子。电荷基团可与高分子聚合物共价结合，形成一个带电的可进行离子交换的基团。平衡离子是结合于电荷基团上的相反离子，它能与溶液中其他的离子基团发生可逆的交换反应，平衡离子带正电的离子交换剂能与带正电的离子基团发生交换作用，称为阳离子交换剂；平衡离子带负电的离子交换剂与带负电的离子基团发生交换作用，称为阴离子交换剂。

2. 离子交换剂的分类

离子交换剂一般可根据离子交换剂的基质种类、电荷基团、交换容量进行分类。

(1) 离子交换剂的基质　离子交换剂的大分子聚合物基质可以由多种材料制成，如聚苯乙烯离子交换剂（又称为聚苯乙烯树脂），是以苯乙烯和二乙烯苯合成的具有多孔网状结构的聚苯乙烯为基质。聚苯乙烯离子交换剂机械强度大、流速快，但它与水的亲和力较小，具有较强的疏水性，容易引起蛋白质的变性，故一般常用于分离小分子物质，如无机离子、氨基酸、核苷酸等。与水亲和力较强的基质，如由纤维素、球状纤维素、葡聚糖、琼脂糖制成的离子交换剂，适合于分离蛋白质等大分子物质，葡聚糖离子交换剂一般以 Sephadex G-25 和 Sephadex G-50 为基质，琼脂糖离子交换剂一般以 Sepharose CL-6B 为基质。

(2) 离子交换剂的电荷基团　根据与基质共价结合的电荷基团的性质，可以将离子交换剂分为阳离子交换剂和阴离子交换剂。

阳离子交换剂的电荷基团带负电，可以交换阳离子物质。根据电荷基团的解离度不同，又可以分为强酸型、中等酸型和弱酸型三类，区别在于它们电荷基团完全解离的 pH 范围。强酸型离子交换剂在较大的 pH 范围内电荷基团完全解离，而弱酸型完全解离的 pH 范围则较小，如羧甲基在 pH 小于 6.0 时就失去了交换能力。一般结合磺酸基($-SO_3H$)，如磺酸甲基、磺酸乙基等为强酸型离子交换剂；结合磷酸基($-H_2PO_4$)和亚磷酸基($-H_2PO_3$)为中等酸型离子交换剂；结合酚羟基($-C_6H_5OH$)或羧基($-COOH$)，如羧甲基为弱酸型离子交换剂。一般来讲，强酸型离子交换剂对 H^+ 离子的结合力比 Na^+ 离子小，弱酸型离子交换剂对 H^+ 离子的结合力比 Na^+ 离子大。

阴离子交换剂的电荷基团带正电，可以交换阴离子物质。同样根据电荷基团的解离度不同，可分为强碱型、中等碱型和弱碱型三类。一般结合季铵基($-N^+(CH_3)_3$)，如季铵乙基为强碱型离子交换剂；结合叔胺($-N(CH_3)_2$)、仲胺($-NHCH_3$)、伯胺 ($-NH_2$) 等为中等或弱碱型离子交换剂；结合二乙基氨基乙基 （DEAE）为弱碱型离子交换剂。一般来讲，强碱型离子交换

剂对 OH^- 离子的结合力比 Cl^- 离子小，弱碱型离子交换剂对 OH^- 离子的结合力比 Cl^- 离子大。

（3）交换容量　交换容量是指离子交换剂能提供交换离子的量，它反映离子交换剂与溶液中离子进行交换的能力。通常所说的离子交换剂的交换容量是指离子交换剂所能提供交换离子的总量，又称为总交换容量，它只和离子交换剂本身的性质有关。交换容量受离子交换剂颗粒大小、颗粒内孔隙大小及所分离的样品组分的大小等影响。同时也受实验中的离子强度、pH 值等影响，其主要影响样品组分和离子交换剂的带电性质。一般 pH 值对弱酸型和弱碱型离子交换剂影响较大，如对于弱酸型离子交换剂，在 pH 较高时，电荷基团充分解离，交换容量大，而在较低的 pH 时，电荷基团不易解离，交换容量小。同时 pH 值也影响样品组分的带电性，尤其对于蛋白质等两性物质，在离子交换色谱中要选择合适的 pH 以使样品组分能充分地与离子交换剂交换、结合。一般来说，离子强度增大，交换容量就会下降，实验中增大离子强度进行洗脱，就是要降低交换容量以将结合在离子交换剂上的样品组分洗脱下来。

3. 离子交换剂的选择与使用

（1）离子交换剂的选择　离子交换剂的种类很多，离子交换剂的选择直接影响离子交换色谱的效果，选择合适的离子交换剂应注意以下几个方面。

① 进行离子交换剂电荷基团的选择。确定是选择阳离子交换剂还是选择阴离子交换剂，这主要取决于被分离的物质在其稳定的 pH 下所带的电荷，如果带正电，则选择阳离子交换剂；如带负电，则选择阴离子交换剂。

② 进行离子交换剂基质的选择。根据被分离物质的分子大小选择合适的离子交换的交换剂基质。小分子物质如无机离子、氨基酸、核苷酸等的分离一般选择疏水性较强的离子交换剂，如苯乙烯离子交换剂；大分子物质如蛋白质的分离一般选择亲水性较强的离子交换剂，如纤维素、葡聚糖、琼脂糖等。

③ 根据实际操作中对离子交换色谱柱的分辨率和流速的要求，选择合适的离子交换剂颗粒。一般来说，颗粒小，分辨率高，但平衡离子的平衡时间长，流速慢；颗粒大则相反。所以大颗粒的离子交换剂适合于对分辨率要求不高的大规模制备型分离，而小颗粒的离子交换剂适合于需要高分辨率的分析或分离。

（2）离子交换剂的处理和保存　离子交换剂使用前一般要进行处理，包括预处理、再生及活化。新的离子交换剂常含有反应溶剂、未参加反应的物质和少量低分子量的聚合物、铁、铅、铜等杂质，当与水、酸、碱或其他溶液相接触时，上述可溶性杂质就会转入溶液中。干粉状态的离子交换剂需要在水中充分溶胀，使颗粒的孔隙增大，使具有交换活性的电荷基团充分暴露出来。通常，市售的阳离子交换剂为 Na 型（即平衡离子是 Na 离子），阴离子交换剂为 Cl 型，因为这样的离子型比较稳定，而在使用时可能需要的是另一种平衡离子，需要转型为指定的离子型。所以对离子交换剂进行预处理的主要目的是溶胀、去除杂质和转型，常采用的方法如下。

① 溶胀、冲洗　用清水洗至出水清澈无混浊、无杂质为止，然后用 50～60℃ 的热水浸泡 1～2h。如果离子交换剂脱水，还需用 10% 的食盐水浸泡 1～2h，然后用清水漂净。

② 酸、碱处理　对阳离子交换剂，一般用 4%～5% 的 HCl 和 NaOH 依次交替浸泡 2～4h，在酸、碱处理之间用大量清水淋洗至出水接近中性，如此重复 2～3 次，每次酸、碱用量为树脂体积的 2 倍，最后用 4%～5% 的 HCl 溶液处理，用清水淋洗至中性。对阴离子交换剂，一般用 4%～5% 的 NaOH 和 HCl 依次交替浸泡 2～4h，在碱、酸处理之间用大量清水淋洗至出水接近中性，如此重复 2～3 次，每次酸、碱用量为树脂体积的 2 倍，最后用 4%～5% 的 NaOH 溶液处理，用清水淋洗至中性。

③ 转型　离子交换剂由一种平衡离子转为另一种平衡离子的过程，称为转型。常用的阳离

子交换剂有氢型、钠型、铵型等；常用的阴离子交换剂有羟型、氯型等。阳离子交换剂用 HCl 处理可将其转为 H 型，用 NaOH 处理可转为 Na 型，用 $NH_3 \cdot H_2O$ 处理可转为 NH_4 型；阴离子交换剂用 HCl 处理可将其转为 Cl 型，用 NaOH 处理可转为 OH 型。转型完毕需用相应的缓冲液平衡数小时后备用。

应用于医药、食品行业的离子交换剂，预处理时最好先用乙醇浸泡。各种离子交换剂因品种、用途不一，预处理时的酸、碱浓度及接触时间等也有区别，最后所用的是酸还是碱，决定于使用时所要求的离子型，为了保证所要求的离子型的彻底转换，所用的酸、碱应是过量的。

离子交换剂的再生是指离子交换剂使用一定周期后，交换能力降低或受污染严重时使其恢复原来的组成和性能的过程。离子交换剂前处理中的酸、碱处理就可以使离子交换剂再生。一般对酸性阳离子交换剂采用酸—碱—酸—缓冲溶液淋洗方式处理，对碱性阴离子交换剂采用碱—酸—碱—缓冲溶液淋洗方式处理。再生剂的种类应根据离子交换剂的离子类型来选择，并适当选择价格较低的酸、碱或盐。如钠型强酸型阳离子交换剂可用 10% NaCl 溶液；氢型强酸型阳离子交换剂用强酸再生，如盐酸、硫酸，但用硫酸时要防止被离子交换剂吸附的钙与硫酸反应生成硫酸钙沉淀物，通常使用 12% 的稀硫酸再生。氯型强碱型阴离子交换剂主要以 NaCl 溶液来再生，可加入少量碱有助于将离子交换剂吸附的色素和有机物溶解洗出，通常使用含 10% NaCl + 0.2% NaOH 的碱盐液再生；羟型强碱型阴离子交换剂则用 4% NaOH 溶液再生。强酸型和强碱型离子交换剂的再生比较困难，需用再生剂量比理论值高相当多；而弱酸型和弱碱型离子交换剂则较易再生，所以再生剂量只需稍多于理论值。此外，大孔型和交联度低的离子交换剂较易再生，而凝胶型和交联度高的离子交换剂则要较长的再生反应时间。

离子交换剂在长期使用中易受悬浮物质、胶体物质、有机物、细菌、藻类和铁、锰等的污染，使离子交换能力降低甚至完全失去，因此，需根据情况对离子交换剂进行不定期的活化处理。活化方法可根据污染情况和条件而定。一般阳离子交换剂在软化中易受 Fe^{3+} 污染，可用盐酸浸泡后逐步稀释。阴离子交换剂易受有机物污染，可用 10% NaCl + 2%～5% NaOH 混合溶液浸泡或淋洗，必要时可用 1% 双氧水溶液浸泡数分钟，也可采用酸碱交替处理法、漂白处理法、乙醇处理法和各种灭菌法进行处理。

离子交换剂含有一定的平衡水分，在储存和运输中应保持湿润，防止脱水。一般贮存在密封容器内或食盐水中，食盐水的浓度可根据具体气温条件而定，并加入适当的防腐剂，一般加入 0.02% 叠氮化钠溶液，4℃ 以下保存，并防止冰冻。

4. 离子交换色谱的操作

(1) 色谱柱的选择　离子交换色谱要根据分离的样品量选择合适的色谱柱，离子交换用的色谱柱一般粗而短，不宜过长，直径和柱长比一般为 1∶(10～50) 之间。色谱柱要垂直安装，装柱时要均匀平整，不能有气泡。

(2) 洗脱缓冲液　在离子交换色谱中一般常用梯度洗脱，通常有改变离子强度和改变 pH 两种方式。改变离子强度通常是在洗脱过程中逐步增大离子强度，从而使与离子交换剂结合的各个组分被洗脱下来。改变 pH 的洗脱，阳离子交换剂一般是 pH 从低到高洗脱，阴离子交换剂一般是 pH 从高到低。需要注意的是，由于 pH 可能对蛋白质的稳定性有较大的影响，通常采用改变离子强度的梯度洗脱。

洗脱液的选择首先要保证在整个洗脱液梯度范围内，所有待分离组分都是稳定的，其次是要使结合在离子交换剂上的所有待分离组分在洗脱液梯度范围内都能够被洗脱下来，另外梯度范围尽量不要过大，以保障分离分辨率。

(3) 洗脱速度　洗脱液的流速也会影响离子交换色谱分离效果，洗脱速度通常要保持恒定。

一般来说洗脱速度慢比快的分辨率要好，但洗脱速度过慢会造成分离时间长、样品扩散、谱峰变宽、分辨率降低等副作用，所以要根据实际情况选择合适的洗脱速度。如果洗脱峰相对集中某个区域造成重叠，则应适当缩小梯度范围或降低洗脱速度来提高分辨率；如果分辨率较好，但洗脱峰过宽，则可适当提高洗脱速度。

（4）样品的浓缩、脱盐　离子交换色谱得到的样品往往盐浓度较高，而且体积较大，样品浓度较低。所以一般离子交换色谱得到的样品要进行浓缩、脱盐处理。

5. 离子交换设备

常用的离子交换设备为离子交换罐。离子交换罐是一个具有椭圆形顶及底的圆筒形设备，如图5-2、图5-3所示。圆筒体的高径比一般为2～3，最大为5。树脂层高度占圆筒高度的50%～70%，上部留有充分空间来防备反冲时树脂层的膨胀。筒体上部设有溶液分布装置，使溶液、解吸液及再生剂均匀通过树脂层。筒体底部装有多孔板、筛网及滤布，以支持树脂层，也可用石英、石块或卵石直接铺于罐底来支持树脂。大石块在下，小石子在上，约分5层，各层石块直径范围分别是16～26mm、10～16mm、6～10mm、3～6mm及1～3mm，每层高约100mm。罐顶上有入孔或手孔（大罐可在壁上），视镜孔和灯孔，溶液、解吸液、再生剂、软水进口可共用一个进口管与罐顶连接。各种液体出口、反洗水进口、压缩空气（疏松树脂用）进口也共用一个孔与罐底连接。另外，罐顶有压力表、排空口及反洗水出口。

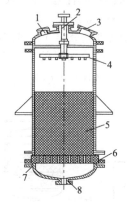

图5-2　具有多孔支持板的离子交换罐
1—视镜；2—选择口；3—手孔；4—液体分布器；
5—树脂层；6—多孔板；7—尼龙布；8—出液口

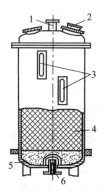

图5-3　具有石层支持板的离子交换罐
1—进料口；2—视镜；
3—液位计；4—树脂层；
5—卵石层；6—出液口

交换罐多用钢板制成，内衬橡胶，以防酸碱腐蚀。小型交换罐可用硬聚氯乙烯或有机玻璃制成。实验室用的交换柱多用玻璃筒制作，下端衬以烧结玻璃砂板、带孔陶瓷、塑料网等以支持树脂。几个单床串联起来便成为多床设备，操作时溶液用泵压入第一罐，然后靠罐内空气压力依次压入下一罐。离子交换罐的附属管道一般用硬聚氯乙烯管，阀门可用塑料、不锈钢或橡皮隔膜阀，在阀门和多交换罐之间常装二段玻璃短管，作观察之用。

（1）反吸附离子交换罐　反吸附离子交换罐如图5-4所示，溶液由罐的下部以一定流速导入，使树脂在罐内呈沸腾状态，交换后的废液则从罐顶的出口溢出。为了减少树脂从上部出口溢出，可设计成上部成扩口形的反吸附交换罐，如图5-5所示，可降低流体流速而减少对树脂的夹带。

反吸附可以省去菌丝过滤，且液固两相接触充分，操作时不产生短路、死角。因此生产周期短，解吸后得到的生物产品质量高。但反吸附时树脂的饱和度不及正吸附高，理论上讲，正吸附时可能达到多级平衡，而反吸附时由于返混只能是一级平衡，此外，罐内树脂层高度应比正吸附时低，以防树脂外溢。

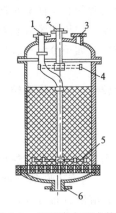

图 5-4　反吸附离子交换罐
1—接交换溶液进口；
2—淋洗液、解吸液及再生剂进口；
3—废液出口；4，5—分布器；
6—淋洗液、解吸液及再生剂出口，反洗液进口

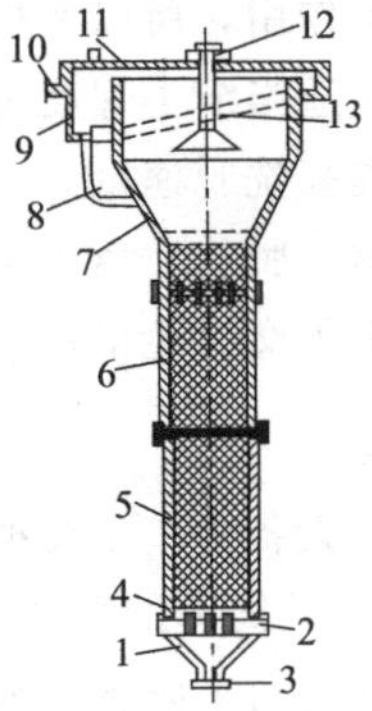

图 5-5　扩口式反吸附离子交换罐
1—底；2—液体分布器；3—底部液体进、出管；
4—填充层；5—壳体；6—离子交换树脂层；
7—扩大沉降段；8—回流管；9—循环室；
10—液体出口管；11—顶盖；12—液体加入管；13—喷头

（2）混合床交换罐　混合床内的树脂是由阳离子树脂、阴离子树脂混合而成，脱盐较完全。制备无盐水时，可将水中的阴阳离子除去，而从树脂上交换的 H^+ 和 OH^- 结合成水，可避免溶液 pH 的变化而破坏生物产品。混合床制备无盐水的操作流程如图 5-6 所示，操作中，溶液由下而上流动；再生时，先用水反冲，使阳离子树脂、阴离子树脂借密度差分层（一般阳离子树脂较重，两者密度差应为 0.1～0.13），然后将碱液由罐的上部引入，酸液由罐的底部引入，废酸、碱液在中部引出，再生及洗涤结束后，压力空气将由两种树脂重新混合，阳离子、阴离子交换树脂常以体积 1：1 混合。

6. 离子交换色谱的应用

离子交换色谱的应用范围很广，主要有以下几个方面。

（1）水处理　离子交换色谱是一种简单而有效的去除水中的杂质及各种离子的方法，聚苯乙烯树脂已广泛地应用于高纯水的制备、硬水软化以及污水处理等方面。纯水的制备可以用蒸馏的方法，但此方法能源消耗大、制备量小、速度慢、产品纯度不高，而离子交换色谱方法可以大量、快速制备高纯水。一般是将水依次通过 H^+ 型强阳离子交换剂，去除各种阳

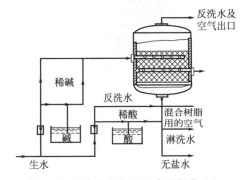

图 5-6　混合床制备无盐水的操作流程

离子及与阳离子交换剂吸附的杂质，再通过 OH^- 型强阴离子交换剂，去除各种阴离子及与阴离子交换剂吸附的杂质，即可得到纯水，再通过弱型阳离子和阴离子交换剂进一步纯化，就可以得到纯度较高的纯水。

（2）分离纯化小分子物质　离子交换色谱也广泛地应用于无机离子、有机酸、核苷酸、氨基酸、抗生素等小分子物质的分离纯化。例如对氨基酸的分离，使用强酸性阳离子聚苯乙烯树脂，将氨基酸混合液在 pH 2.0～3.0 上柱，氨基酸都结合在树脂上，逐步提高洗脱液的离子强度和 pH，可使各种氨基酸以不同的速度被洗脱下来，用以分离鉴定。

（3）分离纯化生物大分子物质　离子交换色谱是依据物质的带电性质的不同来进行分离纯化的，是分离纯化蛋白质等生物大分子的一种重要手段。由于生物样品中蛋白质的复杂性，一般很难只经过一次离子交换色谱就达到高纯度，往往要与其他分离方法配合使用。

知识拓展　　　　　　　　　　吸附

吸附是利用吸附剂对液体或气体中某个或一些组分具有选择吸附的能力，使其富集在吸附剂表面的过程，被吸附的物质称为吸附质。由于吸附选择性高，但处理能力低，一般常用于除臭、脱色、吸湿、防潮以及某些产品如酶、蛋白质、核苷酸、抗生素、氨基酸等的分离精制。

1. 吸附的类型

根据吸附剂与吸附质之间吸附力性质的不同，可将吸附分成物理吸附、化学吸附和交换吸附 3 种类型。

(1) 物理吸附　由于吸附剂和吸附质之间的作用力是分子间作用力（范德华力），故物理吸附的特点为无选择性，吸附量随物系不同而相差很大，物理吸附所放出的热数值很小，物理吸附在低温下也可进行，不需要很高的活化能。在物理吸附中，吸附质在固体表面上可以是单分子层也可以是多分子层。

(2) 化学吸附　利用吸附剂与吸附质之间生成的化学键而实现物质的吸附。与物理吸附相比，化学吸附的特点是需要很高的活化能，需要在较高的温度下进行，化学吸附放出的热量很大，与化学反应相近，化学吸附因而只有单分子层吸附，且不易吸附和解吸，化学吸附的选择性较强。

(3) 交换吸附　吸附表面如由极性分子或离子所组成，则它会吸引溶液中带相反电荷的离子而形成双电层，这种吸附称为交换吸附。离子的电荷是交换吸附的决定性因素，离子所带电荷越多，它在吸附表面的相反电荷点上的吸附能力就越强。

2. 影响吸附的因素

固体在溶液中的吸附比较复杂，影响因素也较多，主要包括吸附剂、吸附质、溶剂的性质以及吸附过程的具体操作条件等。

(1) 吸附剂的性质　吸附剂的表面积越大，孔隙度越大，则吸附容量越大。一般吸附分子量大的物质应选择孔径大的吸附剂，要吸附分子量小的物质，则需要选择比表面积大及孔径较小的吸附剂，而极性化合物需选择极性吸附剂，非极性化合物应选择非极性吸附剂。

(2) 吸附质的性质　一般能使表面张力降低的物质，易为表面所吸附，溶质在溶剂的溶解度越大，吸附量越少，极性吸附剂易吸附极性物质，非极性吸附剂易吸附非极性物质。如非极性物质活性炭在水溶液中是一些有机化合物的良好吸附剂，极性物质硅胶在有机溶剂中能较好地吸附极性物质。对于同系列物质，排序越靠后的物质，极性越差，越易为非极性吸附剂所吸附，如活性炭在水溶液中对同系列有机化合物的吸附量，随吸附物分子量的增大而增大，吸附脂肪酸时吸附量随碳链增长而加大，对多肽的吸附能力大于氨基酸的吸附能力。

(3) 温度　温度会影响平衡吸附量和吸附速度。吸附一般是放热的，升高温度会使吸附速率增加，但会使平衡吸附量降低。生化物质吸附温度的选择还要考虑它的热稳定性，如果吸附质是热不稳定的，一般在 0℃ 左右进行吸附，如果比较稳定，则可在室温下操作。

(4) 溶液的 pH　溶液的 pH 往往会影响吸附剂或吸附质的解离情况，进而影响吸附量。如有机酸类溶于碱、胺类物质溶于酸，所以有机酸在酸性条件下、胺类在碱性条件下较易为非极性吸附剂所吸附。

(5) 盐的浓度　盐类对吸附作用的影响比较复杂，有些情况下盐能阻止吸附，在低浓度盐溶液中吸附的蛋白质或酶，常用高浓度盐溶液进行洗脱。但在另一些情况下盐能促进吸附，甚至有些情况下吸附剂一定要在盐的作用下才能对某些吸附物质进行吸附，如硅胶对某种蛋白质吸附时，硫酸铁的存在可使吸附量增加许多倍。

(6) 吸附物质的浓度与吸附剂量 在稀溶液中吸附量和浓度呈正相关关系，在吸附达到平衡时，吸附质的浓度称为平衡浓度。普遍规律是吸附质的平衡浓度越大，吸附量也越大，如用活性炭脱色时，为了避免对有效成分的吸附，往往将料液适当稀释后进行。

实例训练

实训11　离子交换色谱分离混合氨基酸

【任务描述】

本实训采用磺酸型阳离子交换树脂分离酸性氨基酸天冬氨酸（Asp，$pI=2.97$，分子量为 133.1）和碱性氨基酸赖氨酸（Lys，$pI=9.74$，分子量为 146.2）的混合液。在 pH5.3 条件下，因为 pH 值低于 Lys 的 pI 值，Lys 可解离成阳离子结合在树脂上；Asp 可解离成阴离子，不被树脂吸附而流出色谱柱。在 pH12 条件下，因 pH 值高于 Lys 的 pI 值，Lys 可解离成阴离子从树脂上被交换下来。这样，通过改变洗脱液的 pH 值可使它们被分别洗脱而达到分离的目的。

【任务实施】

一、准备工作

1. 建立工作小组，制订工作计划，确定具体任务，任务分工到个人，并记录到工作表。

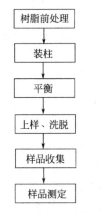

图 5-7　离子交换色谱分离混合氨基酸操作流程

2. 收集利用离子交换色谱分离混合氨基酸工作中的必需信息，掌握相关知识及操作要点，与教师共同确定出一种最佳的工作方案。

3. 完成任务单中实际操作前的各项准备工作。

(1) 材料准备 磺酸型阳离子交换树脂（732 型）。

(2) 试剂 树脂处理液：2mol/L NaOH、2mol/L HCl、1mol/L NaOH、0.45mol/L 柠檬酸缓冲液（pH5.3）、0.01mol/L NaOH 缓冲液（pH12）、天冬氨酸、赖氨酸、茚三酮、无水乙醇。

(3) 仪器与设备 离子交换色谱柱、量筒、吸管、收集器、试管、恒流泵、pH 试纸。

二、操作过程

操作流程如图 5-7 所示。

1. 树脂的处理和转型

干树脂用蒸馏水充分浸泡膨胀后，倾去细小颗粒，然后用 4 倍体积的 2mol/L HCl 和 2mol/L NaOH 依次浸洗搅拌 30min，并分别用蒸馏水洗至中性（最后应处理至溶液无黄色）。

再用 1mol/L NaOH 浸泡 5～10 min，使树脂转为钠型，以蒸馏水洗 2～3 次去 NaOH 至树脂 pH 呈中性。

2. 装柱前准备

用蒸馏水冲洗色谱柱，将色谱柱垂直装好，在柱流水出口处装上乳胶管，关闭柱底出口，在柱内加入 2～3cm 高的柠檬酸缓冲液，排出乳胶管内气泡，抬高乳胶管出口，防止柱内缓冲液排空。

3. 装柱

将处理好的树脂放入烧杯中，加入 1～2 倍体积的柠檬酸缓冲液并搅拌成悬浮状，沿柱内壁缓慢流入装柱，待树脂自然下沉在柱底部逐渐沉积 2～3cm 高时，慢慢打开柱底出口，再继续加入树脂悬液直至树脂沉积高度为 16～18cm 时为止。装柱要求连续、均匀，无分层、无气泡等现象产生，必须防止液面低于树脂平面，否则要重新装柱。

4. 平衡

色谱柱装好后，再缓慢沿管壁加满柠檬酸缓冲液，接上恒流泵，用柠檬酸缓冲液以 5 滴/min 流速平衡 40min 左右，直至用 pH 试纸测得流出液的 pH 与缓冲液的 pH 相等为止。

5. 加样与洗脱

移去色谱柱上连接泵的橡胶管，打开柱底出口，小心使柱内缓冲液的液面与树脂平面几乎相平时即行关闭（注意：不要使树脂露出液面）。马上用加样器吸取氨基酸混合样品 0.5mL，沿靠近树脂表面的管壁慢慢加入（注意不要破坏树脂平面），然后缓慢打开柱底管夹，使液面再与树脂面相齐时关闭。然后加少量柠檬酸缓冲液清洗内壁 2～3 次，使样品进入柱内。当样品完全进入树脂床内，即可接上恒流泵，调流速 0.5mL/min，开始洗脱。

6. 收集

柱洗脱液可用自动分部收集器或以刻度试管人工收集，按每管 3mL 先收集 5 管。关闭恒流泵和柱底夹，将洗脱液更换为 pH12 的 NaOH 缓冲液，然后按上面同样方法继续收集第 6 管到第 10 管。

7. 测定

将收集的洗脱液各管编好号后，分别取 0.5mL 收集于一洁净的试管中，加入柠檬酸缓冲液（pH5.3）1mL、茚三酮显色液 0.5mL，混合后置沸水浴加热 15min，取出，用冷水冷却。

三、结束工作

1. 填好所有操作记录单、任务单、各种评价表。
2. 检查设备仪表是否洁净完好。
3. 检查工作场地及环境卫生。
4. 进行任务总结。

【工作反思】

1. 离子交换树脂用缓冲液平衡，为什么又用缓冲液冲洗？
2. 何谓氨基酸的离子交换？本实训采用的离子交换剂属于哪一种？

任务十二 凝胶色谱纯化药物

知识目标

- 了解色谱技术分类与各类色谱技术；
- 熟悉凝胶色谱的基本原理和方法。

技能目标

- 能够独立完成凝胶色谱纯化的具体操作；
- 能够掌握凝胶色谱设备的操作规程。

必备知识

凝胶色谱又称为凝胶排阻色谱、分子筛色谱、凝胶过滤等，它是以多孔性凝胶填料为固定

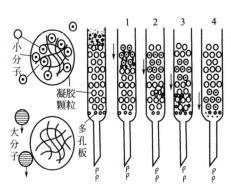

图 5-8   凝胶色谱分离原理与过程
1—分子大小不同混合物上柱；2—洗脱开始，
小分子扩散进入凝胶腔内、大分子被排阻于
颗粒之外；3—大小分子分开；4—大分子行程较短，
已洗脱出色谱柱，小分子尚在进行中

相，按分子大小顺序分离样品中各个组分的液相色谱方法。凝胶色谱是常用分离手段之一，它具有设备简单、操作方便、样品回收率高、不改变样品生物活性等优点，被广泛用于蛋白质、核酸、多糖等生物分子的分离纯化。在生物药品生产中，凝胶色谱技术一般作为终端过滤手段，对生物药品进行最后一次纯化，以脱盐和去除热原物质。

凝胶是一种不带电荷的具有三维空间多孔网状结构、呈珠状颗粒的物质，每个颗粒的细微结构及筛孔的直径均匀一致，不同类型的凝胶其孔径大小不同。如图 5-8 所示，将凝胶装入一个足够长的柱子中，即构成凝胶柱。当含有分子大小不同的样品加到凝胶柱上时，比凝胶珠平均孔径小的分子连续不断地进入凝胶的内部，这样的小分子不但其运动路程长，而且受到来自凝胶内部的阻力也很大，所以越小的分子，把它们从柱子上洗脱下来所需的时间越长，比凝胶孔径大的分子不能进入孔道中，直接通过凝胶之间的缝隙首先被洗脱下来，从而达到不同大小分子的分离。

一、色谱分离中凝胶的分类

1. 交联葡聚糖凝胶

交联葡聚糖凝胶的商品名称为 Sephadex，由葡聚糖和 3-氯-1,2-环氧丙烷（交联剂）以醚键相互交联而形成具有三维空间多孔网状结构的高分子化合物。交联葡聚糖凝胶，按其交联度大小分成 8 种型号如表 5-1 所示。交联度越大，网状结构越紧密，孔径越小，吸水膨胀就越小，故只能分离分子量较小的物质；而交联度越小，孔径就越大，吸水膨胀大，则可分离分子量较大的物质。各种型号是以其吸水量，即每克干胶所吸收的水的质量的 10 倍命名，如 Sephadex G-25 表示该凝胶的吸水量为每克干胶能吸 2.5g 水。在 SephadexG-25 及 G-50 中分别引入羟丙基基团，即可构成 LH 型烷基化葡聚糖凝胶。

表 5-1   Sephadex 常见规格与特性

型号	分离范围（分子量）	吸水量/(mL/g)	最短溶胀时间/h 20～25℃	最短溶胀时间/h 100℃	柱床体积/(mL/mg)	应用
G-10	<700	1.0±0.1	3	1	2～3	脱盐,短肽、小分子的分离
G-15	<1500	1.5±0.2	3	1	2.5～3.5	
G-25	<5000	2.5±0.2	3	1	4～6	
G-50	1500～20000	5.0±0.3	3	1	9～11	低分子量蛋白、多肽的分离
G-75	3000～70000	7.5±0.5	24	1	12～15	中低分子量蛋白、多肽分离
G-100	4000～15000	10.0±1.0	72	1	15～20	中高分子量蛋白的分离
G-150	5000～800000	15.0±1.5	72	1	20～30	高分子量蛋白的分离
G-200	5000～300000	20.0±2.0	72	1	30～40	

交联葡聚糖凝胶在水溶液、盐溶液、碱溶液、弱酸溶液和有机溶剂中较稳定，但当暴露于强酸或氧化剂溶液中，则易使糖苷键水解断裂，在中性条件下，交联葡聚糖凝胶悬浮液能耐高温，用 120℃消毒 10min 而不改变其性质。如要在室温下长期保存，应加入适量防腐剂，如氯仿、叠氮钠等，以免微生物生长。

交联葡聚糖凝胶由于有羧基基团，故能与分离物质中的电荷基团（如碱性蛋白质）发生吸附作用，但可借助提高洗脱液的离子强度得以克服，因此在进行凝胶色谱时，常用含有 NaCl 的缓冲溶液作洗脱液。交联葡聚糖凝胶可用于分离蛋白质、核酸、酶、多糖、多肽、氨基酸、抗生素，也可用于高分子物质样品的脱盐及测定蛋白质的分子量。

2. 琼脂糖凝胶

琼脂糖的商品名称有 Sepharose（瑞典）、Bio-gelA（美国）、Segavac（英国）、Gelarose（丹麦）等多种，因生产厂家不同名称各异。琼脂糖是由 D-半乳糖和 3,6 位脱水的 L-半乳糖连接构成的多糖链，在温度 100℃时呈液态，当下降至 45℃以下时，它们之间相互连接成线性双链单环的琼脂糖，再凝聚即呈琼脂糖凝胶。琼脂糖凝胶按其浓度不同，分为 Sepharose 2B（浓度为 2%）、Sepharose 4B（浓度为 4%）及 Sepharose 6B（浓度为 6%）。通常的 Sepharose 只能在 pH4.5～9.0 范围内使用，但在强碱条件下 Sepharose 与 1,3-二溴异丙醇交联生成 CL 型交联琼脂糖，其热稳定性和化学稳定性提高，便可在广泛 pH 溶液（pH3～14）中使用。由于琼脂糖凝胶在干燥状态下保存易破裂，故一般均存放在含防腐剂的水溶液中。

琼脂糖凝胶的机械强度和筛孔的稳定性均优于交联葡聚糖凝胶，琼脂糖凝胶用于柱色谱时，流速较快，因此是一种很好的凝胶色谱载体。

3. 聚丙烯酰胺凝胶

聚丙烯酰胺凝胶是由单体丙烯酰胺和交联剂 N,N'-亚甲基双丙烯酰胺在增速剂和催化剂的作用下聚合而成的三维网状结构的物质，改变单体丙烯酰胺的浓度，即可获得不同吸水率的产物。聚丙烯酰胺凝胶的商品名称为生物胶-P（Bio-gel P）。该凝胶多制成干性珠状颗粒剂型，使用前必须溶胀。聚丙烯酰胺凝胶的稳定性不如交联葡聚糖凝胶，在酸性条件下，其酰胺键易水解为羧基，使凝胶带有一定的离子交换基团，一般在 pH4.0～9.0 范围内使用。聚丙烯酰胺凝胶色谱对蛋白质分子量的测定、核苷及核苷酸的分离纯化，均能获得理想的结果。

二、柱色谱凝胶的选择

凝胶色谱中凝胶的选择会严重影响样品分离效果，一般在选择凝胶时应注意以下问题。

1. 干胶分离范围

化合物的分离程度主要决定于凝胶颗粒内部微孔的孔径和混合物分子量的分布范围。其中凝胶孔径会直接影响凝胶的交联度，凝胶孔径决定了被排阻物质分子量的下限，小分子物质移动缓慢，在低交联度的凝胶上不易分离，大分子物质同小分子物质的分离宜用高交联度的凝胶，如除去蛋白质溶液中的盐类时，可选用 Sephadex G-25。

2. 凝胶颗粒大小

凝胶的颗粒粗细直接影响着分离效果。一般来说，细颗粒分离效果好，但流速慢，而粗颗粒流速快，但会使区带扩散，使洗脱峰变平而宽，因此如用细颗粒凝胶宜用大直径的色谱柱，用粗颗粒时用小直径的色谱柱。在实际操作中，要根据工作需要，选择适当的颗粒大小并调整流速。

3. 干胶用量

选择合适的凝胶种类以后，根据色谱柱的体积和干胶的溶胀度，计算出所需干胶的用量，其计算公式如下：

$$干胶用量(g) = 2\pi hr/溶胀度[床体积/干胶(g)]$$

考虑到凝胶在处理过程中会有部分损失，用上式计算得出的干胶用量应再增加 10%～20%。

三、凝胶柱色谱的操作

1. 凝胶的预处理

交联葡聚糖及聚丙烯酰胺凝胶的市售商品多为干燥颗粒，使用前必须充分溶胀。干胶用量及规格选择参考表 5-2 所示。操作方法是将欲使用的干凝胶缓慢地倾倒入 5～10 倍体积的去离子水中，参照相关资料中凝胶溶胀所需时间，进行充分浸泡，然后用倾倒法除去表面悬浮的小颗粒，并减压抽气排除凝胶悬液中的气泡，准备装柱。预处理时也可采用加热煮沸方法进行凝胶溶胀，此法不仅能加快溶胀速率，而且能除去凝胶中污染的细菌，同时排除气泡。

表 5-2　凝胶型号和色谱柱大小与规格及凝胶用量

色谱柱规格			凝胶的规格和用量/g			
直径/cm	高/cm	容量/mL	G-25	G-50	G-100	G-200
0.9	15	9.5	2.5	1	0.6	0.3
0.9	30	19	5	2	1.2	0.6
0.9	60	38	10	4	2.5	1.2
1.6	20	40	10	4	2.5	1.2
1.6	40	80	20	8	5.0	2.4
1.6	70	140	35	14	9.0	4.4
1.6	100	200	50	20	12.5	6
2.6	40	210	50	20	12	7
2.6	70	370	90	35	20	12
2.6	100	530	130	50	30	17
2.6	60	1000	250	110	70	35

2. 凝胶再生和保存

凝胶色谱的载体不会与被分离的物质发生任何作用，因此凝胶柱在色谱分离后稍加平衡即可进行下一次的分离操作，但使用多次后，由于床体积变小，流动速率降低或杂质污染等原因，使分离效果受到影响。此时需对凝胶柱进行再生处理，方法是先用水反复进行逆向冲洗，再用缓冲溶液平衡，即可进行下一次分离。

对使用过的凝胶，若短时间保存，只要反复洗涤除去蛋白质等杂质，加入适量防腐剂即可；若长期保存，则需将凝胶从柱中取出，进行洗涤、脱水和干燥等处理后，装瓶保存。

知识拓展　　　　　　　　疏水柱色谱

疏水柱色谱是根据分子表面疏水性差别来分离蛋白质和多肽等生物大分子的一种较为常用的方法。蛋白质和多肽等生物大分子的表面常常暴露着一些疏水性基团，我们把这些疏水性基团称为疏水补丁，疏水补丁可以与疏水性色谱介质发生疏水性相互作用而结合。不同的分子由于疏水性不同，它们与疏水性色谱介质之间的疏水性作用力强弱不同，疏水柱色谱就是依据这一原理分离纯化蛋白质和多肽等生物大分子的。疏水柱色谱的基本原理如图 5-9 所示。

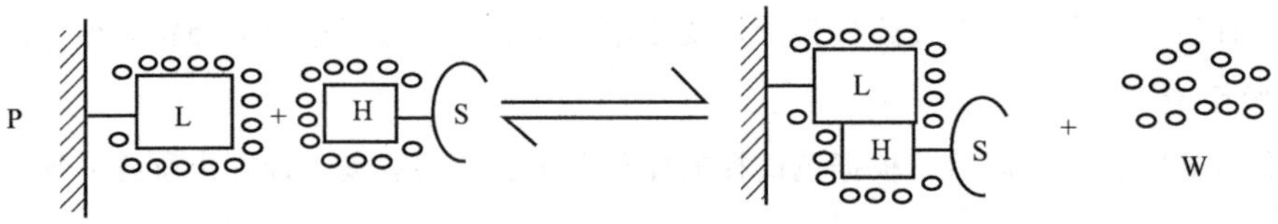

图 5-9　疏水柱色谱的原理

P—固相支持物；L—疏水性配体；S—蛋白质或多肽等生物大分子；H—疏水补丁；W—溶液中水分子

溶液中高离子强度可以增强蛋白质和多肽等生物大分子与疏水性色谱介质之间的疏水作用。利用这个性质，在高离子强度下将待分离的样品吸附在疏水性色谱介质上，然后线性或阶段降低离子强度选择性地将样品解吸。疏水性弱的物质，在较高离子强度的溶液时被洗脱下来，当离子强度降低时，疏水性强的物质才随后被洗脱下来。

实例训练

实训 12 凝胶柱色谱纯化蛋白质类药物

【任务描述】

凝胶色谱是把样品加到充满着凝胶颗粒的色谱柱中,然后用缓冲液洗脱。凝胶过滤柱色谱的基质是具有立体网状结构、筛孔直径一致,且呈珠状颗粒的物质。这种物质可以完全或部分排阻某些大分子化合物于筛孔之外,而对某些小分子化合物则不能排阻,但可让其在筛孔中自由扩散、渗透。

本实训采用葡聚糖凝胶 Sephadex G-75 作固相载体,可分离分子量范围在 3000~70000 之间的多肽与蛋白质,上样样品为牛血清蛋白和溶菌酶的混合溶液,当混合液流经色谱柱时,两种物质因 K_{av} 值(被分离化合物在内水和外水体积中的比)不同而被分离。

【任务实施】

一、准备工作

1. 建立工作小组,制订工作计划,确定具体任务,任务分工到个人,并记录到工作表。

2. 收集凝胶柱色谱分离蛋白质工作中的必需信息,掌握相关知识及操作要点,与教师共同确定出一种最佳的工作方案。

3. 完成任务单中实际操作前的各项准备工作。

(1) 材料准备 葡聚糖凝胶 Sephadex G-75。

(2) 试剂 0.9% NaCl 溶液(洗脱液)、牛血清白蛋白(分子量 67000)、溶菌酶(分子量 14300)、双缩脲试剂。

(3) 器具 色谱柱、恒流泵、自动部分收集器、量筒、烧杯、试管、吸管、玻璃棒、水浴锅、移液器等。

二、操作过程

操作流程如图 5-10 所示。

1. 凝胶预处理

将 Sephadex G-75 置烧杯中,加入洗脱液于室温溶胀 2~3 天,反复倾泻去掉细颗粒,然后减压抽气去除凝胶孔隙中的空气,沸水浴中煮沸 2~3h,在凝胶溶胀时避免剧烈搅拌,以防凝胶交联结构的破坏。

2. 装柱

取色谱柱,将色谱柱固定在支架上,调整色谱柱与水平面垂直。烧结板下端的死区用蒸馏水充满,然后关闭色谱柱的出口。将凝胶悬液沿玻璃棒小心地徐徐灌入柱中,待底部凝胶沉积 1~2cm 时,再打开出口,继续加入凝胶悬液至凝胶沉积约 15cm 高度即可(注意:凝胶悬液尽量一次加完,以免出现分层的凝胶带)。

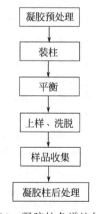

图 5-10 凝胶柱色谱纯化
蛋白质操作流程

3. 平衡

装柱完成后,接上恒流泵,0.9% 的氯化钠为流动相,以 0.75mL/min 或 0.5mL/min 的速度开始洗脱,用 1~2 倍柱床体积的洗脱液平衡,平衡 1h,使柱床稳定。

4. 上样、洗脱

加样时先将柱的出口打开,让蒸馏水逐渐流出,待凝胶床面只留下极薄的一层蒸馏水时,关闭出口。用移液器将 $500\mu L$ 牛血清蛋白和溶菌酶混合液小心加到凝胶床表面。然后打开出口，使样品进入柱床面，滴加 1~2 倍样品体积的蒸馏水，待完全流入柱床内后，再加蒸馏水进行扩展洗脱，直到两条区带分开为止。

5. 样品收集

样品一旦加入柱床面后马上用烧杯收集流出液，用双缩脲试剂检测，直到两种蛋白全部洗脱，倒出凝胶，清洗色谱柱。注意柱床上要不断加水，保持 1cm 高水层。

6. 凝胶柱的处理

一般凝胶柱用过后，反复用 2~3 倍床体积蒸馏水通过凝胶柱。如凝胶有颜色或比较脏，需先用 0.5mol/L NaOH 或 0.5mol/L NaCl 洗涤，再用蒸馏水洗。

三、结束工作

1. 填好所有操作记录单、任务单、各种评价表。
2. 检查设备仪表是否洁净完好。
3. 检查工作场地及环境卫生。
4. 进行任务总结。

【工作反思】

1. 凝胶色谱分离有何特点和主要用途？
2. 做好本实验的关键事项主要有哪些？

技能拓展　　　　　　薄层色谱

薄层色谱法是在玻璃板上涂布一层固定相，待分离样品点在薄层板一端，然后让推动剂从上流动，从而使各组分得到分离的物理方法。常用的固定相有硅胶 G、硅胶 GF、氧化铝、纤维素、硅藻土、硅胶 G-硅藻土、纤维素 G、DEAE-纤维素、交联葡聚糖凝胶等。使用的固定相种类不同，其分离原理也不尽相同，有分配色谱、吸附色谱、离子交换色谱、凝胶色谱等多种。

一般实验中应用较多的是以吸附剂为固定相的薄层吸附色谱。物质之所以能在固体表面停留，这是因为固体表面的分子和固体内部分子所受的吸引力不同。在固体内部，分子之间互相作用的力是对称的，其力互相抵消，而处于固体表面的分子所受的力是不对称的，向内的一面受到固体内部分子的作用力大，而表面层所受的作用力小，因而气体或溶质分子在运动中遇到固体表面时受到这种剩余力的影响，就会被吸引而停留下来。吸附过程是可逆的，被吸附物在一定条件下可以解吸出来。在单位时间内被吸附于吸附剂的某一表面积上的分子和同一单位时间内离开此表面的分子之间可以建立动态平衡，称为吸附平衡，吸附色谱的分离过程就是不断地产生平衡和不平衡、吸附与解吸的动态平衡过程。

薄层色谱设备简单，操作简单，快速灵敏。改变薄层厚度，既能做分析鉴定，又能做少量制备，配合薄层扫描仪，可以同时做到定性定量分析，在生物化学、植物化学等领域是一类广泛应用的物质分离方法。

1. 薄层色谱设备与材料

薄层色谱分离纯化样品时所需的设备与材料包括玻璃板、固定相或载体、涂布器、点样器和展开室。

(1) 玻璃板　除另有规定外，用 5cm×20cm、10cm×20cm 或 20cm×20cm 的规格，要求光滑、平整、洗净后不附水珠，晾干。

（2）**固定相或载体**　最常用的有硅胶 G、硅胶 GF、硅胶 H、硅胶 HF$_{254}$，其次有硅藻土、硅藻土 G、氧化铝、氧化铝 G、微晶纤维素、微晶纤维素 F$_{254}$等。其颗粒大小，一般要求直径为 $10\sim40\mu m$。薄层涂布，一般可分无黏合剂和含黏合剂两种，前者系将固定相直接涂布于玻璃板上，后者系在固定相中加入一定量的黏合剂，一般常用 $10\%\sim15\%$ 煅石膏（CaSO$_4\cdot2H_2O$ 在 $140℃$ 烘 4h），混匀后加水适量使用，或用羧甲基纤维素钠水溶液（$0.5\%\sim0.7\%$）适量调成糊状，均匀涂布于玻璃板上。也有含一定展开液或缓冲液的薄层。

（3）**涂布器**　应能使固定相或载体在玻璃板上涂成一层符合厚度要求的均匀薄层。

（4）**点样器**　常用具支架的微量注射器或定时毛细管，应能使点样位置正确集中。

（5）**展开室**　应使用适合薄层板大小的玻璃制薄层色谱展开缸，并有严密盖子，除另有规定外，底部应平整光滑，应便于观察。

2. 操作与注意

（1）**薄层板制备**　除另有规定外，将1份固定相和3份水在研钵中向一方向研磨混合，去除表面的泡后，倒入涂布器中，在玻璃板上平稳地移动涂布器进行涂布（厚度为 $0.2\sim0.3mm$），取下涂好薄层的玻璃板，置水平台上于室温下晾干，后在 $110℃$ 烘 $30min$，即置有干燥剂的干燥箱中备用。使用前检查其均匀度（可通过透射光和反射光检视）。

（2）**点样**　除另有规定外，用点样器点样于薄层板上，一般为圆点，点样基线距底边 $2.0cm$，点样直径为 $2\sim4mm$，点间距离约为 $1.5\sim2.0cm$，点间距离可视斑点扩散情况以不影响检出为宜。点样时必须注意勿损伤薄层表面。

（3）**展开**　展开室如需预先用展开剂饱和，可在室中加入足够量的展开剂，并在壁上贴两条与室一样高、宽的滤纸条，一端浸入展开剂中，密封室顶的盖，使系统平衡或按正文规定操作。将点好样品的薄层板放入展开室的展开剂中，浸入展开剂的深度为距薄层板底边 $0.5\sim1.0cm$（切勿将样点浸入展开剂中），密封室盖，等展开至规定距离（一般为 $10\sim15cm$），取出薄层板，晾干，按各品种项下的规定检测，如需用薄层扫描仪对色谱斑点作扫描检出，或直接在薄层上对色谱斑点做扫描定量，则可用薄层扫描法。薄层扫描的方法，除另有规定外，可根据各种薄层扫描仪的结构特点及使用说明，结合具体情况，选择吸收法或荧光法，用双波长或单波长扫描。由于影响薄层扫描结果的因素很多，故应在保证供试品的斑点在一定浓度范围内呈线性的情况下，将供试品与对照品在同一块薄层上展开后扫描，进行比较并计算定量，以减少误差。各种供试品，只有得到分离度和重现性好的薄层色谱，才能获得满意的结果。

任务十三　亲和色谱纯化药物

知识目标

- 了解亲和吸附剂与选择原则；
- 熟悉亲和色谱的基本原理和亲和色谱的操作要点。

技能目标

- 能够独立完成亲和色谱纯化胰蛋白酶具体操作；
- 能够熟知亲和色谱操作的注意事项。

必备知识

亲和色谱是利用偶联亲和配体的亲和吸附介质为固定相亲和吸附目标产物，使目标产物得到分离纯化的液相色谱法。亲和色谱分离过程简单、快速，具有很高的分辨率，现已广泛用于分离纯化蛋白质、肽、酶及其底物和抑制剂、抗体及抗原、核酸及其特异性作用物、激素及受体、糖蛋白、多糖类和组织的分离和纯化。在生物制药生产过程中，一般都要采用亲和色谱技术进行高度纯化。

一、亲和色谱的基本原理

生物分子间存在很多特异性的相互作用，如我们熟悉的抗原-抗体、酶-底物或抑制剂、激素-受体等，它们之间都能够专一而可逆结合，这种结合力就称为亲和力。亲和色谱的分离原理简单地说就是通过将具有亲和力的两个分子中一个固定在不溶性基质上，利用分子间亲和力的特异性和可逆性，对另一个分子进行分离纯化，见图 5-11。被固定在基质上的分子称为配体，配体和基质是共价结合的，构成亲和色谱的固定相，称为亲和吸附剂。亲和色谱分离时首先选择与待分离的生物大分子有亲和力物质作为配体，例如分离酶可以选择其底物类似物或竞争性抑制剂为配体，分离抗体可以选择抗原作为配体等，并将配体共价结合在适当的不溶性基质上，如常用的Sepharose 4B 等。将制备的亲和吸附剂装柱平衡，当样品溶液通过亲和色谱柱的时候，待分离的生物分子就与配体发生特异性的结合，从而留在固定相上；而其他杂质不能与配体结合，仍在流动相中，并随洗脱液流出，这样色谱柱中就只有待分离的生物分子，通过适当的洗脱液将其从配体上洗脱下来，就得到了纯化的待分离物质。

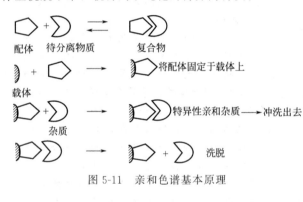

图 5-11　亲和色谱基本原理

吸附色谱、凝胶过滤色谱、离子交换色谱等都是利用各种分子间理化特性的差异进行分离。由于很多生物大分子之间的这种差异较小，所以这些方法的分辨率往往不高，操作步骤多，时间长。亲和色谱是利用生物分子所具有的特异的生物学性质亲和力来进行分离纯化的，由于亲和力具有高度的专一性，使得亲和色谱的分辨率很高，是分离生物大分子的一种理想的色谱分离方法。

二、亲和吸附剂

亲和吸附剂包括基质和配体的选择、基质的活化、配体与基质的偶联等，选择并制备合适的亲和吸附剂是亲和色谱的关键步骤之一。

1. 基质

（1）基质的性质　亲和色谱的基质构成固定相的骨架，具有较好的物理化学稳定性。在与配体偶联、色谱分离过程中配体与待分离物结合以及洗脱时的 pH、离子强度等条件下，基质的性质不会发生明显的改变，与配体稳定结合。亲和色谱的基质应具有较多的化学活性基团，通过一定的化学处理能够与配体稳定共价结合，并且结合后不改变基质和配体的基本性质。基质的结构应是均匀的多孔网状结构，使被分离的生物分子能够均匀、稳定地通透，并充分与配体结合。一般选择较大孔径的基质，使待分离物有充分的空间与配体结合，基质的孔径过小会增加基质的排阻效应，使被分离物与配体结合的概率下降，并且降低亲和色谱的吸附容量。基质本身与样品中的各个组分均没有明显的非特异性吸附，不影响配体与待分离物的结合。基质应具有较好的亲水性，以使生物分子易于靠近并与配体作用。

一般纤维素以及交联葡聚糖、琼脂糖、聚丙烯酰胺、多孔玻璃珠等用于凝胶排阻色谱的凝胶都可以作为亲和色谱的基质，其中以琼脂糖凝胶应用最为广泛。纤维素价格低，可利用的活性基团较多，但它对蛋白质等生物分子可能有明显的非特异性吸附作用，另外它的稳定性和均一性也较差。交联葡聚糖和聚丙烯酰胺的物理化学稳定性较好，但它们的孔径相对比较小，而且孔径的稳定性不好，可能会在与配体偶联时有较大的降低，不利待分离物与配体充分结合，因此只有大孔径型号凝胶可以用于亲和色谱。多孔玻璃珠的特点是机械强度好，化学稳定性好。但它可利用的活性基团较少，对蛋白质等生物分子也有较强的吸附作用。琼脂糖凝胶则基本可以较好地满足上述四个条件，它具有非特异性吸附低、稳定性好、孔径均匀适当、易于活化等优点，因此得到了广泛的应用，如 Pharmacia 公司的 Sepharose 4B、Sepharose 6B 是目前应用较多的基质。

(2) 基质的活化　基质的活化是指通过对基质进行一定的化学处理，使基质表面上的一些化学基团转变为易于和特定配体结合的活性基团。

① 多糖基质的活化。多糖基质尤其是琼脂糖是一种常用的基质。琼脂糖通常含有大量的羟基，通过一定的处理可以引入各种适宜的活性基团。琼脂糖的活化方法很多，如溴化氰活化，溴化氰活化法是最常用的活化方法之一，活化过程主要是生成亚胺碳酸活性基团，它可以和伯氨基（—NH_2）反应，主要生成异脲衍生物。溴化氰活化的基质可以在温和的条件下与配体结合，结合的配体量大。利用溴化氰活化的基质通过进一步处理还可以得到很多其他的衍生物，这种方法的缺点是溴化氰活化法的基质和配体偶联后生成的异脲衍生物中氨基的 pK_a 为 10.4，所以通常会带一定的正电荷，从而使基质可能有阴离子离子交换作用，增大了非特异性吸附，影响亲和色谱的分辨率。另外溴化氰活化的基质与配体结合不够稳定，尤其是当与小配体结合时，可能会出现配体脱落现象，由于溴化氰有剧毒、易挥发，会导致操作不便；环氧乙烷基活化，使活化后的基质均含有环氧乙烷基，如在含有 $NaBH_4$ 的碱性条件下，1,4-丁二醇二缩水甘油醚的一个环氧乙烷基可以与羟基反应，而将另一个环氧乙烷基结合在基质上；环氧氯丙烷活化，将环氧乙烷基结合在基质上，这种方法的优点是活化后不引入电荷基团，而且基质与配体形成的 N—C、O—C 和 S—C 键都很稳定，所以配体与基质结合紧密，亲和吸附剂使用寿命长，而且便于在亲和色谱中使用较强烈的洗脱手段，另外这种处理方法没有溴化氰的毒性，它的缺点是用环氧乙烷基活化的基质在与配体偶联时需要碱性条件，pH 为 9.0～13.0，温度为 20～40℃，这样的条件会导致一些较敏感的配体变性。

目前对基质的活化方法很多，如 N-羟基琥珀酰亚胺活化、三嗪活化、高碘酸盐活化、乙二酸酰肼活化、二乙烯砜活化等，各有其特点，应根据实际需要选择适当的活化方法。

② 聚丙烯酰胺的活化。聚丙烯酰胺凝胶有大量的甲酰胺基，可以通过对甲酰胺基的修饰而对聚丙烯酰胺凝胶进行活化，一般包括氨乙基化作用、肼解作用和碱解作用三种方式，另外在偶联蛋白质配体时也通常用戊二醛活化聚丙烯酰胺凝胶。

③ 多孔玻璃珠的活化。对于多孔玻璃珠等无机凝胶的活化通常采用硅烷化试剂与玻璃反应生成烷基胺-玻璃，在多孔玻璃上引进氨基，再通过这些氨基进一步反应引入活性基团，与适当的配体偶联。

(3) 间隔臂分子　在亲和色谱中，由于配体结合在基质上，它在与待分离的生物大分子结合时，很大程度上要受到基质和待分离的生物大分子间的空间位阻效应的影响。尤其是当配体较小或待分离的生物大分子较大时，由于直接结合在基质上的小分子配体非常靠近基质，而待分离的生物大分子由于受到基质的空间障碍，使得其与配体结合的部位无法接近配体，影响了待分离的生物大分子与配体的结合，造成吸附量的降低。解决这一问题的方法通常是在配体和基质之间引入适当长度的"间隔臂"，即加入一段有机分子，使基质上的配体离开基质的骨架向外扩展伸长，这样就可以减少空间位阻效应，大大增加配体对待分离的生物大分子的吸附效率。加入手臂的长度要恰当，太短则效果不明显；太长则容易造成弯曲，反而降低吸附效率。

引入间隔臂分子常用的方法是将适当长度的氨基化合物 $NH_2(CH_2)_n R$ 共价结合到活化的基质上，R 通常是氨基或羧基，n 一般为 $2\sim12$。例如 Pharmacia 公司生产的 AH-Sepharose 4B 和 CH-Sepharose 4B 就是分别将 1,6-乙二胺和 6-氨基己酸与 CNBr 活化的琼脂糖反应引入间隔臂分子，二者的末端分别为氨基或羧基，通过碳二亚胺的缩合作用可以分别与含羧基或氨基的配体偶联。

另外也可以通过进一步的活化处理，生成 N-羟基琥珀酰亚胺酯、环氧基等活性基团直接与各种配体偶联。引入间隔臂的基质与配体结合时，配体就可以离开基质一定的空间，从而可以减少空间位阻效应，易与待分离物质结合。

2. 配体

(1) 配体的性质 理想的配体应与待分离的物质有适当的亲和力，配体要能够与基质稳定共价结合，且配体自身应具有较好的稳定性。亲和力过强过弱都会影响物质分离效果，亲和力太弱，待分离物质不易与配体结合，造成亲和色谱吸附效率很低，吸附洗脱过程中易受非特异性吸附的影响引起分辨率下降，但如果亲和力太强，待分离物质很难与配体分离，这又会造成洗脱的困难，因此配体应根据实验要求尽量选择与待分离物质具有适当的亲和力的配体，配体应与待分离的物质之间有较强的特异性亲和力，而与样品中其他组分没有明显的亲和力，对其他组分没有非特异性吸附作用，这是保证亲和色谱具有高分辨率的重要因素。配体要能够与基质稳定共价结合，在实验过程中不易脱落，并且配体与基质偶联后，对其结构没有明显改变，尤其是偶联过程不涉及配体中与待分离物质有亲和力的部分，对二者的结合没有明显影响。配体自身应具有较好的稳定性，在实验中能够耐受偶联以及洗脱时可能的较剧烈条件，可以多次重复使用。

完全满足上述条件理想的配体实际上很难找到，在实际应用中应根据具体的条件来选择尽量满足上述条件的最适宜的配体。

(2) 配体的分类 根据配体对待分离物质的亲和性的不同，可以将其分为两类，特异性配体和通用性配体。

① 特异性配体一般是指只与单一或很少种类的蛋白质等生物大分子结合的配体，如生物素和亲和素、抗原和抗体、酶和它的抑制剂、激素-受体等，它们结合都具有很高的特异性，用这些物质作为配体都属于特异性配体。要找到合适的特异性配体通常需要大量的前期实验，对于一些性质不明的生物大分子的配体选择时，通常会使用通用性的配体。

② 通用性配体一般是指特异性不是很强，能和某一类的蛋白质等生物大分子结合的配体，如各种凝集素可以结合各种糖蛋白，核酸可以结合蛋白质等。通用性配体对生物大分子的专一性虽然不如特异性配体，但通过选择合适的洗脱条件也可以得到很高的分辨率，而且这些配体还具有结构稳定、偶联率高、吸附容量高、易于洗脱、价格便宜等优点，所以在实际应用中得到了广泛的应用。

(3) 配体与基质的偶联 除了前面已经介绍了基质的一些活化基团外，通过对活化基质的进一步处理，还可以得到更多种类的活性基团。这些活性基团可以在较温和的条件下与含氨基、羧基、醛基、酮基、羟基、硫醇基等多种配体反应，使配体偶联在基质上。另外通过碳二亚胺、戊二醛等双功能试剂的作用也可以使配体与基质偶联。

配体和基质偶联完毕后，必须要反复洗涤，以去除未偶联的配体。另外要用适当的方法封闭基质中未偶联上配体的活性基团，也就是使基质失活，以免影响后面的亲和色谱分离，例如对于能结合氨基的活性基团，常用的方法是用 2-乙醇胺、氨基乙烷等小分子处理。

配体与基质偶联后，通常要测定配体的结合量以了解其与基质的偶联情况，同时也可以推断亲和色谱过程中对待分离的生物大分子吸附容量，配体结合量通常是用每毫升或每克基质结合的配体的量来表示。测定配体结合量的方法很多，包括差量分析、直接光谱测量、2,4,6-三硝基苯磺酸钠（TNBS）分析、元素分析和放射性分析等。

影响配体结合量的因素很多，包括基质和配体的性质、基质的活化方法及条件、基质和配体偶联反应的条件等。例如通常溴化氰活化的基质的活性基团比环氧基活化的基质多，配体结合量可能较大，在用溴化氰活化时，增加溴化氰的量及反应的 pH，可以增加基质上活化基团的量，从而增大配体结合量。实验中通常希望配体结合量较高，但应注意增加配体结合量应根据实际情况，还要考虑到其他因素的影响。因为提高配体的结合量不等于提高亲和吸附剂的吸附容量，配体结合量只是影响亲和吸附剂吸附容量的一个因素，还有很多因素，如基质、配体以及待分离物质本身的性质、配体在基质的结合情况以及后面要介绍的实验操作条件等都可能对亲和吸附剂的吸附容量产生很大的影响。

目前已有多种活化的基质以及偶联各种配体的亲和吸附剂制成商品出售，可以省去基质活化、配体偶联等复杂的步骤，使用方便，效果好，但一般价格昂贵。

3. 亲和吸附剂的再生和保存

亲和吸附剂的再生就是指使用过的亲和吸附剂通过适当的方法去除吸附在其基质和配体（主要是配体）上结合的杂质，使亲和吸附剂恢复亲和吸附能力。一般情况下，使用过的亲和色谱柱，用大量的洗脱液或较高浓度的盐溶液洗涤，再用平衡液重新平衡即可再次使用。但在一些情况下，尤其是当待分离样品组分比较复杂的时候，亲和吸附剂可能会产生较严重的不可逆吸附，使亲和吸附剂的吸附效率明显下降，这时需要使用一些比较强烈的处理手段，使用高浓度的盐溶液、尿素等变性剂或加入适当的非专一性蛋白酶，但如果配体是蛋白质等一些易于变性的物质，则应注意处理时不能改变配体的活性。

亲和吸附剂应在 4℃下保存，可以加入 0.5% 的乙酸氯己定或 0.05% 的苯甲酸，应注意不要使亲和吸附剂冰冻，亲和吸附剂的长期保存一般应加入 0.01% 的叠氮化钠。

三、亲和色谱的操作

亲和吸附剂选择制备后，亲和色谱的其他操作与一般的柱色谱基本类似。下面主要介绍亲和色谱操作过程中的一些注意事项。

1. 上样

亲和色谱纯化生物大分子通常采用柱色谱的方法。亲和色谱柱一般很短，通常 10cm 左右，上样时应注意选择适当的条件，包括上样流速、缓冲液种类、pH、离子强度、温度等，以使待分离的物质能够充分结合在亲和吸附剂上。

一般生物大分子和配体之间达到平衡的速度很慢，所以样品液的浓度不宜过高，上样时流速应比较慢，以保证样品和亲和吸附剂有充分的接触时间进行吸附。特别是当配体和待分离的生物大分子的亲和力比较小或样品浓度较高、杂质较多时，可以在上样后停止流动，让样品在色谱柱中反应一段时间，或者将上样后流出液进行二次上样，以增加吸附量。样品缓冲液的选择也是要使待分离的生物大分子与配体有较强的亲和力，另外样品缓冲液中一般有一定的离子强度，以减小基质、配体与样品其他组分之间的非特异性吸附。

生物分子间的亲和力是受温度影响的，通常亲和力会随温度的升高而下降。所以在上样时可以选择适当较低的温度，使待分离的物质与配体有较大的亲和力，能够充分结合，而在后面的洗脱过程可以选择适当较高的温度，使待分离的物质与配体的亲和力下降，以便于将待分离的物质从配体上洗脱下来。

上样后用平衡洗脱液洗去未吸附在亲和吸附剂上的杂质。平衡缓冲液的流速可以快一些，但如果待分离物质与配体结合较弱，平衡缓冲液的流速还是较慢为宜。如果存在较强的非特异性吸附，可以用适当较高离子强度的平衡缓冲液进行洗涤，但注意平衡缓冲液不应对待分离物质与配体的结合有明显影响，以免将待分离物质同时洗下。

2. 洗脱

亲和色谱的洗脱方法可以分为特异性洗脱和非特异性洗脱两种。

(1) 特异性洗脱　特异性洗脱是指利用洗脱液中的物质与待分离物质或与配体的亲和特性而将待分离物质从亲和吸附剂上洗脱下来。

特异性洗脱又可以分为两种，一种是选择与配体有亲和力的物质进行洗脱，选择一种和配体亲和力较强的物质加入洗脱液，这种物质与待分离物质竞争对配体的结合，在适当的条件下，如这种物质与配体的亲和力强或浓度较大，配体就会基本被这种物质占据，原来与配体结合的待分离物质被取代而脱离配体，从而被洗脱下来。例如用凝集素作为配体分离糖蛋白时，可以用适当的单糖洗脱，单糖与糖蛋白竞争对凝集素的结合，可以将糖蛋白从凝集素上置换下来。另一种是选择与待分离物质有亲和力的物质进行洗脱，选择一种与待分离物质有较强亲和力的物质加入洗脱液，这种物质与配体竞争对待分离物质的结合，在适当的条件下，如这种物质与待分离物质的亲和力强或浓度较大，待分离物质就会基本被这种物质结合而脱离配体，从而被洗脱下来。例如用染料作为配体分离脱氢酶时，可以选择 NAD^+ 进行洗脱，NAD^+ 是脱氢酶的辅酶，它与脱氢酶的亲和力要强于染料，所以脱氢酶就会与 NAD^+ 结合而从配体上脱离。

特异性洗脱方法的优点是特异性强，可以得到较高的分辨率，可以避免非特异性洗脱方法较强烈的洗脱条件导致蛋白质等生物大分子变性的可能。

(2) 非特异性洗脱　非特异性洗脱是指通过改变洗脱缓冲液 pH、离子强度、温度等条件，降低待分离物质与配体的亲和力而将待分离物质洗脱下来。

当待分离物质与配体亲和力较小时，一般通过连续大体积平衡缓冲液冲洗，就可以在杂质之后将待分离物质洗脱下来，这种洗脱方式简单、条件温和，不会影响待分离物质的活性。但洗脱体积一般比较大，得到的待分离物质浓度较低。如果希望得到较高浓度的待分离物质，可以选择酸性或碱性洗脱液，或较高的离子强度一次快速洗脱，洗脱后应注意中和酸碱，透析去除离子，以免待分离物质丧失活性。对于待分离物质与配体结合非常牢固时，可以使用较强的酸、碱或在洗脱液中加入脲、胍等变性剂使蛋白质等待分离物质变性，而从配体上解离出来，然后再通过适当的方法使待分离物质恢复活性。

3. 亲和柱的保存与再生

以两倍体积的 7mol/L 尿素洗涤，再用 0.01mol/L pH7.4 磷酸缓冲溶液（PB）或生理盐水洗涤，平衡后，可继续使用。可加入 0.02% 叠氮化钠于 4℃ 保存，防止冷冻和干裂。不同的亲和柱其再生方法不同，一般是采用缓冲溶液洗脱色谱柱。

四、亲和色谱的应用

亲和色谱主要应用于生物大分子的分离、纯化。

1. 抗原和抗体分离

利用抗原、抗体之间高度特异的亲和力而进行分离的方法又称为免疫亲和色谱，例如将抗原结合于亲和色谱基质上，就可以从血清中分离其对应的抗体。在蛋白质工程菌发酵液中所需蛋白质的浓度通常较低，用离子交换、凝胶过滤等方法都难以进行分离，而亲和则是一种非常有效的方法。将所需蛋白质作为抗原，经动物免疫后制备抗体，将抗体与适当基质偶联形成亲和吸附剂，就可以对发酵液中的所需蛋白质进行分离纯化。抗原、抗体间亲和力一般比较强，其解离常

数为 $10^{-12} \sim 10^{-8}$，所以洗脱时是比较困难的，通常需要较强烈的洗脱条件。可以采取适当的方法如改变抗原、抗体种类或使用类似物等来降低二者的亲和力，以便于洗脱。另外金黄色葡萄球菌蛋白 A 能够与免疫球蛋白 G（Ig G）结合，可以用于分离各种 Ig G。

2. 生物素和亲和素

生物素和亲和素之间具有很强而特异的亲和力，可以用于亲和色谱，如用亲和素分离含有生物素的蛋白等。生物素和亲和素的亲和力很强，其解离常数为 10^{-15}，洗脱通常需要强的变性条件，可以选择生物素的类似物降低与亲和素的亲和力，这样可以在较温和的条件下将其从亲和素上洗脱下来。另外，可以利用生物素和亲和素间的高亲和力，将某种配体固定在基质上，如将生物素酰化的胰岛素与以亲和素为配体的琼脂糖作用，通过生物素与亲和素的亲和力，胰岛素就被固定在琼脂糖上，可以用于亲和色谱分离与胰岛素有亲和力的生物大分子物质，这种非共价的间接结合比直接将胰岛素共价结合与 CNBr 活化的琼脂糖更稳定。很多种生物大分子可以用生物素标记试剂［如生物素与 N-羟基琥珀酰亚胺（NHS）生成的酯］作用结合生物素，并且不改变其生物活性，这使得生物素和亲和素在亲和色谱分离中有更广泛的用途。

3. 维生素、激素和结合转运蛋白

结合蛋白通常含量很低，如 1000L 人血浆中只含有 20mg 结合蛋白，用通常的色谱技术难以分离。利用维生素或激素与其结合蛋白具有强而特异的亲和力（解离常数为 10^{-16}）而进行亲和色谱则可以获得较好的分离效果，由于亲和力较强，所以洗脱时可能需要较强烈的条件，另外可以加入适量的配体进行特异性洗脱。

4. 激素和受体蛋白

激素的受体蛋白属于膜蛋白，利用去污剂溶解后的膜蛋白往往具有相似的物理性质，难以用通常的色谱技术分离，但去污剂溶解通常不影响受体蛋白与其对应激素的结合，所以利用激素和受体蛋白间的高亲和力（$10^{-12} \sim 10^{-6}$）而进行亲和色谱分离是分离受体蛋白的重要方法。目前已经用亲和色谱分离方法纯化出了大量的受体蛋白，如乙酰胆碱、肾上腺素、生长激素、吗啡、胰岛素等多种激素的受体。

5. 凝集素和糖蛋白

用适当的糖蛋白或单糖、多糖作为配体可以分离各种凝集素，如麦胚凝集素可以特异地与 N-乙酰氨基葡萄糖或 N-乙酰神经氨酸结合，可以用于血型糖蛋白 A、红细胞膜凝集素受体等的分离，洗脱时只需用相应的单糖或类似物，就可以将待分离的糖蛋白洗脱下来。如洗脱伴刀豆球蛋白 A 吸附的蛋白可以用 α-D-吡喃甘露糖苷或 α 凝集素。α-D-吡喃甘露糖苷或 α 凝集素是一类具有多种特性的糖蛋白，几乎都是从植物中提取，它们能识别特殊的糖，因此可以用于分离多糖、各种糖蛋白、免疫球蛋白、血清蛋白甚至完整的细胞。用凝集素作为配体的亲和色谱是分离糖蛋白的主要方法。

6. 辅酶

核苷酸及其许多衍生物、各种维生素等是多种酶的辅酶或辅助因子，利用它们与对应酶的亲和力可以对多种酶类进行分离纯化，如固定的各种腺嘌呤核苷酸辅酶，包括 AMP、cAMP、ADP、ATP、CoA、NAD^+、$NADP^+$ 等应用很广泛，可以用于分离各种激酶和脱氢酶。

7. 多核苷酸和核酸

利用 poly-U 作为配体可以用于分离 mRNA 以及各种 poly-U 结合蛋白，poly-A 可以用于分离各种 RNA、RNA 聚合酶以及其他 poly-A 结合蛋白。以 DNA 作为配体可以用于分离各种 DNA 结合蛋白、DNA 聚合酶、RNA 聚合酶、核酸外切酶等多种酶类。

8. 氨基酸

固定化氨基酸是多用途的介质，通过氨基酸与其互补蛋白间的亲和力，或者通过氨基酸的疏

水性等性质，可以用于多种蛋白质、酶的分离纯化，如 L-精氨酸可以用于分离羧肽酶，L-赖氨酸则广泛地应用于分离各种 rRNA。

9. 染料配体

结合在蓝色葡聚糖中的蓝色染料 Cibacron Blue F3GA 是一种多芳香环的磺化物。由于它具有与 NAD^+ 相似的空间结构，所以它与各种激酶、脱氢酶、血清蛋白、DNA 聚合酶等具有亲和力，可以用于亲和色谱分离，另外较常用的还有 Procion Red HE3B 等。染料作为配体吸附容量高，可以多次重复使用，但它有一定的阳离子交换作用，使用时应适当提高缓冲液离子强度来减少非特异性吸附。

10. 分离病毒、细胞

利用配体与病毒、细胞表面受体的相互作用，亲和色谱也可以用于病毒和细胞的分离。利用凝集素、抗原、抗体等作为配体都可以用于细胞的分离，如各种凝集素可以用于分离红细胞以及各种淋巴细胞，胰岛素可以用于分离脂肪细胞等。由于细胞体积大、非特异性吸附强，所以亲和色谱时要注意选择合适的基质。目前已有特别的基质如 Pharmacia 公司生产的 Sepharose 6MB，颗粒大、非特异性吸附小，适合用于细胞亲和色谱。

11. 金属螯合色谱

金属螯合色谱以及后面介绍的共价色谱、疏水色谱是一些特殊的亲和色谱技术。金属螯合色谱通常使用亚氨二乙酸（IDA）等螯合剂，它能与 Cu^{2+}、Zn^{2+}、Fe^{2+} 等作用，生成带有多个配位基的金属螯合物，可以用于生物分子尤其是对重金属有较强亲和力的蛋白质的分离纯化。例如 Cu^{2+}-IDA 配体可以用于分离带精氨酸的蛋白质。

12. 共价色谱

共价色谱与常规的亲和色谱方法不同之处在于它是利用亲和吸附剂与待分离的蛋白质的共价结合而将其吸附，而后用适当的处理方法将共价键打开而将蛋白质释放出来，如活化的巯基-Sepharose、巯丙基-Sepharose 等活化基质可以直接与含巯基的蛋白质通过二硫键共价结合而将其吸附在基质上，通过适当的洗脱液如半胱氨酸、巯基乙醇等还原二硫键即可将蛋白质洗脱下来。共价色谱结合和洗脱条件一般都很温和，可以多次重复使用。

13. 疏水色谱

疏水色谱是指利用固定的疏水配体和蛋白质疏水表面区域之间的相互作用而进行分离的，如用各种烷胺作为配体与基质结合，用于分离糖原磷酸化酶 b 等。

知识拓展

一、气相色谱

气相色谱（gas chromatography，GC）于 1952 年出现，经过 60 多年的发展已成为重要的近代分析手段之一，由于它具有分离效能高、分析速度快、定量结果准、易于自动化等特点；且当其与质谱、计算机结合进行气质联用分析时，又能对复杂的多组分混合物进行定性和定量分析。

GC 是以惰性气体作为流动相，利用试样中各组分在色谱柱中的气相和固定间的分配系数不同，当汽化后的试样被载气带入色谱柱中运行时，组分就在其中的两相间进行反复多次（$10^3 \sim 10^6$）的分配（吸附-脱附-放出），由于固定相对各种组分的吸附能力不同（即保存作用不同），因此各组分在色谱柱中的运行速度就不同，经过一定的柱长后，便彼此分离，顺序离开色谱柱进入检测器，产生的离子流信号经放大后，在记录器上描绘出各组分的色谱峰。

气相色谱由载气系统、进样系统、色谱柱、控温系统和检测系统组成，如图5-12所示。现代的气相色谱使用长达50m的毛细管色谱柱（内径为0.1～0.5mm）。固定相通常为一种交联的硅多体，附着在毛细管内壁成一层膜，在正常操作温度下，其性质类似于液体膜，但要结实得多。流动相（载气）通常为氮气或氢气，依据不同组分在流动相与固定相之间的分配能力不同达到选择性分离的目的。大多数生物大分子的分离受柱温的影响，柱温有时在分析过程中

图5-12　气相色谱系统

维持恒定，更常见的为设定一个增温的程序（如以每分钟10℃的速度从50℃升高到250℃）。样品通过一个包含了气紧阀门的注射孔注入柱顶部，柱中的产物可用下列方法检测出。

(1) 火焰离子检测法　流出气体通过一种可使任何有机复合物离子化的火焰，然后被一个固定在火焰顶部附近的电极所检测。

(2) 电子捕获法　使用一种发射β-射线的放射性同位素作为离子化的方式。这种方法可以检测极微量（pmol）的亲电复合物。

(3) 分光光度计法　包括质谱分析法（GC-MS）和远红外光谱分析法（GC-IR）。

(4) 电导法　流出气体中的组成成分的改变会引起铂电缆电阻的变化。

二、高效液相色谱

高效液相色谱（HPLC）是一种多用途的色谱方法，可以使用多种固定相和流动相，并可以根据特定类型分子的大小、极性、可溶性或吸收特性的不同将其分离开来。高效液相色谱仪一般由溶剂槽、高压泵（有一元、二元、四元等多种类型）、色谱柱、进样器（手动或自动）、检测器（常见的有紫外检测器、折光检测器、荧光检测器等）、数据处理机或色谱工作站等组成。

其核心部件是耐高压的色谱柱。HPLC柱通常由不锈钢制成，并且所有的组成元件、阀门等都是用可耐高压的材料制成。溶剂运送系统的选择取决于：①等度（无梯度）分离；在整个分析过程中只使用一种溶剂（或混合溶剂）；②梯度洗脱分离；使用一种微处理机控制的梯度程序来改变流动相的组分，该程序可通过混合适量的两种不同物质来产生所需要的梯度。

由于HPLC的高速、灵敏和多用途等优点，它成为许多生物小分子分离所选择的方法，常用的是反相分配色谱法。大分子物质（尤其是蛋白质和核酸）的分离通常需要一种"生物适合性"的系统如Pharmacia FPLC系统。在这类色谱中用钛、玻璃或氟化塑料代替不锈钢组件，并且使用较低的压力以避免其生物活性的丧失。这类分离用离子交换色谱、凝胶渗透色谱或疏水色谱等方法来完成。

实例训练

实训 13　亲和色谱纯化胰蛋白酶

【任务描述】

亲和色谱主要是根据生物分子与其特定的固相化的配基或配体之间具有一定的亲和力而使生物分子得以分离。鸡卵黏蛋白是专一性较高的胰蛋白酶抑制剂，对牛和猪的胰蛋白酶有相当强的抑制作用，在 pH 7.0～8.0 的缓冲溶液中卵黏蛋白与胰蛋白酶牢固地结合，而在 pH 2.0～3.0 时，又能被解离下来。因此，采用鸡卵黏蛋白作成的亲和吸附剂可以从胰脏粗提液中通过一次亲和色谱直接获得比活力高达 8000～10000BAEE 单位/毫克的蛋白胰蛋白酶制品，比用经典分离纯化方法简便得多，纯化效率可达到 10～20 倍以上。

本实训任务为纯化胰蛋白酶，采用胰蛋白酶的天然抑制剂——鸡卵黏蛋白作为配基制成亲和吸附剂，从胰脏粗提取液中纯化胰蛋白酶，并采用 N-苯甲酰-L-精氨酸乙酯（简称 BAEE）为底物测定胰蛋白酶的活性。

【任务实施】

一、准备工作

1. 建立工作小组，制订工作计划，确定具体任务，任务分工到个人，并记录到工作表。

2. 收集亲和色谱纯化胰蛋白酶工作中的必需信息，掌握相关知识及操作要点，与教师共同确定出一种最佳的工作方案。

3. 完成任务单中实际操作前的各项准备工作。

(1) 材料准备　鸡蛋清，新鲜猪胰脏。

(2) 试剂　丙酮、三氯乙酸、HCl、NaOH、NaCl、$NaHCO_3$、Na_2CO_3、氯代环氧丙烷、乙腈、甲酸、Tris、$CaCl_2$、KCl、DEAE-纤维素、Sepharose 4B、乙酸二氧六环二甲基亚砜。

主要储存溶液：

① 鸡卵黏蛋白色谱液（1L）。0.02mol/L pH7.3 Tris-HCl 缓冲液。

② DEAE-纤维素处理液。0.5mol/L HCl 300mL 和 0.5mol/L NaOH、0.5mol/L NaCl 各 300mL。

③ 鸡卵黏蛋白洗脱液。0.02mol/L pH7.3 Tris-HCl 缓冲液含 0.3mol/L NaCl，150mL。

④ 标准胰蛋白酶溶液。结晶胰蛋白酶以 0.001mol/L HCl 配制成 1mg/mL。

⑤ 亲和色谱柱平衡液。含 0.5mol/L KCl、0.05mol/L $CaCl_2$ 的 0.1mol/L pH8.0 Tris-HCl 缓冲液，500mL（配 1000mL：12.1g Tris，37.5g KCl，5.6g $CaCl_2$）。

⑥ 0.05mol/L pH8.0 Tris-HCl 缓冲液含 0.2%$CaCl_2$（配 1000mL：6.05g Tris 水溶后，先用 4mol/L HCl 调 pH 至 8.0，然后方可加 2g $CaCl_2$）。

⑦ 亲和柱解吸液。0.1mol/L 甲酸-0.5mol/L KCl pH2.5，500mL。（配 1000mL：37.5g KCl，4.35mL 甲酸）。

⑧ Sepharose 4B 胶清洗液。0.5mol/L NaCl 和 0.1mol/L Na_2CO_3-$NaHCO_3$ 缓冲液，pH9.5，各 500mL。

⑨ BAEE 底物缓冲液。34mg BAEE 溶于 50mL 0.05mol/L pH8.0 Tris-HCl 缓冲液中，临用前配制，冰箱内可保存 3 天。

(3) 仪器　恒温水浴、温度计、G2 玻璃漏斗、抽滤瓶、布氏漏斗、离心杯（50mL）、透析袋、色谱柱（2cm×30cm，26cm×30cm）、秒表、移液管、储液瓶（1 L）、电磁搅拌器、pH 计、紫外分光光度计、纱布、匀浆器、pH 试纸、锥形瓶、恒温摇床。

二、操作过程

操作流程如图 5-13 所示。

1. 鸡卵黏蛋白的分离及纯化

(1) 鸡卵黏蛋白的分离及粗品制备　取鸡蛋蛋清约 50mL，温热至 25℃，加入等体积 10% pH1.0 的三氯乙酸溶液，调 pH3.5，25℃ 放置 4h，4000～6000r/min 离心 20min，收集上清液，过滤。将清液放冰浴冷却至 0℃，缓缓加入 3 倍体积预先冷却的丙酮，用玻璃棒搅拌均匀并用塑料薄膜盖好，放冰箱或冰浴中 3～4h 后，离心（3000r/min，15～20min）收集沉淀（清液留待回收丙酮）。将沉淀抽真空去净丙酮，得到粗的鸡卵黏蛋白。将其用 20mL 左右蒸

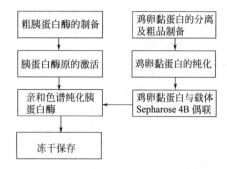

图 5-13　亲和色谱纯化胰蛋白酶操作流程

馏水溶解，取上清液装入透析袋，并用蒸馏水透析去除三氯乙酸。

(2) 鸡卵黏蛋白的纯化　将粗的鸡卵黏蛋白制品加入等体积的 0.02mol/L pH7.3 Tris-HCl 缓冲液后上 DEAE-纤维素柱吸附，用含 0.3mol/L NaCl 的上述 Tris-HCl 缓冲液洗脱。收集具有胰蛋白酶抑制活性的蛋白峰，透析，调溶液 pH4.0，加入 3 倍体积冷的丙酮沉淀，放冰箱或冰浴 3～4h，离心（3000r/min，15～20min）收集沉淀，真空下抽去丙酮即得鸡卵黏蛋白干粉。

(3) 鸡卵黏蛋白与活化的载体 Sepharose 4B 偶联　将已活化好的 Sepharose 4B 转移到锥形瓶中。用 10mL 0.1mol/L Na_2CO_3—$NaHCO_3$、pH9.5 的缓冲液将上述制备好的鸡卵黏蛋白溶解（或 0.1mol/L NaOH 10mL 溶解）后全部转移到锥形瓶中与活化好的 Sepharose 4B 偶联，在 40℃ 恒温摇床振荡 24h 左右。将凝胶倒入 G2 玻璃漏斗中抽干并用 100mL 0.5mol/L NaCl 溶液洗去未偶联上的蛋白，再用 100mL 蒸馏水淋洗，接着用亲和柱解吸液（0.1mol/L 甲酸-0.5mol/L KCl pH 2.5）50mL 洗一次，最后用蒸馏水洗至中性，浸泡于亲和色谱柱平衡液（含 0.05mol/L $CaCl_2$ 0.5mol/L KCl 的 0.1mol/L pH8.0 Tris-HCl 缓冲液）中，放冰箱待用。

2. 亲和色谱分离纯化胰蛋白酶

(1) 粗胰蛋白酶的制备　取 100g 新鲜冰冻猪胰脏，剥去脂肪及结缔组织后在匀浆器中搅碎，加入约 200mL 预冷的乙酸酸化水（pH4.0），10℃ 条件下，搅拌提取 4～5h，纱布挤滤，收集合并两次滤液，用 2.5mol/L H_2SO_4 调 pH2.5，放置 1～2h，最后用滤纸过滤，收集滤液待激活。

(2) 胰蛋白酶原的激活　将滤液用 5mol/L NaOH 调 pH8.0，加固体 $CaCl_2$，使溶液中 Ca^{2+} 的终浓度达 0.1mol/L。然后加入 2～5mg 结晶胰蛋白酶进行激活，于 5℃ 冰箱放置18～20h 进行激活。激活后用 2.5mol/L H_2SO_4 调 pH2.5～3.0，滤去 Ca_2SO_4 沉淀物，滤液放冰箱内备用。

(3) 亲和色谱纯化胰蛋白酶

① 装柱　取一支色谱柱，先装入 1/4 体积的亲和柱平衡液（0.1mol/L pH 8.0 Tris-HCl 溶液）。然后将亲和吸附剂轻轻搅匀，缓缓加入柱内，待其自然沉降，调好流速 3mL/10min 左右，用亲和柱平衡液平衡，检测流出液 $A_{280}<0.02$。

② 上样　将胰蛋白酶粗提液用 5mol/L NaOH 调 pH8.0，（若有沉淀，过滤去除），取一定体积上述澄清溶液上柱吸附，吸附完毕，先用平衡液洗涤，至流出液 $A_{280}<0.02$，换洗脱液洗脱。

③ 洗脱及收集胰蛋白酶　用 0.1mol/L 甲酸-0.5mol/L KCl pH2.5 洗脱液进行洗脱。洗脱速度约 2～4mL/10min，然后收集蛋白峰并测定收集液的蛋白含量、酶的比活力及总活力。亲和色谱柱用平衡缓冲液平衡后可再次做亲和色谱分离，若柱内加入防腐剂 0.01%叠氮化钠在冰箱中保存，至少一年内活性不丧失。

(4) 胰蛋白酶制成固体　将亲和色谱分离获得的胰蛋白酶溶液放入透析袋内，在 4℃ 对蒸馏水透析，然后冷冻干燥成干粉。

三、结束工作

1. 填好所有操作记录单、任务单、各种评价表。
2. 检查设备仪表是否洁净完好。
3. 检查工作场地及环境卫生。
4. 进行任务总结。

【工作反思】

1. 亲和色谱分离有何特点和主要用途？
2. 鸡卵黏蛋白在纯化胰蛋白酶中有何作用？
3. 做好本实训的关键事项主要有哪些？

技能拓展   **纸色谱**

纸色谱通常多以水为固定相，滤纸为载体。点样后，先饱和，再浸入适当的展开剂中进行展开。

1. 滤纸的选择

常用专用滤纸，纯净无杂质，有一定强度；同时还须质地均匀、平整无折痕，根据样品及展开剂的要求来选择下列各型滤纸。

① 快速滤纸结构疏松，宜用来分离 R_f 值相差较大的成分。

② 慢速滤纸结构致密，宜用来分离 R_f 值相差较小的成分。

③ 中速滤纸比较常用。

滤纸可用二甲基甲酰胺、丙二醇代替水做固定相，以分离亲脂性较强的成分，或者选择不同 pH 的缓冲液处理，以分离一些酸性、碱性成分。

2. 展开剂的选择

用的展开剂是与水能部分相溶的有机溶剂，如用水饱和的正丁醇、正戊醇、酯等，有时也向其中加入有机酸、有机碱或一定比例的甲醇、乙醇等，以增大 R_f 值。如欲分离极性较大的成分，可在展开剂中加入适量的水、乙醇等。

3. 纸色谱的理想结果

斑点圆正、集中；被分离成分的 R_f 值在 $0.05 \sim 0.85$ 之间；分离后各成分间的距离以 R_f 值计算，最好大于 0.05。

4. 纸色谱分离的操作步骤

(1) 点样 将样品溶解于溶解度大且易挥发的有机溶剂，以毛细管或专业点样器吸入样品溶液进行点样，注意常规距离为板端留 2cm、样点之间留 2cm。

(2) 展开 色谱所用容器与薄层色谱基本相同，专用纸谱筒或大试管也较为常用。

纸色谱的展开方式除了薄层色谱中的所有方式外，还可采用径向展开，展开结束（溶剂前沿至全纸长 3/4 处）后，取出滤纸，用铅笔画出溶剂前沿位置（防止干燥后溶剂前沿消失）。

(3) 显色 干燥后的滤纸，采用先看（日光下看）、再照（紫外灯下照）、再喷（需要时喷上显色剂）的步骤进行显色。

任务十四 电泳法纯化药物

电泳技术除了用于小分子物质的分离分析外，最主要用于蛋白质、核酸、酶，甚至病毒与细胞的研究。随着电泳技术的逐步发展，种类不断增加，现在它已广泛地应用于分析化学、生物化学、临床化学、毒剂学、药理学、免疫学、微生物学、食品化学等各个领域，在生物技术研究和生物技术产品的检测、鉴定、分析、分离上的应用受到高度重视，在实验室内进行小规模的分离纯化及鉴定检测已经相当普遍，但其大规模分离纯化药物有待进一步发展。

本任务根据药物电泳分离的应用，对电泳分类、常用方法、设备以及操作规程进行介绍，以蛋白质醋酸纤维素薄膜电泳为例，进行电泳技术的学习，以掌握药物的电泳高度纯化技能。

知识目标

- 了解电泳分析的常用方法；
- 熟悉电泳的基本原理和醋酸纤维素薄膜电泳的操作要点。

技能目标

- 能够独立完成醋酸纤维素薄膜电泳的具体操作；
- 能够熟知电泳的注意事项。

必备知识

在电场中，带电颗粒向阴极或阳极迁移，迁移的方向取决于它们所带电荷的种类，这种迁移现象即谓电泳。电泳技术具有设备简单、操作容易、快速、准确、易重复等特点，既能用作物质的定性分析及定量分析，也能作为一种制备技术。电泳与色谱和超离心一起，被称为三大分离分析技术，常用于药物的高度分离纯化。

电泳的种类很多，其分类和命名还没有统一，有的是根据分离原理命名，如等电聚焦、免疫电泳等；有的是根据凝胶介质命名，如聚丙烯酰胺凝胶电泳、琼脂糖电泳、淀粉凝胶电泳等。目前经常使用的电泳包括天然聚丙烯酰胺凝胶电泳（包括十二烷基硫酸钠-聚丙烯酰胺凝胶电泳）、等电聚焦（包括载体两性电解质等电聚焦及固相 pH 梯度等电聚焦）、双向电泳、免疫电泳、蛋白质印迹和毛细管电泳等。

一、电泳的凝胶介质

最早的电泳是在自由溶液中进行的，但随后发现使用抗流动的支持介质能防止电泳过程中的对流和扩散，使被分离组分得到最大分辨率的分离，于是许多持水性支持物被采用，特别是有些介质还具有分子筛作用，从而能帮助分离。当然，分子筛效果依赖于蛋白质的大小和支持物的孔径。

电泳中使用的支持介质主要分为无阻滞支持物和高密度凝胶两类。无阻滞支持物包括滤纸、醋酸纤维素薄膜、纤维素、硅胶等化学惰性的物质，这些物质能将对流减到最小，无阻滞支持物对蛋白质的分离是仅取决于蛋白质的电荷密度，目前无阻滞支持物使用越来越少，仅用于临床检验和医学分析。高密度凝胶包括淀粉凝胶（由于质量不稳定且分离效果不好，已很少使用）、聚丙烯酰胺凝胶和琼脂糖凝胶。这些物质不仅能防止对流，减少样品扩散，还可以起到分子筛的作用，其对蛋白质的分离取决于大分子的电荷密度，还取决于分子尺寸和形状。

聚丙烯酰胺凝胶和琼脂糖凝胶是蛋白质电泳中较为优质的介质，在通常使用的浓度下，聚丙烯酰胺凝胶的孔径大小与蛋白质分子属于同一数量级，因此被认为是非分子筛凝胶。

1. 聚丙烯酰胺凝胶

聚丙烯酰胺凝胶（PAGE）是由单体丙烯酰胺（Acr）和交联剂 N, N'-亚甲基双丙烯酰胺

(Bis) 在增速剂和催化剂的作用下聚合而成的三维网状结构的凝胶，其凝胶孔径可以调节。它是目前最常用的电泳支持介质，不仅可用于天然 PAGE（聚丙烯酰胺凝胶电泳），还可用于 SDS-PAGE 和等电聚焦等。聚丙烯酰胺凝胶可通过化学聚合和光化学聚合反应而形成凝胶。化学聚合一般用过硫酸铵（AP）作催化剂，N,N,N',N'-四甲基乙二胺（TEMED）作增速剂。碱性条件下 TEMED 催化 AP 生成硫酸自由基，接着硫酸自由基的氧原子激活 Acr 单体，并形成单体长链，Bis 将单体长链连成网状结构，均有神经毒性。而酸性条件下由于缺少 TEMED 的游离碱，难以聚合，这时可用 $AgNO_3$ 作增速剂，低温、氧分子及杂质会阻碍凝胶的聚合，此法制备的胶孔径小且重复性好。光化学聚合一般用核黄素作催化剂、TEMED 作增速剂，在光照及少量氧的条件下，核黄素被氧化成有自由基的核黄素环而引发聚合，此法制备的胶孔径较大且不稳定，但用此法进行酸性凝胶的聚合效果比较好。

应注意，制备聚丙烯酰胺凝胶所用的试剂应均为分析纯，试剂不纯将会干扰凝胶的聚合，配试剂应使用双蒸水，储液应避光保存，新鲜配制；Acr 和 Bis 都是神经毒素，务必小心。

聚丙烯酰胺凝胶是多孔介质，其孔径大小、机械性能、弹性、透明度、黏着度及聚合程度取决于 T 和 C，$T = Acr\% + Bis\%$，为 Acr 和 Bis 的总浓度；$C = Bis \times 100\% / (Acr + Bis)$，为交联浓度。有效孔径随着 T 的增加而减少，T 恒定，C 为 $4\% \sim 5\%$ 时，孔最小，高于或低于此值则孔径变大，一般不使用 $C > 5\%$ 的凝胶。由于聚丙烯酰胺凝胶的孔径大小与蛋白质分子有相似的数量级，具有分子筛效应，因此能主动参与蛋白质的分离。利用孔径不同的凝胶能分离大小不同的蛋白质分子。

聚丙烯酰胺的浓度可以在宽广的范围内变化，但是低于 4% 以及高于 $30\% \sim 40\%$ 无实际价值。在利用分子筛效果的 PAGE 中通常采用的 T 值是 $10\% \sim 20\%$，C 值一般是 $3\% \sim 5\%$。当不需利用分子筛效果时，典型的凝胶成分应是 T 为 5%、C 为 3%。

聚丙烯酰胺凝胶有很多优点。在一定浓度时，凝胶透明，有弹性；其化学性能稳定，与被分离物不起化学反应；对 pH 和温度变化不敏感；电渗很小，分离重复性好；样品在其中不易扩散，且用量少；凝胶孔径可调节；分辨率高。聚丙烯酰胺凝胶可作为常规 PAGE 电泳、SDS-PAGE 电泳、等电聚焦、双向电泳及蛋白质印迹等的电泳介质，这些电泳主要用于蛋白质、酶等生物大分子的分离分析、定性定量及少量制备，并可用于测定蛋白质的分子量和等电点、研究蛋白质的构象变化等。

2. 琼脂糖凝胶

天然琼脂由琼脂糖和琼脂胶组成，它们都是由半乳糖和 3,6-脱水半乳糖交替组成的多糖，在其碳骨架上连接有不同含量的羧基和硫酸基。对蛋白质而言，琼脂糖是一种非分子筛凝胶，用其进行蛋白质分离时更易受到扩散的干扰，因此其分离效果一般不如聚丙烯酰胺凝胶，除非再结合其他的分离参数，如免疫电泳和亲和电泳。唯一一个使用琼脂糖具有优势的高分辨率电泳技术是等电聚焦，但只有非常纯的含有极少量带电基团的琼脂糖才合适，如 Pharmacia Biotech 公司的 Agarose IEF（商品名），那些少量的无法去除的负电可以通过引入完全等量的正电基团来平衡。

琼脂糖凝胶主要特征包括孔径较大（因此可用于免疫固定、免疫电泳以及分离分子量比较大的物质，如 DNA），容易制胶，机械强度较高，琼脂糖无毒，易于染色、脱色及储存电泳结果，但是琼脂糖凝胶具有不同程度的电内渗，凝胶容易脱水收缩。

使用时，常用 1% 琼脂糖作为电泳支持物，胶凝温度一般在 $34 \sim 43\,^\circ\!C$，融化温度在 $75 \sim 90\,^\circ\!C$。琼脂糖凝胶主要用于 DNA 分离、免疫电泳、亲和电泳、等电聚焦及蛋白质印迹等。除了聚丙烯酰胺和琼脂糖凝胶外，琼脂糖-聚丙烯酰胺混合凝胶（如琼脂糖的烯丙基缩水甘油衍生物）结合了聚丙烯酰胺凝胶的高分辨率和琼脂糖凝胶的大孔径，因此可有效地分离大分子。另外电泳海绵也是很有前途的新型电泳介质。

二、电泳分离的检测方法

电泳最常分离纯化的物质为蛋白质，当蛋白质被电泳分离后，其蛋白区带会保持在胶内，这时可以通过染色法来检测样品的分离情况，常用的全蛋白质染色方法是考马斯亮蓝法和银染法。考马斯亮蓝 R250、G250 的染色灵敏度高，染料结合到蛋白质的碱性基团上，适用于对蛋白质和肽进行染色。银染法的灵敏度比考马斯亮蓝 R250 高 100 倍。酸性的氨基黑 10B 染料也常用于蛋白质染色，但对 SDS 蛋白质染色效果不好。另外还有许多荧光染料，如丹磺酰氯、荧光胺等以及更特异的染色方法。

考马斯亮蓝 R250 使用最多，染色后可对电泳凝胶上的蛋白质进行定量测定。通常先用三氯乙酸或乙酸/乙醇等试剂固定凝胶上的蛋白质，然后将凝胶浸泡于染色液（溶于稀释的乙酸/乙醇混合液）中染色，最后将凝胶浸于乙酸/乙醇脱色液中脱色，以去除多余的染料，直至背景清晰。

银染法更灵敏。最初的银染法非常烦冗、昂贵，现代的银染法更快更方便，目前有几家电泳试剂商提供即用型银染试剂盒，使得银染过程大大简便。

将特殊检测方法与一般的蛋白质染色法相结合，还可得到其他方面的信息。这些方法包括针对脂类、碳水化合物和特定蛋白质进行染色。具有抗原结合活性的蛋白质经常用蛋白质印迹法检测，即先将分离好的蛋白质转移到印迹膜上，然后将膜暴露于合适的标记抗血清中进行显色，这时如果同时采用全蛋白染色法（如考马斯亮蓝法），目标成分就能在全蛋白图谱中准确定位。染色后，考马斯亮蓝凝胶可以湿保存或干保存。湿胶应浸泡于 10％乙酸溶液中密闭保存，干胶可直接保存（干胶是将湿的平板胶用特殊的凝胶干燥器干燥后制得的，或在空气中自然干燥而得，自然干燥时为防止凝胶干裂，在最后一次洗胶溶液中应含有 10％甘油）。

三、电泳系统的构成

电泳系统一般由电泳槽、电源盒和冷却装置等组成，其规格种类很多。

1. 电泳仪

电泳仪及其附属装置已成了生物学实验室内的常规仪器。普通的电泳仪多为小型仪器，但种类很多，如凝胶电泳仪、等电聚焦电泳仪、制备型电泳仪等，目前在生化及分子生物学技术中最常用的是凝胶电泳技术。凝胶电泳仪主要是由电泳槽、电源盒、冷却装置三大部分组成。常根据电泳仪使用的电压值分为常压电泳仪（600V）、高压电泳仪（3000V）和超高压电泳仪（3000～50000V）；按照电泳槽的形式可分为垂直电泳仪和水平电泳仪；按功能可分为制备型、分析型、转移型或浓缩型电泳仪等多种。近年来更是出现了全自动长水平板电泳仪等装置。此外，除了电泳仪的三个基本组成部分外，实际上还常有由厂家配置或自购的各种灌胶模具、外循环恒温装置、染色器等，以及完成电泳的凝胶处理设备如电泳洗脱回收装置、凝胶干燥装置和凝胶扫描摄录装置等，因此常将电泳仪及其相关装置统称为电泳系统。

（1）凝胶电泳仪　根据支持物的安放方式，凝胶电泳仪可分为垂直电泳仪和水平电泳仪。

① 垂直电泳仪。垂直电泳仪通常指垂直平板电泳仪，如图 5-14 所示。它采用两片垂直放置的平行玻璃板以夹住凝胶，设置有上、下缓冲溶液槽各一个，其中下槽还设有冷却系统以保证电泳中的凝胶维持在一定温度范围内。电泳槽设有铂金丝做成的电极，通过接头与电源连接。凝胶板有开放式和夹芯式两种方式。前者将玻璃板暴露于空气中散热，后者则通过弯曲的玻璃管与循环水浴相连成为热交换系统，可有效地降低电泳过程中凝胶产生的热量。垂直平板电泳仪由于凝胶板面积大，可在同一块凝胶板上点上多个样品并比较电泳结果，因此结果比较准确、可靠。同时板状凝胶也易于做干燥处理和保存或供其他后期处理等。

市场上有各种可以放置不同凝胶数目、凝胶面积和厚度的电泳槽供选择。通常分为微型、中型和大型三类。随着蛋白质组学研究的需要，垂直电泳仪又发展到了一个新的高度。

各公司都开发了可以同时进行 6～12 块凝胶电泳的大型垂直电泳系统，如通用医疗集团 A-mer-sham 公司有一次可电泳 6 块凝胶的 Ettan DALT six 大型垂直电泳系统和一次可电泳 12 块凝胶的 Ettan DALT twelve 大型垂直电泳系统（凝胶尺寸均为 26cm×20cm）。还有一种管状（通常

图 5-14   垂直电泳仪

电泳管直径 3~8cm，长度 9~23cm）凝胶电泳，实际上也是一种垂直电泳，其工作原理与垂直电泳完全相同。管状电泳又称圆盘电泳，因分离后的条带形似圆盘而得名。圆盘电泳仪设有上、下电泳槽各一个，并有铂金电极。上电泳槽内若干孔洞，供穿插电泳管之用。根据使用的电泳管数目，可将多余的孔洞用橡胶塞堵塞起来。在下电泳槽中常有冷却装置以保证电泳中的凝胶维持在一定的温度范围内。

② 水平电泳仪。水平电泳仪如图 5-15 所示，包括水平放置的电泳槽、凝胶板（冷却板）和电极等。电泳槽包括两侧的缓冲溶液槽，常以间接方式（如滤纸桥、凝胶条或滤纸条等）与凝胶板连接，即半干技术，操作比较方便。为了进行高压电泳，水平电泳仪中的冷却非常重要，凝胶在冷却板上得到冷却的方法包括将冷却板做成中空使之与外部水浴连接进行热循环交换以及使用半导体冷却系统来冷却两种。

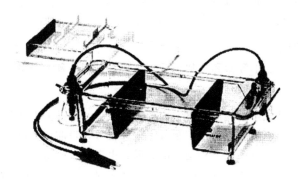

图 5-15   水平电泳仪

为了适应灌制凝胶长度的变化，将水平电泳槽上的铂金电极设计成可移动调节型的，因而操作更加便利。水平电泳仪由于可以直接冷却凝胶，具有分辨率高、速度快（通常 1h 左右，而垂直板电泳一般需 4~8h）、操作简便（如可任选加样数、加样位置、凝胶厚度和长度，易于使用半干技术等）、样品易于保存等优点，应是今后多功能化、自动化的发展方向。

（2）等电聚焦电泳仪   利用各种蛋白质等电点的不同，以聚丙烯酰胺为电泳支持物，在两性电解质载体的存在下，蛋白质在电场作用下，在 pH 梯度凝胶中泳动至 pI＝pH 处并浓缩成狭窄区带的电泳分离方法称为聚丙烯酰胺等电聚焦电泳（IEF-PAGE）。本法可用于蛋白质的纯化和制备。图 5-16 为 Amersham 公司所生产的制备型等电聚焦电泳系统，其特点是采用固相 pH 梯度，将形成梯度 pH 的物质和凝胶介质一起聚合，使其与胶组成共价键，这样不需要预电泳，pH 梯度已在胶里形成。

（3）制备电泳仪   目前国外市场上制备电泳的形式根据分离原理可以分为两种。第一种称为连续洗脱凝胶电泳。它是利用常规聚丙烯酰胺凝胶电泳、SDS-PAGE 电泳或琼脂糖电泳来进行分离。如 BioRad 公司 Model 491 Prep Cdl 和 Mini Prep Cdl 电泳仪。

第二种制备电泳是利用载体两性电解质等电聚焦来进行分离纯化。它的分辨率比第一种方式要高，并且蛋白质不变性。最早的仪器是在 20 世纪 70 年代中期，原瑞典 LKB 公司的柱状等电聚焦制备电泳仪。使用蔗糖密度梯度作为支持介质，用载体两性电解质形成 pH 梯度，但操作冗

图 5-16　等电聚焦电泳系统

长、烦琐，现已被淘汰。代替它的是多用电泳仪的制备，使用水平平板等电聚焦制备，操作大大简化。

2. 电泳仪的相关装置

（1）灌胶模具　制作凝胶柱或凝胶板时需要用到各种灌注模具，应根据不同的电泳方法和需要进行合理选择。例如，垂直电泳用的凝胶通常采用两片透明玻璃来灌注，平板间夹上厚度合适的隔条，灌胶后再以梳子插入胶液顶部以形成凹槽方便上样。制作水平胶时也采用垂直灌制，如要灌注梯度胶，则应使用梯度混合器。

（2）电源　电源是电泳仪不可缺少的附属装置。不同的电泳方法需要选择不同的电压、电流和功率。例如 SDS-PAGE 电泳常采用 $200 \sim 600V$ 电压，两性电解质载体等电聚焦电泳通常用 $1000 \sim 2000V$ 电压，而固相 pH 梯度等电聚焦电泳用 $3000 \sim 8000V$ 电压，作电泳转移时通常要求低电压和高电流。电源的式样依厂家而不同，其基本要求是恒压、恒流和恒功率，在三者之中的某一参数达到恒定值时，可调整其他两项。目前多数电源采用数字显示，可自动控制，操作方便。

（3）恒温装置　恒温装置是维持电泳在正常温度下工作的设备。较大电场强度有利于提高电泳的分辨率，但同时也会产生大量的热能，严重时会导致烧胶。电泳中温度变化也会使电泳变形，所以维持电泳中凝胶的温度是很有必要的，这通常通过在凝胶板下配置半导体冷却装置或是将冷却板连接外循环恒温系统来实现，这类循环恒温系统也称恒温水浴。

（4）干胶器　干胶器是将凝胶干燥以利后期处理的设备。电泳后的凝胶可以通过干燥处理成透明状的干胶或干压在滤纸上，以便保存或做后期研究。但一般厚度在 1mm 以下的薄胶或超薄胶，可不经干燥器处理而直接扫描、摄像成图像文档保存。

凝胶干燥仪主要有两种形式，一是采用热空气干燥，另一是采用真空干燥。凝胶可被干燥成透明状，也可以干压在滤纸上。

（5）凝胶扫描和摄录装置　凝胶扫描和摄录装置是对电泳后的凝胶进行数字化处理的专用设备。通常是将凝胶放在配有紫外光源的暗箱内，以紫外光扫描不经染色的凝胶，这类读胶器特点是功能比较单一、结构简单且价格便宜。如果凝胶经过染色则可用碘钨灯等可见光源来扫描，采用激光扫描则可大大提高灵敏度和分辨率。现在大多数分子生物学实验室内通常配有结合计算机数据处理与扫描摄录装置于一体的设备，可进行透射、反射、荧光或放射自显影测量分析。这类装置在电泳分辨率、灵敏度及准确度上得到了明显提高，尤其是利用专用软件可容易地进行背景扣除和面积、浓度积分等数据处理，实现了蛋白质或核酸的定性、定量测定，操作简单，价格低廉，正在迅速得到普及应用。

（6）电泳印迹装置　电泳印迹装置也称电泳转移仪，是利用低电压、大电流的直流电场将凝胶电泳后各泳道上的区带或斑点转移到特定的一类膜上的设备，其功能类似于将一次的电泳结果"拷贝"成若干备份，再根据研究目的进行后期的分析研究，如蛋白质、同工酶特性研究，放射自显影和免疫检测等。这类特定的膜常见的有硝酸纤维素膜、聚偏氟乙烯（PVDF）膜、重氮化纸和阳离子尼龙膜等。

(7) 电泳洗脱装置 通常以手工方式从凝胶板上洗脱蛋白质，不仅费时费力，且回收率低。电泳洗脱仪是利用生物大分子一般带有负电荷的特性，使其在向阳极移动的过程中利用透析膜进行样品的回收，或者是集电泳与洗脱功能于一体，电泳分离后即行回收，这实际上已经成为一种制备型的电泳仪。如 Bio-Rad 公司 491 型连续洗脱电泳仪，基于大分子的聚丙烯酰胺凝胶或琼脂糖凝胶中的相对迁移率分离蛋白质和 DNA 分子，也可纯化纳克到毫克级的目的分子。

四、电泳分析常用方法

1. 醋酸纤维素薄膜电泳

醋酸纤维素是纤维素的羟基乙酰化形成的纤维素乙酸酯，由该物质制成的薄膜称为醋酸纤维素薄膜。这种薄膜对蛋白质样品吸附性小，几乎能完全消除纸电泳中出现的"拖尾"现象，又因为膜的亲水性比较小，它所容纳的缓冲液也少，电泳时电流的大部分由样品传导，所以分离速度快，电泳时间短，样品用量少，蛋白质可得到满意的分离效果。因此特别适合于病理情况下微量异常蛋白的检测。

醋酸纤维素薄膜经过冰醋酸-乙醇溶液或其他透明液处理后可使膜透明化，有利于对电泳图谱的光吸收扫描测定和膜的长期保存。

2. 凝胶电泳

以淀粉胶、琼脂或琼脂糖凝胶、聚丙烯酰胺凝胶等作为支持介质的区带电泳法称为凝胶电泳。其中聚丙烯酰胺凝胶电泳普遍用于分离蛋白质及较小的核酸片段。琼脂糖凝胶孔径较大，对一般蛋白质不起分子筛作用，但适用于分离同工酶及其亚型、大的核酸分子等。例如，琼脂糖凝胶可适用于免疫复合物、核酸与核蛋白的分离、鉴定及纯化，在临床生化检验中常用于乳酸脱氢酶（LDH）、肌酸激酶等同工酶的检测。

3. 等电聚焦电泳

等电聚焦（IEF）是 20 世纪 60 年代中期问世的一种利用有 pH 梯度的介质分离等电点不同的蛋白质的电泳技术。由于其分辨率可达 0.01pH 单位，因此特别适合于分离分子量相近而等电点不同的蛋白质组分。

在等电聚焦电泳中，具有 pH 梯度的介质其分布是从阳极到阴极，pH 值逐渐增大。蛋白质分子具有两性解离及等电点的特征，这样在碱性区域蛋白质分子带负电荷向阳极移动，直至某一 pH 位点时失去电荷而停止移动，此处介质的 pH 恰好等于聚焦蛋白质分子的等电点（pI）。同理，位于酸性区域的蛋白质分子带正电荷向阴极移动，直到它们的等电点上聚焦为止。可见在该方法中，等电点是蛋白质组分的特性量度，将等电点不同的蛋白质混合物加入有 pH 梯度的凝胶介质中，在电场内经过一定时间后，各组分将分别聚焦在各自等电点相应的 pH 位置上，形成分离的蛋白质区带。

常用的 pH 梯度支持介质有聚丙烯酰胺凝胶、琼脂糖凝胶、葡聚糖凝胶等，其中聚丙烯酰胺凝胶最为常用。电泳后，不可用染色剂直接染色，因为常用的蛋白质染色剂也能和两性电解质结合，因此应先将凝胶浸泡在 5% 的三氯乙酸中去除两性电解质，然后再以适当的方法染色。

知识拓展　　　　　　　　双向电泳

　　双向电泳是一种分析从细胞、组织或其他生物样本中提取的蛋白质混合物的有力手段，是目前唯一能将数千种蛋白质同时分离与展示的分离技术，其高分辨率、高重复性和兼具微量制备的性能是其他分离方法所无与伦比的。双向电泳技术、计算机图像分析与大规模数据处理技术以及质谱技术被称为蛋白质组研究的三大基本支撑技术。

　　双向电泳是等电聚焦电泳和SDS-PAGE的组合，1975年O'Farrall等人根据不同组分之间的等电点差异和分子量差异建立了IEF/SDS-PAGE双向电泳。其中IEF电泳（管柱状）为第一向，SDS-PAGE为第二向（平板）。在进行第一向IEF电泳时，电泳体系中应加入高浓度尿素、适量非离子型去污剂NP-40。蛋白质样品中除含有这两种物质外还应有二硫苏糖醇以促使蛋白质变性和肽链舒展。IEF电泳结束后，将圆柱形凝胶在SDS-PAGE所应用的样品处理液（内含SDS-巯基乙醇）中振荡平衡，然后包埋在SDS-PAGE的凝胶板上端，即可进行第二向电泳。双向电泳的基本原理为先将蛋白质根据其等电点在pH梯度胶内（载体两性电解质pH梯度或固相pH梯度）进行等电聚焦，即按照它们等电点的不同进行分离，然后按照它们的分子量大小进行SDS-PAGE第二次电泳分离，样品中的蛋白质经过等电点和分子量的两次分离后，可以得到分子的等电点、分子量和表达量等信息，经染色得到的电泳图是个二维分布的蛋白质图。

　　双向电泳的分离过程包括样品的制备、第一向等电聚焦、缓冲液置换、第二向SDS-PAGE、电泳结果检测以及蛋白质图谱分析。

实例训练

实训14　蛋白质的醋酸纤维素薄膜电泳

【任务描述】

　　临床上由于一些疾病，如肾病、弥漫性肝损害、肝硬化、原发性肝癌、多发性骨髓瘤、慢性炎症、妊娠等都可使血清中蛋白质的含量改变，所以检测血清中蛋白质含量对于疾病的诊断必不可少。

　　血清的蛋白质包括白蛋白、α-球蛋白、β-球蛋白、γ-球蛋白等，各种蛋白质由于氨基酸组分、立体构象、分子量、等电点及形状不同，在电场中迁移速度不同，从而使得它们在膜上能够分离开。

　　本实验以醋酸纤维素薄膜作为血清蛋白电泳的支持介质，通过电泳分离，氨基黑10B染色液染色蛋白，利用分光光度计测定吸光度值，计算血清蛋白质的相对含量。

【任务实施】

一、准备工作

1. 建立工作小组，制订工作计划，确定具体任务，任务分工到个人，并记录到工作表。

2. 收集醋酸纤维素薄膜分离蛋白质工作中的必需信息，掌握相关知识及操作要点，与教师共同确定出一种最佳的工作方案。

3. 完成任务单中实际操作前的各项准备工作。

（1）**材料准备**　人血清（新鲜无溶血现象）。

（2）**试剂**　巴比妥-巴比妥钠缓冲液（pH8.6，0.07mol/L离子强度0.06）、染色液（0.5g氨基黑10B加入冰醋酸10mL、甲醇50mL混匀，加蒸馏水至100mL，现用现配）、漂洗液、透明液、浸出液。

（3）仪器 电泳仪、电泳槽、载玻片（厚约1mm）、盖玻片、滤纸、竹镊子、可见光分光光度计或光密度计、醋酸纤维素薄膜（2cm×8cm）、恒温水浴锅。

二、操作过程

操作流程如图5-17。

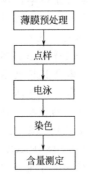

薄膜预处理

↓

点样

↓

电泳

↓

染色

↓

含量测定

图5-17 蛋白质的醋酸纤维素薄膜电泳操作流程

1. 醋酸纤维素薄膜预处理

取一条大小为2cm×8cm的醋酸纤维素薄膜（可根据需要选择薄膜的大小），鉴别薄膜的光滑面和非光滑面，并用铅笔做标记，将无光泽面向下浸入缓冲液中，20min完全浸透后，用镊子轻轻取出，将薄膜无光泽的一面向上，平放在干净滤纸上，薄膜上再放一张干净滤纸，吸去多余的缓冲液。

2. 点样

用盖玻片（玻片宽度应小于薄膜）蘸取少量血清，将此血清均匀地涂在距纤维素薄膜一端1.5cm处接触，样品即呈一条状涂于纤维膜上。待血清透入膜内，移去盖玻片。

3. 电泳

将薄膜平贴在水平电泳槽上，点样面朝下，光面朝上，点样端为阴极。调电压100～120V或电流0.4～0.6 mA/cm，时间为45min。

4. 染色

电泳完毕，将薄膜浸于染色液氨基黑10B中3～5min，取出，用漂洗液漂至背景无色（约4～5次），再浸于蒸馏水中。

5. 定量

剪下薄膜上各条蛋白质色带，另取一条与各区带近似宽度的无蛋白附着的空白薄膜，分别浸于4.0mL 0.4mol/L NaOH 37℃水浴5～10min，色泽浸出后，用可见分光光度计在590nm波长处比色，以空白膜条洗出液为空白调零，测定各管的吸光度。

三、结束工作

1. 填好所有操作记录单、任务单、各种评价表。
2. 检查设备仪表是否洁净完好。
3. 检查工作场地及环境卫生。
4. 进行任务总结。

【工作反思】

1. 为什么将薄膜的点样端放在滤纸桥的负极端？
2. 用醋酸纤维素薄膜作为电泳支持物有何优点？

 目标检测

（一）填空题

1. 离子交换剂由_____、_____和_____组成。平衡离子带_____电荷称阳离子交换树脂，平衡离子带_____电荷称阴离子交换树脂。

2. 凝胶粒度的大小对分离效果有直接的影响。一般来说，细粒凝胶柱流速低，洗脱峰窄，分辨率_____，多用于_____等。粗粒凝胶柱流速高，洗脱峰平坦，分辨率_____，多用于_____等。

3. 根据固定相基质的形式进行分类的色谱技术有 _____ 、 _____ 和 _____ 。

4. 影响离子交换选择性的因素有 _____ 、 _____ 、 _____ 、 _____ 。

（二）单项选择题

1. 在凝胶色谱中样品各组分最先淋出的是（　　　）。

　　A. 分子量最大的　　　B. 体积最大的　　　C. 分子量最小的　　　D. 体积最小的

2. 在选用凝胶色谱柱时，为了提高分辨率，宜选用的色谱柱是（　　　）。

　　A. 粗且长的　　　　　B. 粗且短的　　　　C. 细且长的　　　　　D. 细且短的

3. 制备亲和柱时，应首先选用的配基是（　　　）。

　　A. 大分子的　　　　　B. 小分子的　　　　C. 中等大小的　　　　D. 不确定

4. 用钠型阳离子交换树脂处理氨基酸时，吸附量很低，这是因为（　　　）。

　　A. 偶极排斥　　　　　B. 离子竞争　　　　C. 解离低　　　　　　D. 其他

5. 在酸性条件下用下列哪种树脂吸附氨基酸有较大的交换容量（　　　）。

　　A. 羟型阴离子树脂　　B. 氯型阴离子树脂　　C. 氢型阳离子树脂　　D. 钠型阳离子树脂

6. 亲和色谱的洗脱过程中，在流动相中加入配基的洗脱方法称作（　　　）。

　　A. 阴性洗脱　　　　　B. 剧烈洗脱　　　　C. 竞争洗脱　　　　　D. 非竞争洗脱

7. 亲和色谱的洗脱过程中，在流动相中减去配基的洗脱方法称作（　　　）。

　　A. 阴性洗脱　　　　　B. 剧烈洗脱　　　　C. 正洗脱　　　　　　D. 负洗脱

（三）多项选择题

1. 电泳的凝胶介质中高密度凝胶包括（　　　）。

　　A. 淀粉凝胶　　　　　B. 聚丙烯酰胺凝胶　　C. 琼脂糖凝胶　　　　D. 硅胶

2. 为了进一步检查凝胶柱的质量，通常用一种大分子的有色物质溶液过柱，常见的检查物质为蓝色葡聚糖，下面属于它的作用的是（　　　）。

　　A. 观察柱床有无沟流　　　　　　　　　B. 观察色带是否平整

　　C. 测量流速　　　　　　　　　　　　　D. 测量色谱柱的外水体积

（四）简答题

1. 离子交换色谱的应用有哪些？

2. 电泳分离蛋白质的常用检测方法有哪些？

3. 凝胶的预处理方法有哪些？

4. 凝胶再生与保存方法有哪些？

5. 柱色谱的基本操作步骤与注意事项有哪些？

项目六

药物的干燥

干燥是利用热能除去目标产物的浓缩悬浮液或结晶（沉淀）产品中湿分（水分或有机溶剂）的单元操作，通常是生物产品成品化前的最后下游加工过程。干燥的质量直接影响产品的质量和价值。

任务十五　药物的干燥

知识目标

- 掌握干燥过程的基本知识；
- 熟悉真空干燥、冷冻干燥的工艺过程及适用范围。

技能目标

- 能够熟练完成干燥操作。

必备知识

- 在生化产品的制备过程中，经常会遇到各种湿物料，湿物料中所含的需要在干燥过程中除去的任何一种液体都称为湿分。

物料中的水分可以是附着在物料表面上，也可以是存在于多孔物料的孔隙中，还可以是以结晶水的方式存在。物料中水分存在的方式不同，除去的难易程度也不同。在干燥操作中，有的水分能用干燥方法除去，有的水分除去很困难，因此须将物料中的水分分类，以便于分析研究干燥过程。

1. 平衡水分和自由水分

在一定的干燥条件下，当干燥过程达到平衡时，不能除去的水分称为该条件下的平衡水分。湿物料中的水分含量与平衡水分之差称为自由水分。平衡水分是该条件下物料被干燥的极限，由干燥条件所决定，与物料的性质无关。自由水分在干燥过程中可以全部被除去。

2. 结合水分与非结合水分

存在于湿物料的毛细管中的水分，由于毛细现象，在干燥过程中较难除去，此种水分称为结合水分。而吸附在湿物料表面的水分和大孔隙中的水分，在干燥过程中容易除去，此种水分称为非结合水分。自由水分包含干燥过程中能除去的非结合水分和能除去的结合水分，平衡水分包含干燥过程不能除去的结合水分。

干燥技术按操作压强可分为常压干燥、加压干燥和真空干燥；按操作方式可分为连续干燥和间歇干燥；按热量供给方式可分为传导干燥、对流干燥、辐射干燥、介电加热干燥。

一、真空干燥法

1. 真空干燥原理

真空干燥的过程就是将被干燥物料置放在密闭的干燥室内，用真空系统抽真空的同时对被干燥物料不断加热，使物料内部的水分通过压力差或浓度差扩散到表面，水分子在物料表面获得足够的动能，在克服分子间的相互吸引后，逃逸到真空室的低压空间，从而被真空泵抽走的过程。

物料内水分在负压状态下熔点和沸点都随着真空度的提高而降低，同时辅以真空泵间隙抽湿降低水汽含量，使得物料内水等溶液获得足够的动能脱离物料表面。真空干燥由于处于负压状态下隔绝空气使得部分在干燥过程中容易氧化等化学变化的物料更好地保持原有的特性，也可以通过注入惰性气体后抽真空的方式更好地保护物料。常见的真空干燥设备有真空干燥箱、连续真空干燥设备等。

在真空干燥过程中，干燥室内的压力始终低于大气压力，气体分子数小，密度低，含氧量低，因而能干燥容易氧化变质的物料、易燃易爆的危险品等。对药品、食品和生物制品能起到一定的消毒灭菌作用，可以减少物料染菌的机会或者抑制某些细菌的生长。

因为水在汽化过程中其温度与蒸汽压是成正比的，所以真空干燥时物料中的水分在低温下就能汽化，可以实现低温干燥。这对于某些药品、食品和农副产品中热敏性物料的干燥是有利的。例如，糖液超过70℃部分成分就会变成褐色，降低产品的商品价值；维生素C超过40℃就分解，改变了原有性能；蛋白质在高温下变性，改变了物料的营养成分等。另外，在低温下干燥，对热能的利用率是合理的。

真空干燥可消除常压干燥情况下容易产生的表面硬化现象。常压热风干燥，在被干燥物料表面形成流体边界层，受热汽化的水蒸气通过流体边界层向空气中扩散，干燥物内部水分要向表面移动，如果其移动速度赶不上边界层表面的蒸发速度，边界层水膜就会破裂，被干燥物料表面就会出现局部干裂现象，然后扩大到整个外表面，形成表面硬化。真空干燥物料内和表面之间压力差较大，在压力梯度作用下，水分很快移向表面，不会出现表面硬化，同时能提高干燥速率，缩短干燥时间，降低设备运转费用。

真空干燥能克服热风干燥所产生的溶质失散现象。热风干燥使被干燥物料内部和表面形成很大的温度梯度，促使被干燥物料中某些成分散发出去。尤其是食品，会散失香气，影响其味道。真空干燥时物料内外温度梯度小，有逆渗透作用使得作为溶剂水独自移动，克服了溶质散失现象。有些被干燥的物料内含有贵重的或有用途的物质成分，干燥后需要回收利用；还有些被干燥物料内含有危害人类健康的有毒有害的物质成分，干燥后废气不允许直接排放到环境中，需要集中处理。真空干燥能方便地回收这些有用和有害的物质，而且能做到密封性良好。从环境保护的意义上讲，有人称真空干燥为"绿色干燥"。

2. 真空干燥设备

（1）真空厢式干燥器 真空厢式干燥器将被干燥物料置于真空条件下进行加热干燥。真空干燥适用于不耐高温、易于氧化的物质，以及一些经济价值较高的生物制品。它的优点在于干燥温度低、干燥速度快、干燥耗时短、产品质量高，特别是对于一些有毒、有价值的湿分进行干燥时还可以冷凝回收，与此同时该干燥器无扬尘现象，干燥小批量价值昂贵的物料更为经济。

真空厢式干燥器的结构如图6-1所示，钢制断面为保温外壳，内设多层空心隔板，隔板中通入加热蒸汽或热水，由A、B管分别通入蒸汽及冷凝水。将物料盘放于每层隔板之上，关闭箱门，即可用真空泵将厢内抽到所需要的真空度。

（2）双锥回转真空干燥机 双锥回转真空干燥机为双锥形的回转罐体，罐内在真空状态下，向夹

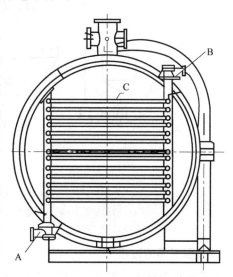

图6-1 真空箱式干燥器的结构图
A—蒸汽入口；B—冷凝水入口；C—加热管

套内通入蒸汽或热水进行加热，热量通过罐体内壁与湿物料接触，湿物料吸热后蒸发的水汽通过真空泵经真空排气管被抽走。由于罐体内处于真空状态，且罐体的回转使物料不断地上下内外翻动，故加快了物料的干燥速度，提高干燥效率，达到均匀干燥的目的。其结构如图 6-2 所示。

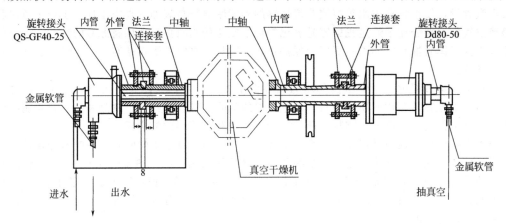

图 6-2　双锥回转真空干燥机结构图

二、喷雾干燥法

喷雾干燥是将原料液用雾化器分散成雾滴，并使雾滴直接与热空气（或其他气体）接触，从而获得粉粒状产品的一种干燥过程。该法能直接使溶液、乳浊液干燥成粉状或颗粒状制品，可省去蒸发、粉碎等工序。

图 6-3 是一个典型的喷雾干燥系统流程图。如图所示，原料液由储料罐 1 经过滤器 2 由泵 3 输送到喷雾干燥器 11 顶部的雾化器 5 雾化为雾滴。新鲜空气由鼓风机 8 经过过滤器 7、空气加热器 6 送入喷雾干燥器的顶部，与雾滴接触、混合，进行传热和传质，即进行干燥。干燥后的产品由塔底引出。夹带细粉尘的废气经旋风分离器 10 由引风机 9 排入大气。

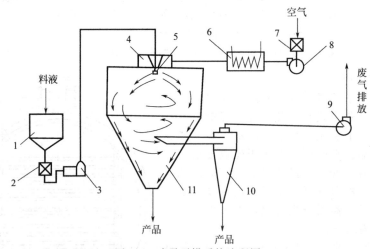

图 6-3　喷雾干燥系统流程图

1—储料罐；2—料液过滤器；3—输料泵；4—空气分布器；5—雾化器；
6—空气加热器；7—空气过滤器；8—鼓风机；9—引风机；10—旋风分离器；11—喷雾干燥器

1. 喷雾干燥的过程

料液雾化为雾滴；雾滴和干燥介质接触、混合及流动，即进行干燥；干燥产品与空气分离。

（1）喷雾干燥的第一阶段——料液的雾化　料液雾化为雾滴以及雾滴与热空气的接触、混合是喷雾干燥独有的特征。雾化的目的在于将料液分散为微细的雾滴，具有很大的表面积，雾滴的大小和均匀程度对产品质量和收率影响很大，特别是对热敏性物料的干燥尤为重要。如果喷出的雾滴大小不均匀，就会出现大颗粒还没达到干燥要求、而小颗粒却已干燥过度而变质的现象。因此，料液雾化所用的雾化器是喷雾干燥的关键部件。目前常用的雾化器有气流式、压力式、声能式和旋转式如图 6-4 所示。

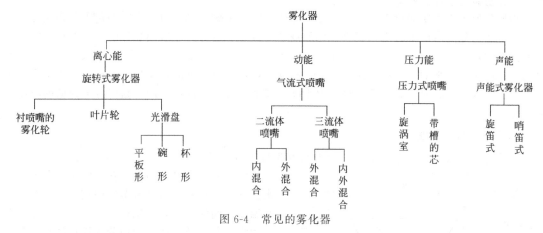

图 6-4 常见的雾化器

气流式喷雾器在医药、染料、塑料工业使用较广泛。喷雾器的孔径一般都较大，除适应溶液以外，还含有大颗粒的浆糊状物料和较黏稠的物料也能顺利雾化。通过压缩空气在雾化器内产生高速气流，使气流同物料之间、料液和料液之间产生摩擦而被雾化。大型的气流式喷雾干燥塔内也装有多个雾化器，最多可以装 24 个。常用的气流式雾化器有二流、三流两种形式，根据物料的黏度和产品的粒度要求又可分为内混合（料液与高速气流在雾化器内混合）、外混合（料液与高速气流在雾化器外混合）、内外混合（内混合和外混合同时兼具）三种操作形式。三流雾化器产品粒度较细、适应物料的黏度也相应较高，同时消耗的能量也比二流雾化器高一些，缺点是能耗较高，大型雾化器的产品粒度分布宽。

压力式喷雾干燥器是通过高压设备给料液加压后通过雾化器雾化，其压力一般在 2～20MPa。可以在一塔内安装多个雾化器，最大处理量能够达到 2000kg/h。它对料液的要求较高，在进雾化器前必须进行过滤，以防杂质堵塞雾化器。在常用的雾化器中，压力式喷雾干燥器结构较紧凑，生产能力大，耗能量最少，而且改变内部元件能改变不同的雾炬形状。调节雾化压力能调整产品粒度，主要缺点是在一定的雾化压力下喷雾量不能在线调节。

(2) 喷雾干燥的第二阶段——雾滴和空气的接触 雾滴与空气的接触、混合及流动是同时进行的传热传质过程，即干燥过程。此过程在干燥塔内进行。在干燥塔内，雾滴与空气有并流、逆流及混合流。雾滴与空气的接触方式不同，对干燥塔内的温度分布、雾滴（或颗粒）的运动轨迹、颗粒在干燥塔中的停留时间及产品性质等均有很大影响。

雾滴的干燥过程也经历着恒速和降速阶段。研究雾滴的运动及干燥过程，主要是确定干燥时间和干燥塔的主要尺寸。

(3) 喷雾干燥的第三个阶段——干燥产品与空气分离 喷雾干燥的产品大多数都采用塔底出料，部分细粉夹带在排放的废气中，这些细粉在排放前必须收集下来，以提高产品收率，降低生产成本；排放的废气必须符合环境保护的排放标准，以防止环境污染。

2. 喷雾干燥的特点

① 干燥进行迅速（一般不超过 30s），虽然干燥介质的温度相当高，但物料不致发生过热现象。

② 干物料已经呈粉末状态，可以直接包装为成品。

但是同时喷雾干燥也存在一些缺点，如容积干燥强度小，干燥室所需的尺寸大；将液料喷成雾状的过程，消耗动力较大。

三、冷冻干燥法

冷冻干燥就是把含有大量水分的物质，预先进行降温冻结成固体，然后在真空的条件下使水分从固体直接升华变成气态排除，以除去水分而保存物质的方法。这样处理后既保持物料原有的形态，且制品复水性极好。

相比其他干燥方法如烘干及真空干燥等方法，冷冻干燥法具有以下突出的优点：物品在低温下干燥，使物品的活性不会受到损害，例如疫苗、菌类、病毒、血液制品等的干燥保存；对于一些易挥发的物品宜采用冻干方法；物品干燥后体积、形状基本不变，物质呈海绵状无干缩，复水时能迅速还原成原来的形状；物品在真空下冷冻干燥，使易氧化的物质得到保护；除去了物品中95%以上的水分，能使物品长期保存。由于冻干技术具有这些优点，因此它在各个领域的应用十分广泛。

1. 冷冻干燥的原理

物质有固、液、气三态，物质的状态与其温度和压力有关，如图6-5所示为水的状态平衡图。图中OA、OB、OC三条曲线分别表示冰和水蒸气、冰和水、水和水蒸气两相共存时其压力和温度之间的关系，分别称为升华线、溶化线和沸腾线。此三条曲线将图面分为固相区、液相区和气相区。曲线的顶端有一点其温度为374℃，称为临界点。若水蒸气的温度高于其临界温度374℃时，无论怎样加大压力，水蒸气也不能变成水。三曲线的交点O，为固、液、气三相共存的状态，称为三相点。在三相点以下，不存在液相。若将冰面的压力保持低于610Pa，且给冰加热，冰就会不经液相直接变成气相，这一过程称为升华。

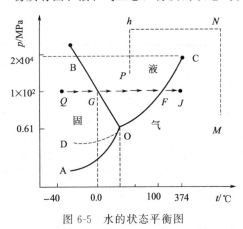

图6-5　水的状态平衡图

冻干就是在低温下抽真空，使冰面压强降低，水直接由固态变成气态从物质中升华出去，从而达到除去水分的目的。干燥过程是水的物态变化和移动的过程，这种变化和移动发生在低温低压下。因此，真空冷冻干燥的基本原理就是低温低压下传质传热的机理。

2. 冻干操作过程

(1) 预冻　预冻是把制品冷冻，目的是为了固定产品，以便在一定的真空度下进行升华。预冻进行的程度直接关系到物品以后干燥升华的质量和效率。如果产品没有冻实，则抽真空时产品会沸腾并冒出瓶外；如果产品冷冻温度过低，则不仅浪费了能源和时间，而且还会降低某些产品的存活率。预冻温度应设在制品的共熔点以下10～20℃左右。在升华过程中，物料温度应维持在低于而又接近共熔点的温度，也指物料中游离水分完全冻结成冰晶时的温度。

制品的冻结方法有两种。

① 低温快冻，低温快冻（10～15℃/min）对于保证质量有利，形成微结晶，得到的制品外观好、溶解速度也快，但形成微结晶则不利于加快冻干速度。

② 低温慢冻，低温慢冻（1℃/min）形成粗晶粒，对提高冻干效率有利，但慢冻一般对制品质量，特别是含活性的酶类或活菌、病毒等的存活率极为不利。对于采取哪一种预冻的方法应根据具体实验来定。

(2) 升华干燥　将冻结后的产品置于密封的真空容器中加热，其冰晶就会升华成水蒸气逸出而使产品脱水干燥。干燥是从外表面开始逐步向内推移的，冰晶升华后残留下的空隙变成之后升华水蒸气的逸出通道。已干燥层和冻结部分的分界面称为升华界面。在生物制品干燥中，升华界面约为 1mm/h 的速度向下推进。当全部冰晶除去时，第一阶段干燥就完成了，此时约除去全部水分的 90% 左右。

制品在升温融化过程中，当达到某一温度时，固体中开始出现液态，此时的温度称为溶液的共熔点。冻干层的温度和升华界面的温度必须控制在产品共熔点以下，才不致使冰晶溶化。为了使升华出来的水蒸气具有足够的推动力逸出产品，必须使产品内外形成较大的蒸汽压差，因此在此阶段中箱内必须维持高真空。水蒸气在冷凝器中凝结成冰。

（3）解析干燥　解析干燥也称第二阶段干燥。在第一阶段干燥结束后，产品内还存在 10% 左右的水分吸附在干燥物质的毛细管壁和极性基团上，这一部分的水是未被冻结的。当它们达到一定含量，就为微生物的生长繁殖和某些化学反应提供了条件。因此为了改善产品的储存稳定性，延长其保存期，需要除去这些水分。这就是解析干燥的目的。

由于这一部分水分是通过范德华力、氢键等弱分子力吸附在药品上的结合水，因此要除去这部分水，需要克服分子间的力，需要更多的能量。此时可以把制品温度加热到其允许的最高温度以下（产品的允许温度视产品的品种而定，一般为 $25 \sim 40 ℃$，病毒性产品为 $25 ℃$，细菌性产品为 $30 ℃$，血清、抗生素等可高达 $40 ℃$），维持一定的时间（由制品特点而定），使残余水分含量达到预定值，整个冻干过程结束。

（4）冻干曲线的制定　冻干技术的关键是要对制品冷冻干燥过程的每一个阶段各个参数进行全面的控制，才能得到优质的干燥制品。冻干曲线就是冷冻干燥过程的基本依据，表示冻干过程中产品的温度、压力随时间变化的关系曲线。由于制品的温度与搁板温度或箱内温度有一定的依从关系，而且设备很难控制产品表面的压力，所以实践中冻干曲线用搁板的温度与时间的温度曲线来表示。为了检测冻干过程的主要参数，配有自动记录仪的冻干机会自动记下搁板的温度、制品温度、水汽凝结器温度、冻干箱压力四个参数和时间的曲线，这些均为冻干曲线，如图 6-6 所示。冻干曲线的形状与制品的性能、装量的多少、分装容器的种类、冻干机的性能等诸多因素有关。即使同一制品，生产厂家不同，其冻干曲线亦不完全一样。因此应根据各自的具体条件，用实验定出最佳的冻干曲线。

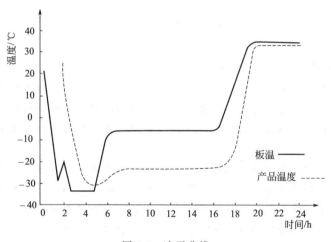

图 6-6　冻干曲线

冻干曲线制定过程根据所获取制品的共熔点温度、崩解温度、最佳预冻速率和残水含量等参数，以及所用冻干机的性能，初步拟订出搁板温度曲线和冻干箱的压力曲线，用此曲线在实验冻干机上试验。根据测量并记录的搁板温度、制品冻层温度、制品干层温度、冻干箱压力、冷阱温度等参数，随时修改冻干曲线中不合理部分。由检测和观察确定升华阶段结束和解析干燥结束的时间，冻干结束后，对产品质量和含水量进行检测。根据所得冻干过程参数的数据，重新拟订冻干曲线并进行试验，直到得到较为满意的曲线为止。结合生产用冻干机的性能，将上述曲线修改不合理部分，直到获得成熟的冻干曲线。图 6-7 为真空冷冻干燥机的整个操作过程。

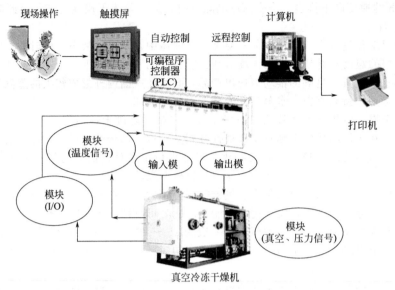

图 6-7　真空冷冻干燥机工作流程

3. 冷冻干燥的应用

真空冷冻干燥技术主要应用于：热稳定性差的生物制品、生化类制品、血液制品、基因工程类制品等药物的冻干；为保持生物组织结构和活性，外科手术用的皮层、骨骼、角膜、心瓣膜等生物组织的处理；以保持食物色、香、味和营养成分以及能迅速复水的咖啡、调料、肉类、海产品、果蔬的冻干；在微胶囊制备、药品控释材料等方面的应用；人参、蜂王浆、龟鳖等保健品及中草药制剂的加工；超微细粉末功能材料，如光导纤维、超导材料、微波介质材料、磁粉以及能加速反应工程的催化剂的处理等。

知识拓展

一、远红外线干燥

红外线和远红外线干燥器是利用辐射传热干燥的一种方法，红外线或远红外线辐射器所产生的电磁波，以光的速度直线传播到被干燥的物料，当红外线的发射频率和被干燥物料中的固有频率相匹配时，引起分子强烈振动，在物料的内部发生激烈摩擦而达到干燥的目的。

在红外线干燥中，由于被干燥的物料中表面水分子不断蒸发吸热，使物料表面温度降低，造成物料内部比表面温度高。这样使物料的热扩散方向是由内往外的。同时，由于物料内存在水分梯度而引起水分移动，总是由水分较多的部分向水分含量较少的外部进行湿扩散，所以，物料内部水分的湿扩散与热扩散方向是一致的，从而也就加速了水分内扩散的过程，即加速了干燥的进程。

由于辐射穿透物体的深度约等于波长，而远红外线波长远比近红外线长（见图6-8可见光光谱图），也就是说用远红外线干燥比用近红外线干燥好。特别是由于远红外线的发射频率与塑料、高分子、水等物质的分子固有频率相匹配，引起这些物质的分子激烈共振。这样，远红外线既能穿透到这些被加热干燥的物体内部，又容易被这些物质所吸收，所以两者相比，远红外线干燥更好些。

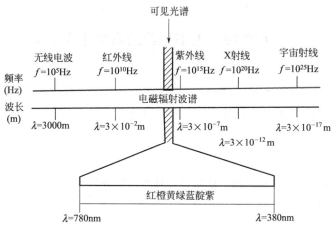

图 6-8　可见光光谱图

远红外线干燥的特点是：远红外线干燥加热速度快，干燥速率高，其干燥速度是热风干燥的 10 倍，干燥产品质量好、干燥均匀、清洁、设备简单、成本低、操作方便灵活、设备易于维护，可连续干燥易于实现自动化。但电耗较大，仅限于薄层物料及物体表面的干燥。

二、微波干燥

微波是一种波长极短的电磁波，它和无线电波、红外线、可见光一样，都属于电磁波，微波的频率范围从 300MHz 到 300GHz，即波长从 1mm 到 1m 的范围。微波加热干燥的原理是：利用微波在快速变化的高频电磁场中与物质分子相互作用，被吸收而产生热效应，把微波能量直接转换为介质热能，微波被物体吸收后，物体自身发热，加热从物体内部、外部同时开始，能做到里外同时加热，不同的物质吸收微波的能力不同，其加热效果也各不相同，这主要取决于物质的介质损耗。水是吸收微波很强烈的物质，一般含有水分的物质都能用微波来进行加热，快速均匀，达到很好效果。

微波干燥特点及其应用有如下几方面。

(1) 干燥速度快　常规方法如蒸汽干燥、电热干燥、热风干燥等，由 20%～30% 含水量脱至 1% 以下，常规方法需二十几个小时，采用微波干燥仅用 20min 左右；物料由 10% 含水量脱至 1% 以下需十几个小时，采用微波干燥仅需十几分钟；由 5% 含水量脱至 1% 以下常规方法需 6～7h，采用微波干燥仅需几分钟。

常规热力干燥往往在环境及设备上存在热损失，室内环境温度高。而微波是直接对物料进行作用，因而没有额外的热能耗损，设备能即开即用，没有常规热力干燥的热惯性，操作灵活方便，微波功率可调，传输速度从零开始连续可调，便于操作。

(2) 保持物料原色　由于微波干燥不需要热传导，物料自身发热，干燥速度快，接触物料的温度大大低于常规干燥方法的温度，不会造成物料裂变现象。

(3) 流水线作业　操作环境好。与常规干燥方法相比，微波设备不需要锅炉、复杂的管道系统、煤场和运输车辆，只要具备水、电基本条件即可。相比而言，一般可节电 30%～50%，设备的工作环境低、噪声小，极大地改善了劳动条件，整套微波设备的操作只需 2～3 人，节省占地面积。微波干燥设备可以与上料机、出料输送机、振动筛、包装机等设备连接，组成一条流水生产线，这样大大提高了劳动生产力，车间里没有粉尘飞扬状况发生，符合国家 GMP。

实例训练

实训15　人工牛黄的真空干燥

【任务描述】

人工牛黄具有明显的解热作用，且强于天然牛黄。目前所用的人工牛黄制品中多含乙醇等有机溶剂，本实训利用真空干燥的方法将人工牛黄中的溶剂除去。

【任务实施】

一、准备工作

1. 建立工作小组，制订工作计划，确定具体任务，任务分工到个人，并记录到工作表。

2. 收集人工牛黄的性质及制备方法，掌握相关知识及操作要点，与教师共同确定出一种最佳的工作方案。

3. 完成任务单中实际操作前的各项准备工作。

(1) 材料准备　人工牛黄粗品。

(2) 试剂　75%乙醇、95%乙醇、活性炭。

(3) 器具　圆底烧瓶、冷凝管、烧杯、冰浴、抽滤装置、真空干燥箱、电子天平等。

二、操作过程

操作流程见图6-9。

1. 溶解

取人工牛黄粗品放入圆底烧瓶或反应器中，加入0.75倍75%乙醇，加热回流至固体物全部溶解，再加10%~15%活性炭回流脱色15~20min，趁热过滤。

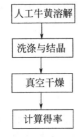

图6-9　人工牛黄的
真空干燥操作流程

2. 洗涤与结晶

滤液用冰水浴冷却至0~5℃，再放置4h以上，使人工牛黄粗品中的牛（或羊）胆酸结晶析出，然后抽滤，并用适量乙醇洗涤结晶，抽干后，得人工牛黄主要成分即牛（或羊）胆酸粗结晶。

3. 真空干燥

将上述粗结晶胆酸再置脱色反应瓶中，加4倍量的95%乙醇溶解，然后蒸馏回收乙醇，至总体积为原体积的1/4后，先用冷水浴将其冷却至室温，接着用冰水浴冷却至0~5℃。

结晶4h后，在布氏漏斗上真空过滤。抽干后，结晶用少量冷的95%乙醇洗涤1~2次。再次抽干，结晶在70℃真空干燥箱中干燥至恒重，即得人工牛黄精品，主要为牛（或羊）胆酸精品。

4. 计算得率

称量并计算得率。

三、结束工作

1. 填好所有操作记录单、任务单、各种评价表。

2. 检查设备仪表是否洁净完好。

3. 检查工作场地及环境卫生。

4. 进行任务总结。

【工作反思】

人工牛黄的性质与提取时的注意事项有哪些？

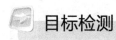 **目标检测**

(一) 填空题

1. 喷雾干燥是将原料液用雾化器分散成_____，并使其直接与_____接触，从而获得粉粒状产品的一种干燥过程。该法能直接使_____、_____干燥成粉状或颗粒状制品，可省去蒸发、粉碎等工序。

2. 喷雾干燥可分为三个基本过程阶段：_____；_____；干燥产品与空气分离。

3. 喷雾干燥常用的雾化器有_____、_____和_____。

4. 冻干操作过程包括_____，_____，_____。

5. 冻干操作中，预冻的处理方法主要有_____、_____两种方法。

6. 干燥技术按操作压强可分为_____、_____和_____。

(二) 单项选择题

1. 下列项目中哪一项是喷雾干燥的特点（   ）。

    A. 水分蒸发慢   B. 传热传质速度慢

    C. 适用于热敏性物质   D. 干燥后的制品溶解性能差

2. 冷冻干燥操作包括几个基本步骤（   ）。

    A. 一   B. 二   C. 三   D. 四

(三) 多项选择题

1. 喷雾干燥器的主要缺点是（   ）。

    A. 适应性差   B. 干燥介质用量大   C. 回收物料微粒的废气分离装置要求高

    D. 生产能力低   E. 产品的干燥程度不均匀

2. 真空冷冻干燥的特点包括（   ）。

    A. 设备投资费用低廉，动力消耗小   B. 干燥过程是在低温、低压条件下进行的

    C. 干燥时间快   D. 适宜于热敏性物质的干燥处理   E. 有利于产品的长期保存

3. 冻干系统的组成包括（   ）。

    A. 真空系统   B. 冻干箱   C. 搁板

    D. 冷凝器   E. 真空隔离阀

(四) 简答题

1. 简述喷雾干燥的优点。

2. 简述冻干的基本操作步骤。

3. 简述物料中的水分类型。

生化药物的提取分离

生化药物是指从生物体分离纯化，用化学合成、微生物合成或现代生物技术制得的用于预防、治疗和诊断疾病的一类生化物质，是生物药物中一大类型，主要有氨基酸类药物、多肽和蛋白质类药物、酶类药物、核酸类药物、糖类药物、脂类药物、抗生素与维生素类药物等。生化药物最大特点一是来自生物体，二是为生物体中基本生化成分，其制备中对产品纯度的要求比一般的生化产品的标准高，一种产品的生产往往要综合利用多种生化分离基本技术，才能达到高标准的质量要求。

本项目是在掌握了生化分离基本技术，包括微生物细胞破碎、发酵液的预处理、固液分离、有机物质的萃取、生物大分子的沉淀与结晶、膜分离、药物的高度纯化（离子交换色谱法、凝胶色谱法、亲和色谱法、电泳法等）、药物的干燥等技术基础之上，以氨基酸类、多肽和蛋白质类、核酸类、酶类、糖类、脂类、抗生素与维生素类生化药物的提取分离环节为重点，根据每一类生化药物的理化性质，总结出适合该类生化药物特点的分离纯化方法，并能利用这些方法设计并完成某些典型生化药物的制备。

任务十六　氨基酸类药物的提取分离

氨基酸是组成蛋白质的基本单元，是生物有机体的重要组成部分，具有极其重要的生理功能。氨基酸类药物是治疗因蛋白质代谢紊乱和缺乏引起的一系列疾病的生化药物。生产氨基酸类药物常用的方法有蛋白水解法、微生物发酵法、酶工程法和化学合成法。生产中常用的提取分离方法主要有沉淀法、离子交换法、萃取法、吸附法、膜分离法及结晶法等。在采用发酵法生产氨基酸类药物过程中，其分离与纯化的成本可占总生产成本的50%以上，因此选择合适的提取分离方法，提高氨基酸分离的选择性和产率，对氨基酸类药物生产质量的提高有着极其重要的现实意义。

知识目标

- 了解氨基酸类药物的性质；
- 熟悉氨基酸类药物的类型；
- 掌握氨基酸类药物常用的生产方法的优缺点；
- 掌握氨基酸类药物生产中常用的提取分离方法。

技能目标

- 能熟练进行 L-胱氨酸、L-亮氨酸制备操作；
- 能根据具体氨基酸类药物的性质特点选择合适的分离方法进行分离纯化。

必备知识

一、氨基酸类药物的分类

氨基酸是构成机体蛋白质的基本单位，天然的氨基酸已发现的有 300 多种，根据氨基酸的存在方式和在人体中能否合成，可分为三种。

1. 蛋白氨基酸

参与生物体蛋白质组成的常见氨基酸称为蛋白氨基酸或基本氨基酸，有 20 种，具体见表 7-1，1986 年发现第 21 种——硒代胱氨酸，最近发现第 22 种遗传基因编码的氨基酸——吡咯赖氨酸。蛋白氨基酸绝大多数都以结合状态存在。

蛋白氨基酸都是 α-氨基酸，除甘氨酸外，α-碳原子均为不对称碳原子，具有立体异构现象，均是 L-α-氨基酸（脯氨酸是一种 L-α-亚氨基酸）（结构通式如图 7-1）。

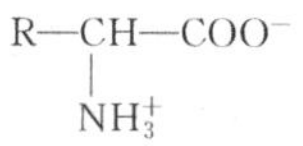

$$R—CH—COO^-$$
$$|$$
$$NH_3^+$$

图 7-1　α-氨基酸的结构通式

表 7-1　蛋白氨基酸的种类

中文名称	英文名称	符号与缩写	分子量	侧链结构	类型
丙氨酸	Alanine	A 或 Ala	89.079	$CH_3—$	脂肪族类
精氨酸	Arginine	R 或 Arg	174.188	$HN=C(NH_2)—NH—(CH_2)_3—$	碱性氨基酸类
天冬酰胺	Asparagine	N 或 Asn	132.104	$H_2N—CO—CH_2—$	酰胺类
天冬氨酸	Aspartic acid	D 或 Asp	133.089	$HOOC—CH_2—$	酸性氨基酸类
半胱氨酸	Cysteine	C 或 Cys	121.145	$HS—CH_2—$	含硫类
谷氨酰胺	Glutamine	Q 或 Gln	146.131	$H_2N—CO—(CH_2)_2—$	酰胺类
谷氨酸	Glutamic acid	E 或 Glu	147.116	$HOOC—(CH_2)_2—$	酸性氨基酸类
甘氨酸	Glycine	G 或 Gly	75.052	$H—$	脂肪族类
组氨酸	Histidine	H 或 His	155.141	$N=CH—NH—CH=C—CH_2—$	碱性氨基酸类
异亮氨酸	Isoleucine	I 或 Ile	131.160	$CH_3—CH_2—CH(CH_3)—$	脂肪族类
亮氨酸	Leucine	L 或 Leu	131.160	$(CH_3)_2—CH—CH_2—$	脂肪族类
赖氨酸	Lysine	K 或 Lys	146.17	$H_2N—(CH_2)_4—$	碱性氨基酸类
蛋氨酸	Methionine	M 或 Met	149.199	$CH_3—S—(CH_2)_2—$	含硫类
苯丙氨酸	Phenylalanine	F 或 Phe	165.177	$Phenyl—CH_2—$	芳香族类
脯氨酸	Proline	P 或 Pro	115.117	$—N—(CH_2)_3—CH$	亚氨基酸
丝氨酸	Serine	S 或 Ser	105.078	$HO—CH_2—$	羟基类
苏氨酸	Threonine	T 或 Thr	119.105	$CH_3—CH(OH)—$	羟基类
色氨酸	Tryptophan	W 或 Trp	204.213	$Phenyl—NH—CH=C—CH_2—$	芳香族类
酪氨酸	Tyrosine	Y 或 Tyr	181.176	$4-OH—Phenyl—CH_2—$	芳香族类
缬氨酸	Valine	V 或 Val	117.133	$CH_3—CH(CH_3)—$	脂肪族类

（1）根据 α-氨基酸 R 基分

① 脂肪族氨基酸　丙氨酸、缬氨酸、亮氨酸、异亮氨酸、蛋氨酸、天冬氨酸、谷氨酸、赖氨酸、精氨酸、甘氨酸、丝氨酸、苏氨酸、半胱氨酸、天冬酰胺、谷氨酰胺 。

② 芳香族氨基酸　苯丙氨酸、酪氨酸、色氨酸。

③ 杂环族氨基酸　组氨酸。

④ 杂环亚氨基酸　脯氨酸。

（2）根据分子中氨基、羧基的数目不同分

① 中性氨基酸　氨基数＝羧基数，如丝氨酸、苏氨酸。

② 碱性氨基酸　氨基数＞羧基数，如赖氨酸、组氨酸、精氨酸。

③ 酸性氨基酸　氨基数＜羧基数，如谷氨酸、大冬氨酸。

这里的酸性氨基酸、碱性氨基酸是相对中性氨基酸，不是以水分子中性 pH7 为根据的，由于羧基的游离度大于氨基，在 pH7 的纯水中，含有 1 个氨基和 1 个羧基的氨基酸，pH 值小于 7 呈酸性。

(3) 根据人体能否合成分

① 必需氨基酸　指人体（或其他脊椎动物）不能合成或合成速度远不适应机体的需要，必须由食物蛋白供给，这些氨基酸称为必需氨基酸，共有 8 种，其作用如下。

a. 赖氨酸：促进大脑发育，是肝及胆的组成成分，能促进脂肪代谢，调节松果体、乳腺、黄体及卵巢，防止细胞退化；

b. 色氨酸：促进胃液及胰液的产生；

c. 苯丙氨酸：参与消除肾及膀胱功能的损耗；

d. 蛋氨酸（又叫甲硫氨酸）：参与组成血红蛋白、组织与血清，有促进脾脏、胰脏及淋巴的功能；

e. 苏氨酸：有转变某些氨基酸达到平衡的功能；

f. 异亮氨酸：参与胸腺、脾脏及脑下腺的调节以及代谢；有利于血红蛋白的形成，具有稳定、调节血糖与热量利用的作用；

g. 亮氨酸：作用为平衡异亮氨酸；

h. 缬氨酸：作用于黄体、乳腺及卵巢。

② 非必需氨基酸　指人（或其他脊椎动物）自己能由简单的前体合成，不需要从食物中获得的氨基酸。如甘氨酸、丙氨酸等氨基酸。组氨酸能在人体内合成，但其合成速度不能满足身体需要，有人也把它列为"必需氨基酸"。

③ 半必需氨基酸　胱氨酸、酪氨酸、精氨酸和丝氨酸长期缺乏可能引起生理功能障碍，而列为"半必需氨基酸"，因为它们在体内虽能合成，但其合成原料是必需氨基酸，而且胱氨酸可取代 80%～90% 的蛋氨酸，酪氨酸可替代 70%～75% 的苯丙氨酸，起到必需氨基酸的作用。

2. 非蛋白氨基酸

天然的氨基酸大多数是不参与蛋白质组成的，多以游离状态存在，这些氨基酸被称为非蛋白氨基酸，部分非蛋白氨基酸显示出独特的生物学功能和药用价值，如高丝氨酸、刀豆氨酸参加生物体内含氮物质的吸收、储存和转运；γ-氨基丁酸在神经细胞接触传递中起传递作用等。

3. 衍生氨基酸

蛋白质分子中，掺入了多肽链的氨基酸，经酶催化修饰后，其活性基团如 α-COOH 可酰胺化、α-NH_2 可甲基化或乙酰化、—OH 可磷酸化等，由此形成的衍生物称为衍生氨基酸或修饰氨基酸。如磷乙天冬氨酸、左旋多巴、牛磺酸、茶氨酸等。

二、氨基酸的理化性质

1. 氨基酸物理和光谱性质

α-氨基酸都是无色晶体；熔点较高（200～300℃）；一般难溶于非极性有机溶剂，水中溶解度各不同，取决于侧链；氨基酸能使水的介电常数增高；氨基酸的晶体是离子晶体；氨基酸是离子化合物；蛋白氨基酸，除甘氨酸外，均有旋光性，比旋光度是氨基酸的重要物理常数之一，是鉴别各种氨基酸的重要依据。20 种蛋白氨基酸在可见光区都没有光吸收，但在远紫外区（＜220nm）均有光吸收，在近紫外区（220～300nm）只有芳香族的含有苯环共轭双键系统的酪氨酸、苯丙氨酸和色氨酸有吸收光的能力。

2. 氨基酸的酸碱性和等电点

氨基酸在结晶形态或在水溶液中，并不是以游离的羧基或氨基形式存在，而是离解成兼性离子，所谓兼性离子是指在同一分子上带有能释放质子的正离子基团和能接受质子的负离子基团，即氨基是以质子化（—NH_3^+）形式存在，羧基是以离解状态（—COO^-）存在。兼性离子本身既是酸又是碱，因此它既可以和酸反应，也可以和碱反应。

每一种氨基酸都有特定的等电点，这是由于各种氨基酸分子上所含有的氨基、羧基等基团的数目以及各种基团的解离程度不同所造成的。一般"一氨基一羧基"的氨基酸等电点在 pH6 左右，这是由于羧基的解离程度大于氨基，故 pI 偏酸，碱性氨基酸 pI 在 pH10 左右，酸性氨基酸的 pI 在 pH3 左右。在不同的 pH 条件下，两性离子的状态也随之发生变化，因此可根据氨基酸的两性性质利用电泳的分离方法对混合氨基酸进行分离。

3. 氨基酸的成盐反应

氨基酸与酸、碱都可形成盐，并可溶于水，但与 Cu^{2+}、Ag^+、Hg^{2+} 形成的盐多数不溶于水，在提取分离中可利用氨基酸的成盐性质进行分离纯化。

4. 氨基酸与茚三酮的反应

在加热条件及弱酸环境下，α-氨基酸与茚三酮作用，生成蓝紫红色的有色物质，脯氨酸和羟脯氨酸与茚三酮产生黄色，反应中产生的二氧化碳及颜色，可用于氨基酸的定性和定量分析。

5. 氨基酸特殊的基团反应

(1) 米伦反应　酪氨酸与米伦试剂（硝酸汞溶于含有少量亚硝酸的硝酸中）反应生成白色沉淀，加热后变红。

(2) 坂口反应　碱性溶液中，胍基与含有 α-萘酚及次溴酸盐的试剂反应，生成红色物质，用于精氨酸的检验。

(3) Pauly 反应　组氨酸的咪唑基在碱性条件下，可与重氮化的对氨基苯磺酸偶联产生红色物质，用于组氨酸、酪氨酸的检验。

(4) 醛类反应　在硫酸存在下，色氨酸与对二甲氨基苯甲醛反应生成紫红色化合物，用于色氨酸的检验。

(5) 铅黑反应　胱氨酸和半胱氨酸被强碱破坏后，能放出硫化氢，与乙酸铅反应生成黑色的硫化铅沉淀。

三、氨基酸类药物的生产方法

目前全世界天然氨基酸的年总产量在百万吨左右，其中产量较大者有谷氨酸、蛋氨酸及赖氨酸，其次为天冬氨酸、苯丙氨酸及胱氨酸等。

目前构成天然蛋白质的 20 种氨基酸的生产方法有水解法（也称提取法）、发酵法、酶工程法及化学合成法四种。

氨基酸及其衍生物类药物已有百种之多，但主要是以 20 种氨基酸为原料经酯化、酰化、取代及成盐等化学方法或酶转化法生产。有关 2015 版中国药典收载的氨基酸原料药生产方法及主要用途见表 7-2。

表 7-2　2015 版中国药典收载的氨基酸原料药生产方法及主要用途

品种	生产方法	主要用途
L-胱氨酸	提取、发酵、合成	促进毛发生长，防治肝炎，增加巨细胞
L-谷氨酸	发酵、合成	改善高血氨症状，治疗肝昏迷
L-门冬氨酸	酶工程	离子载体，促进尿素合成，降血氨
L-甘氨酸	合成	治疗肌肉病，胃酸过多症，促进脂肪代谢
L-色氨酸	提取、合成	改善脑神经功能，促进红细胞再生、乳汁合成

品种	生产方法	主要用途
L-酪氨酸	提取、发酵	治疗震颤性麻痹症,改善肌肉运动
L-苏氨酸	发酵、合成、酶工程	促进生长发育,抗脂肪肝,治疗贫血
L-亮氨酸	提取、发酵、合成	改善营养状况,维持脂肪正常代谢
L-异亮氨酸	发酵、酶工程	促进蛋白质、激素合成,促进生长发育
乙酰半胱氨酸	合成	溶解黏液,祛痰
牛磺酸	合成	抗心肌缺血性损伤,抗癫痫
L-丙氨酸	提取、酶工程	组成复合氨基酸注射液及口服液等原料
甲硫氨酸	合成	参与体内生物合成与代谢,调节中枢神经系统
L-精氨酸	提取	促进尿素循环,治疗肝昏迷
L-天冬酰胺	酶工程	辅助治疗乳腺小叶增生
L-缬氨酸	提取	作为营养补剂,促进蛋白质的合成
L-组氨酸	提取、发酵	镇静副交感神经,治疗消化性溃疡
L-丝氨酸	提取、合成	作为营养补剂,缓解疲劳,恢复体力
L-脯氨酸	发酵、合成	参与能量代谢及解毒作用

1. 水解法

水解法是以毛发、血粉及废蚕丝等蛋白质为原料,通过酸、碱或酶水解成多种氨基酸混合物,经分离纯化获得各种药用氨基酸的方法,又称蛋白提取法。水解法生产氨基酸的主要过程为水解、分离和结晶精制三个步骤。

(1) 酸水解法 蛋白质原料加入 $6\sim10\text{mol/L}$ 盐酸或 8mol/L 硫酸于 $110\sim120℃$ (回流煮沸)水解 $16\sim24\text{h}$,或在加压下 $120℃$ 水解 12h,除酸后即得多种氨基酸混合物。此法优点是水解迅速而彻底,产物全部为 L 型氨基酸,无消旋作用。缺点是营养价值较高的色氨酸几乎全部被破坏,含羟基的丝氨酸及酪氨酸部分被破坏,水解产物可与醛基化合物作用生成一类黑色的物质使水解液呈黑色,需脱色处理,且产生大量废酸污染环境。

(2) 碱水解法 蛋白质原料加入 6mol/L 氢氧化钠或 4mol/L 氢氧化钡于 $100℃$ 水解 6h 即得多种氨基酸混合物。该法水解迅速而彻底,且色氨酸不被破坏,但含羟基或巯基的氨基酸全部被破坏,且产生消旋作用。工业上多不采用。

(3) 酶水解法 蛋白质原料在一定 pH 和温度条件下,经胰酶或微生物蛋白酶作用分解成氨基酸和小肽。优点为反应条件温和,无需特殊设备,氨基酸不破坏,无消旋作用。缺点是水解不彻底,产物中除氨基酸外,还含较多肽类。工业上很少用该法生产氨基酸而主要用于生产水解蛋白及蛋白胨。

2. 发酵法

发酵法分为直接发酵法和微生物转化法。

(1) 直接发酵法 以糖为碳源、以氨或尿素为氮源,微生物通过固氮作用、硝酸还原及自外界吸收氨使酮酸氨基化成相应的氨基酸,所用微生物主要是细菌、酵母菌、基因工程菌。按生产菌株的特性,直接发酵法分为四类。

① 使用野生型菌株直接由糖和铵盐发酵生产氨基酸。

② 使用营养缺陷型突变菌株直接由糖和铵盐发酵生产氨基酸。

③ 由氨基酸结构类似物抗性突变株生产氨基酸。

④ 使用营养缺陷型兼抗性突变株生产氨基酸。

(2) 微生物转化法 利用菌体的酶系,加入前体物质用微生物将其转化为特定氨基酸的方法。主要应用于很难避开其反馈调节机制,而难以用直接发酵法生产的氨基酸,如用甘氨酸为前体生产 L-丝氨酸。

氨基酸发酵方式主要是液体通风深层培养法,其过程是由菌种试管培养逐级放大直至数吨至数百吨发酵罐。发酵结束,除去菌体,清液用于提取、分离纯化和精制有关氨基酸。

目前绝大部分氨基酸可通过发酵法生产，优点是直接生产 L 型氨基酸，原料丰富；缺点是产物浓度低，有副产物，单晶体氨基酸的分离比较复杂，设备投资大，工艺管理要求严格，生产周期长，成本高。

3. 酶工程法

酶工程法亦称为酶转化法，实际上是在特定酶的作用下使某些化合物转化成相应氨基酸的技术。其生产过程是以化学合成的、生物合成的或天然存在的氨基酸前体为原料，将含有特定酶的微生物、植物或动物细胞进行固定化处理，通过酶促反应制备氨基酸。由于底物的多样性，该法既可制备天然的氨基酸，又可制备难以用发酵法和合成法制备的光学活性氨基酸。

酶工程法工艺简单，产物浓度高，转化率及生产效率较高，副产物少。固定化酶或细胞可进行连续操作，节省能源和人力，并可长期反复使用。

4. 化学合成法

化学合成法是利用有机合成和化学工程相结合的技术生产氨基酸的方法。一般是以 α-卤代羧酸、醛类、甘氨酸衍生物、异氰酸盐、乙酰氨基丙二酸二乙酯、卤代烃、α-酮酸及某些氨基酸为原料，经氨解、水解、缩合、取代及还原等化学反应合成 α-氨基酸，但合成得到的产物皆为 DL 型氨基酸混合物，需用固定化酶来拆分成 L 型氨基酸。由于氨基酸的种类多，结构不同，合成的方法也不同。

本法的优点是可以采用多种原料和多种工艺路线，特别是以石油化工产品为原料时，成本较低，生产规模大，适合工业化生产，产品易分离纯化。缺点是生产工艺复杂，形成消旋体，需拆分。

四、氨基酸类药物的分离方法

氨基酸的分离是指从氨基酸的混合液中获得某种单一氨基酸的工艺过程，是氨基酸生产中重要的环节。

发酵法得到的是单一品种的 α-氨基酸，夹杂其他氨基酸的种类和含量较少；蛋白水解法得到的是多种氨基酸的混合物。目前，多数氨基酸采用发酵法生产，有的氨基酸则存在多种生产方法并存。氨基酸的发酵液经过预处理、离心或过滤除去菌体后，可对其进行提取分离。氨基酸分离方法较多，通常有沉淀法、吸附法、离子交换法、膜分离法、萃取法、结晶与干燥等。

1. 沉淀法

氨基酸生产中常用的沉淀法有溶解度或等电点沉淀法、特殊试剂沉淀法。

（1）溶解度或等电点沉淀法　依据不同氨基酸在水中或其他溶剂中的溶解度差异而进行分离的方法。如胱氨酸和酪氨酸均难溶于水，酪氨酸在热水中溶解度较大，而胱氨酸则无大差别，故可将混合物中胱氨酸、酪氨酸及其他氨基酸彼此分开。另外，可以利用氨基酸的两性解离有等电点的性质，不同氨基酸有不同等电点，在等电点时，氨基酸分子的净电荷为零，氨基酸溶解度最小，易沉淀析出。采用这种方法可以从生产半胱氨酸的废母液中回收胱氨酸，半胱氨酸在水溶液中的溶解度比较大，而胱氨酸在等电点处溶解度很小。调整溶液的 pH，再加入 H_2O_2，将半胱氨酸氧化成胱氨酸，就可以形成沉淀达到分离的目的。所以利用溶解度法分离氨基酸时，也常结合等电点沉淀法。

氨基酸在不同溶剂中溶解度不同的特性，还可用于氨基酸的结晶。在水中溶解度大的氨基酸，如精氨酸、赖氨酸，其结晶不能用水洗涤，但可用乙醇洗涤除杂质；而在水中溶解度小的氨基酸，其结晶可用水洗涤除杂质。

（2）特殊试剂沉淀法　特殊试剂沉淀法是采用某些有机或无机试剂与相应氨基酸形成不溶性衍生物的分离方法。如亮氨酸能与邻二甲苯-4-磺酸形成不溶性盐沉淀，后者与氨水反应又可获得游离亮氨酸；组氨酸可与氯化汞形成不溶性汞盐沉淀，再经硫化氢处理后又可获得游离组氨酸；精氨酸可与苯甲醛生成水不溶性苯亚甲基精氨酸沉淀，后者用盐酸除去苯甲醛即可得精氨酸。

本法操作简单，针对性强，是分离某些氨基酸的主要方法，但缺点是沉淀剂难以除去。

2. 吸附法

吸附法是利用恰当的吸附剂在一定的 pH 条件下，使混合液中氨基酸被吸附剂吸附，然后再用适当的洗脱剂将吸附的氨基酸从吸附剂上解吸下来，进行分离的方法。常用的吸附剂有活性炭、高岭土、氧化铝、酸性白土等吸附剂。如颗粒活性炭对苯丙氨酸、酪氨酸及色氨酸的吸附力大于对其他非芳香族氨基酸的吸附力，故可从氨基酸混合液中将上述氨基酸分离出来。

吸附法优点是不用或少用有机溶剂、操作简便、安全、设备简单、吸附过程 pH 变化小；缺点是选择性差，收率低，特别是一些无机吸附剂性能不稳定，不能连续操作，劳动强度大，尤其活性炭影响环境卫生，几乎不被采用，但随着大孔网状聚合物吸附剂的合成和不断发展，吸附法又重新被人们重视。

3. 离子交换法

离子交换法是利用离子交换剂对不同氨基酸吸附能力的差异进行分离的方法。氨基酸为两性电解质，在特定条件下，不同氨基酸的带电性质及解离状态不同，故同一种离子交换剂对不同氨基酸的吸附力不同。如在 pH5～6 的溶液中，碱性氨基酸带正电荷，酸性氨基酸带负电荷，中性氨基酸呈电中性，选择适宜的离子交换树脂，可选择性吸附不同解离状态的氨基酸，再改变缓冲液的 pH，进行洗脱，就可将不同氨基酸进行分离。

离子交换法仅适用于等电点相差较大混合氨基酸的分离，优点是处理量大，工艺较成熟；缺点是氨基酸离子在树脂中的扩散速度较慢，料液要求流速较低，发酵液必须进行预处理，料液上交换柱前还要进行稀释，故所需的设备太大，工艺过程烦琐。

4. 膜分离法

(1) 超滤、微滤   微滤可用于氨基酸发酵液的澄清除菌体；采用超滤的方法可以去除丙氨酸、盐酸赖氨酸产品中的热原；采用不同切割分子量的超滤膜能代替活性炭脱色提高氨基酸产品的质量、收率；利用电荷效应，若膜表面带与待分离物质同种电荷，则会产生静电排斥作用，反之则会产生吸引的原理，使用带电荷超滤膜，可以分离混合氨基酸。如在 pH5.5 时，赖氨酸（pI9.74）带一单位的正电荷，亮氨酸（pI5.98）不带电，而两者的分子体积相差不多，当使用带负电荷的超滤膜，赖氨酸更容易透过。故调整氨基酸混合液的 pH，改变其所带的电荷，并通过加入适当种类和浓度的盐可以提高氨基酸的分离选择性。

(2) 电渗析法   采用辐射法制备的高性能离子交换膜，通过电渗析技术可以对胱氨酸母液进行脱盐并制得混合氨基酸。运用新型电渗析装置对合成甘氨酸的混合物进行分离，以脱出氯化铵副产物，可避免使用大量的甲醇而造成严重的环境污染，避免了使用大量蒸汽以蒸馏回收甲醇而增加成本，避免了使用易受氯化铵腐蚀的大蒸馏塔，而使用洁净能源——电力，并使能耗下降 50%。

5. 萃取法

(1) 反应萃取   选择适当的反应萃取剂，其解离出来的离子与氨基酸解离出来的离子发生反应，生成可以溶于有机相的萃取配合物，从而使氨基酸从水相进入有机相。由于萃取剂与不同的氨基酸反应形成性质不同的萃合物，扩大了那些性质相近的氨基酸的性质差别，从而达到彼此分离和提纯的目的。反应萃取剂有两类，一类是在低 pH 值下萃取氨基酸阳离子，以酸性磷氧类萃取剂最为典型，如十二烷基磷酸、十二烷基苯磺酸等。当这些萃取剂中添加诸如煤油、四氯化碳、苯、正辛烷、异戊醇时可增加分相速度。另一类是在高 pH 值下萃取氨基酸阴离子的季铵盐，如甲基三辛基氯化铵是典型的阴离子萃取剂。

(2) 反向微胶团萃取   反向微胶团是溶在有机溶剂中表面活性剂的非极性尾在外与非极性的有机溶剂接触，而极性头则排列在内形成极性核，极性核溶于水后就形成了"水池"。当含有氨基酸的水溶液与含反相微胶团的有机溶剂相混合时，氨基酸以带电离子状态进入反相微胶团的"水池"内或微胶团球粒的界面分子膜层内而被分离。不同带电状态的氨基酸离子被萃取的能力不同。由于所得反萃液尚需进一步将氨基酸与无机盐分离，才能得到纯的氨基酸，所以仅用于低盐浓度的氨基酸料液如发酵液的分离，对于同时含有多种氨基酸且盐浓度高的料液如胱氨酸母液则不适用。

6. 结晶与干燥

通过上述分离纯化的氨基酸仍混有少量的其他氨基酸和杂质，常用通过结晶和重结晶进一步提高纯度，也可采用溶解度法与结晶相结合的技术，即利用氨基酸在不同的溶剂、不同的 pH 介质中溶解度不同，将达到一定纯度、较高浓度的样品的 pH 值选择在 pI 附近，在低温条件下使其结晶析出。氨基酸结晶产品需通过干燥除去剩余水分或溶剂获得干燥制品，便于使用和保存。常用的干燥方法有常压干燥、减压干燥、喷雾干燥、冷冻干燥等。如在沸水中苯丙氨酸溶解度大于酪氨酸 100 倍，若将含少量酪氨酸的苯丙氨酸粗品溶于 15 倍体积（W/V）的热水中，调 pH 至 4.0 左右，经脱色过滤可除去大部分酪氨酸；滤液浓缩至原体积的 1/3，加 2 倍体积（体积分数）的 95％乙醇，4℃放置，滤取结晶，用 95％乙醇洗涤，减压干燥即得苯丙氨酸精品。

知识拓展

一、生物药物的类型

生物药物是指利用生物体、生物组织、体液或其代谢产物（初级代谢产物和次级代谢产物），综合应用化学、生物化学、生物学、医学、药学、工程学等学科的原理与方法加工制成的一类用于疾病的预防、治疗和诊断的物质。现代的生物药物包括生化药品、生物制品以及其他一切以生物体、组织或酶为原材料或手段制备的医药产品。生化药品主要指的是以天然动物及其组织为原料，通过分离纯化制备的生物药物。生物制品是以微生物、细胞、动物或人源组织和体液等为原料，应用传统技术或现代生物技术制成，用于人类疾病的预防、治疗和诊断。人用生物制品包括细胞类疫苗、病毒类疫苗、抗毒素及抗血清、血液制品、细胞因子、生长因子、酶、体内及体外诊断制品，以及其他生物活性制剂，如毒素、抗原、变态反应原、单克隆抗体、抗原抗体复合物、免疫调节剂及微生态制剂等。

1. 按照生物药物的化学本质和化学特性分类

（1）氨基酸类药物及其衍生物　这类药物包括天然的氨基酸和氨基酸混合物及氨基酸的衍生物。

（2）多肽和蛋白质类药物　活性多肽由多种氨基酸按一定的顺序连接起来，与蛋白质相比，分子量一般较小，多数无特定的空间构象。蛋白质类药物有单纯蛋白质与结合蛋白质两类。

（3）酶类药物　绝大多数酶都属于蛋白质，由于酶具有特殊的生物催化活性，目前，酶类药物已经广泛用于疾病的诊断和治疗。

（4）核酸类药物　核酸类药物分为具天然结构的核酸类物质及天然结构碱基、核苷、核苷酸结构类似物或聚合物，具有改善机体的物质代谢和能量平衡，治疗病毒、肿瘤、艾滋病等重大疾病的药理功能。

（5）糖类药物　是一大类多羟基醛或酮的化合物，分为单糖、多糖、糖的衍生物，糖类药物在抗凝血、降血脂、抗病毒、抗肿瘤、增强免疫功能和抗衰老等方面具有较强的药理学活性。

（6）脂类药物　脂类药物分子的非极性较强，大多不溶于水。不同的脂类药物的分子结构差异较大，生理功能较广泛。

（7）抗生素与维生素类药物　这类药物大多是一类必须由食物提供的小分子化合物，

结构差异较大，不是组织细胞的结构成分，不能为机体提供能量，但对机体代谢有调节和整合作用。

(8) 其他　有些生物药物由于其本身的复杂性，不便于归入上述任何一类。如以细胞或病毒整体为药物的生物制品，以及以人血为基础的血液制品，其本身就是一个复杂的分子系统，含有多种分子种类和功能作用，就不能简单按分子基础和功能进行归类。另外，还有其他一些生物次级代谢产品，例如抗生素、生物碱等，其分子结构多样，功能各异，也难以按分子基础和功能进行简单的分类。

2. 按原料来源分类

(1) 人体来源的生物药物　以人体组织为原料制备的药物疗效好，无毒副作用，但受来源和伦理限制，无法大批量生产。现投产的主要品种仅限于人血液制品、人胎盘制品和人尿制品。

(2) 动物组织来源的生物药物　该类药物原料来源丰富，价格低廉，可以批量生产，但存在成分复杂和有效成分含量低等多方面缺陷，使以天然来源的动物原料直接提取纯化药用成分的成本升高。另外，由于越来越多的动物物种由珍贵变成珍稀，使原料的来源也越来越受限。借助现代分子生物学技术，对动物进行改造，以提高其中的药用成分的合成水平，或进行动物细胞与组织培养，以克服原料短缺的不足。因此，现在所说的动物组织来源，既包含天然的动物组织，也包含人工组织。

(3) 微生物来源的生物药物　微生物来源的生物药物品种最多，用途最广泛，其中以抗生素生产最为典型，受微生物本身遗传特性的限制，野生型微生物合成的药用品种有限，水平偏低。现代的基因重组技术，很好地解决了这些难题。通过基因重组技术，既可以将微生物本身不含的外源药物基因导入，以增加微生物合成的药物品种，亦可改变微生物的代谢调节方式，使目的药用成分大量合成。

(4) 植物来源的生物药物　该类药物的资源十分丰富。植物来源的药物亦可分植物生产必需的初级代谢产物和非必需的次级代谢产物两类。据不完全统计，全世界大约有40%的药物来源于植物或以来源于植物的分子为基础人工合成，随着生命科学技术的发展，转基因植物生产药物技术的成熟，植物来源的药物将有更大的发展。

(5) 海洋生物来源的生物药物　海洋生物包含有海洋动物、植物、微生物，物种同样十分繁多，是丰富的药物资源宝库，从海洋生物中分离出来的药物，具有抗菌、抗肿瘤、抗凝血等生理活性。

3. 按功能用途分类

(1) 治疗药物　生物药物以其独特的生理调节作用，对许多常见病、多发病、疑难病均有很好的治疗作用，且毒副作用低。

(2) 预防药物　预防是控制感染性疾病传播的有效手段，常见的预防药物有各种疫苗、类毒素等。

(3) 诊断药物　用于诊断的生物药物具有速度快、灵敏高、特异性强的特点。现已应用的有免疫诊断试剂、酶诊断试剂、单克隆抗体诊断试剂、放射性诊断药物和基因诊断药物等。

(4) 其他用途　生物药物在保健品、食品、化妆品、医用材料等方面也有广泛的应用。

二、《中国药典》收载的氨基酸类药物

2015年版《中国药典》收载的氨基酸及其衍生物类品种有：牛磺酸及其制剂（片、散、颗粒、胶囊、滴眼液）；盐酸精氨酸及其制剂（片、注射液）；色氨酸；谷氨酸（钠）

及其制剂（片、注射液、钾注射液）；组氨酸及盐酸组氨酸；脯氨酸；精氨酸；酪氨酸；丝氨酸；异亮氨酸；亮氨酸；赖氨酸（盐酸、乙酸、苄达）；缬氨酸；天冬酰胺（片）、甘氨酸（冲洗液）、胱氨酸（片、盐酸）、丙氨酸、甲硫氨酸（片）、苏氨酸、苯丙氨酸、谷丙甘氨酸胶囊、乙酰半胱氨酸（滴眼液、颗粒）、乙酰谷氨酸（注射液）、羧甲司坦（口服溶液、片、颗粒）等。

实例训练

实训16　L-胱氨酸的提取分离

【任务描述】

L-胱氨酸是由两分子的半胱氨酸脱氢氧化而成，含2个氨基、2个羧基和1个二硫键。L-胱氨酸纯品呈六角形片状白色结晶或结晶性粉末，无味，微溶于水，不溶于乙醇及其他有机溶剂，易溶于酸、碱溶液中，在热碱液中易分解，等电点为4.6，熔点为260～261℃。

L-胱氨酸比L-半胱氨酸稳定，在体内变成半胱氨酸后参与蛋白质合成和各种代谢过程，L-胱氨酸能促进细胞氧化还原功能，使肝脏功能旺盛，并能中和毒素、促进白细胞增生、阻止病原菌发育等作用。临床主要用于治疗膀胱炎、各种秃发症、肝炎、神经痛、中毒性病症、放射损伤以及各种原因引起的巨细胞减少症，还是一些药物中毒的特效药。

L-胱氨酸可由蛋白质水解、精制而成，或由半胱氨酸在碱性水溶液中氧化而成。L-胱氨酸广泛存在于人发、猪毛、羊毛、马毛、羽毛及动物角等蛋白质中，其中人发和猪毛中含量最高，人发中含量高达17.6%，猪毛中含量高达14%。由于L-胱氨酸是氨基酸中最难溶于水的一种，因此本次任务可利用这种特性，通过酸性水解法，从废杂人发、猪毛等蛋白质的酸水解液中，通过分离、结晶等步骤制备L-胱氨酸。

【任务实施】

一、准备工作

1.建立工作小组，制订工作计划，确定具体任务，任务分工到个人，并记录到工作表。

2.收集蛋白水解法生产胱氨酸工作中的必需信息，掌握相关知识及操作要点，与教师共同确定出一种最佳的工作方案。

3.完成任务单中实际操作前的各项准备工作。

(1) 材料准备　废杂毛（人发或猪毛）。

(2) 试剂　1mol/L及10mol/L盐酸、30%的氢氧化钠、12%的氨水、乙酸钠饱和溶液、乙二胺四乙酸粉末、活性炭粉、硝酸、硝酸银。

(3) 器具　玻璃钢或搪瓷水解罐、耐酸锅、搪瓷缸、不锈钢桶、离心机、玻璃纤维布、白纱布、涤纶布、温度计、酸度计、pH试纸、布氏漏斗、微孔滤膜滤过器、恒温水浴、天平、滴管、试管、移液管、量筒、烧杯。

二、操作过程

操作流程见图7-2。

1. 清洗

除去废杂毛中泥沙、草木等杂物，用60℃左右的热水，加少量洗涤剂，搅拌洗涤4～6min，洗去吸附在杂毛上的油脂，然后捞出，再清水冲洗干净，滤干，放在通风处晒干或烘干备用。

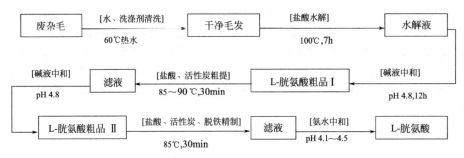

图 7-2　L-胱氨酸提取操作流程

2. 盐酸水解

按杂毛的量，先量取 2 倍量（V/W）10mol/L 盐酸，加入玻璃钢或搪瓷水解罐中，通蒸汽加热到 70～80℃，立即投入清洗晒干的毛发，继续加热，间歇搅拌，使温度均匀，升温到 100℃ 开始记温，每隔 0.5h 记温一次，在 1～1.5h 内升温至 110℃ 左右（即罐温），水解 7h（从温度达 100℃ 时计算）左右，水解期间要有回流装置，保证水解酸度，水解完全后，停止回流，加入 3％ 的活性炭，搅拌 2h，趁热用玻璃纤维布抽滤除去大的黑腐质，然后用多层纱布抽滤，将滤液移到耐酸锅内，容器内残留滤液用适量 10mol/L 盐酸冲洗 2～3 次，冲洗液一并移到耐酸锅内。

3. 碱液中和

将过滤好的滤液趁热在搅拌下加入 30％ 的氢氧化钠溶液，当中和到 pH 值为 4.0 时，停止加碱液，然后改用乙酸钠饱和溶液中和到 pH 为 4.8 时停止，继续搅拌 15min，复测 pH，静置 10～12h。用涤纶布过滤得沉淀物，离心甩干，即得 L-胱氨酸粗品Ⅰ。滤液可用于分离精氨酸、亮氨酸、谷氨酸等。中和时温度应保持在 50℃ 左右，而且要在 0.5h 内完成。

4. 初步提纯

称取适量的 L-胱氨酸粗品Ⅰ，加入粗品量 60％（V/W）的 10mol/L 盐酸，加入粗品量 2.5 倍的水，加热至 65℃ 左右，搅拌溶解约 30min，再加入 2％（W/V）活性炭，升温到 85～90℃，恒温搅拌 30min，过滤脱色液，滤液加热到 80～85℃，在搅拌下加入 30％ 氢氧化钠溶液，调节 pH4.8 时，静置使结晶析出，过滤得沉淀，离心甩干，得 L-胱氨酸粗品Ⅱ。

5. 精制、干燥

称取适量 L-胱氨酸粗品Ⅱ，加入 5 倍量（V/W）1mol/L 的盐酸，加热到 70℃ 时，加入 L-胱氨酸粗品Ⅱ量 5％（W/V）的活性炭，升温到 85℃，保温搅拌 30min，趁热过滤，在滤液中加入 2％（W/V）的乙二胺四乙酸脱铁，搅拌 20min 后，再过滤，收集无色透明滤液。按滤液体积加入 2 倍量（体积分数）蒸馏水，加热至 80℃，搅拌下加入 12％ 的氨水调节溶液 pH4.0～4.1，冷却至室温，静置 10h，过滤得 L-胱氨酸结晶物。用去离子水洗涤至无氯离子，60～70℃ 真空干燥得精制 L-胱氨酸。

三、结束工作

1. 填好所有操作记录单、任务单、各种评价表。
2. 检查设备仪表是否洁净完好。
3. 检查工作场地及环境卫生。
4. 进行任务总结。

【工作反思】

1. 提取胱氨酸时应注意哪些条件的变化？
2. 水解终点应如何判定？
3. 为什么要加活性炭？

4. 粗品 I 中除了具有 L-胱氨酸外，还可能含有什么氨基酸？

实训 17　L-亮氨酸的提取分离

【任务描述】

L-亮氨酸纯品为白色结晶或结晶性粉末，无臭，味微苦，微溶于水，在 25℃ 水中溶解度为 2.19、75℃ 水中为 3.82、乙醇中为 0.017、乙酸中为 10.9，不溶于乙醚、石油醚、苯、丙酮，等电点为 5.98，熔点为 293℃，337℃ 分解，145～148℃ 升华。

L-亮氨酸为人体必需氨基酸之一，在临床上作为氨基酸输液及综合氨基酸制剂，用于幼儿特发性高血糖的诊断和治疗及糖代谢失调、伴有胆汁分泌减少的肝病、贫血、中毒、肌肉萎缩症、脊髓灰炎后遗症、神经炎及精神病等。L-亮氨酸可用蛋白水解法、发酵法、合成法制备。L-亮氨酸广泛存在于蛋白质中，以玉米麸质及血粉中含量最丰富，其次在角甲、棉籽饼和鸡毛中含量也较多。本次任务是通过酸性水解法，从血粉中的酸水解液中，通过分离、色谱分离、结晶等步骤制备 L-亮氨酸。

【任务实施】

一、准备工作

1. 建立工作小组，制订工作计划，确定具体任务，任务分工到个人，并记录到工作表。

2. 收集蛋白水解法生产亮氨酸工作中的必需信息，掌握相关知识及操作要点，与教师共同确定出一种最佳的工作方案。

3. 完成任务单中实际操作前的各项准备工作。

（1）材料准备　新鲜干净的血粉。

（2）试剂　6mol/L 盐酸、10% 及 30% 的氢氧化钠、6mol/L 氨水、邻二甲苯-4-磺酸、活性炭粉、茚三酮水溶液（20mg/mL）。

（3）仪器　玻璃钢水解罐、耐酸锅、搪瓷缸、不锈钢桶、旋转蒸发仪、色谱柱、布氏漏斗、微孔滤膜过滤器、温度计、酸度计、pH 试纸、恒温水浴、天平、试管、移液管、量筒、烧杯。

二、操作过程

操作流程见图 7-3。

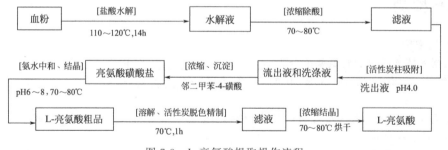

图 7-3　L-亮氨酸提取操作流程

1. 水解、除酸

将血粉置于不锈钢水解罐中，在搅拌下加入血粉 1.5 倍量（V/W）的 6mol/L 的盐酸，加热保温 110～120℃，回流水解 14h 以上，然后过滤收集水解液，在 70～80℃ 减压浓缩至糊状。加入浓缩液 1/2 左右的清水浓缩至糊状，如此反复 2 次，冷却至室温，过滤，收集滤液。

2. 吸附、脱色

滤液加 1 倍量的水稀释，以 0.5L/min 流速流进颗粒活性炭柱（30cm×180cm），直至流出液先用茚三酮显色后，再利用红外光吸收图谱法检出丙氨酸为止，用去离子水以同样流速洗至洗出液的 pH 为 4.0 为止，合并流出液和洗涤液，得流出液。

3. 浓缩、沉淀

流出液减压浓缩至进柱液体积的 1/3，搅拌下加入 1/10（W/V）的邻二甲苯-4-磺酸，静置后出现亮氨酸磺酸盐沉淀，过滤收集沉淀。沉淀用 2 倍量（V/W）的去离子水洗涤 2 次，抽滤压干得亮氨酸磺酸盐。

4. 解吸

亮氨酸磺酸盐加 2 倍量（V/W）的去离子水搅匀，用 6mol/L 的氨水中和至 pH 为 6～8，于 70～80℃保温搅拌 1h，使亮氨酸从磺酸盐中游离出来。在冷库中冷却结晶，过滤收集结晶，结晶用 2 倍量（V/W）的去离子水洗涤 2 次，抽滤压干得 L-亮氨酸粗品。

5. 精制

粗品用 40 倍量（V/W）的去离子水加热溶解，加 0.5% 活性炭（W/V）于 70℃ 搅拌脱色 1h，过滤收集滤液。滤液浓缩至原来体积的 1/4，冷却结晶，过滤收集结晶，并用少量去离子水洗涤，抽干，70～80℃烘干得 L-亮氨酸。

三、结束工作

1. 填好所有操作记录单、任务单、各种评价表。
2. 检查设备仪表是否洁净完好。
3. 检查工作场地及环境卫生。
4. 进行任务总结。

【工作反思】

1. 选用邻二甲苯-4-磺酸作沉淀剂的原因有哪些？
2. 采用活性炭柱色谱分离的原理和目的是什么？

 目标检测

（一）填空题

1. 根据人体能否合成将氨基酸分为_____、_____和_____。
2. 生产氨基酸类药物常用的生产方法有_____、_____、_____和_____。
3. 以毛发、血粉及废蚕丝等蛋白质为原料，通过_____、_____或_____水解成多种氨基酸混合物。
4. 所谓的酸性氨基酸、碱性氨基酸是相对于_____，不是以水分子中性 pH7 为根据的，由于羧基的游离度大于氨基，在 pH7 纯水中，含有 1 个氨基和 1 个羧基的氨基酸，pH 值_____7 呈_____性。
5. 按照化学本质和化学特性可将生物药物分为_____、_____、_____、_____、_____、_____、_____。

（二）单项选择题

1. 多以游离状态存在氨基酸是（　　）。
   A. 蛋白氨基酸　　　　B. 非蛋白氨基酸　　　C. 脂肪族氨基酸　　　D. 芳香族氨基酸
2. 下列属于氨基酸化学性质的是（　　）。

A. 都是无色晶体　　　　　　　　B. 水中溶解度各不同，取决于侧链

C. 有旋光性　　　　　　　　　　D. 是两性物质

3. 可用鉴别胱氨酸和半胱氨酸的试剂是（　　）。

A. 对二甲氨基苯甲醛　　B. 乙酸铅　　　　　C. α-萘酚　　　　　D. 对氨基苯磺酸

4. 具有促进毛发生长，防治肝炎，增加巨细胞功能的药物是（　　）。

A. L-谷氨酸　　　　　　B. L-甘氨酸　　　　　C. L-亮氨酸　　　　　D. L-胱氨酸

5. 利用蛋白质原料酸水解法生产氨基酸采用盐酸的浓度是（　　）。

A. 2～4mol/L　　　　　B. 4～6mol/L　　　　C. 6～10mol/L　　　　D. 1～2mol/L

（三）多项选择题

1. 下列属于 α-氨基酸的物理性质的有（　　）。

A. 都是无色晶体　　　　B. 水中溶解度各不同，取决于侧链

C. 有旋光性　　　　　　D. 是两性物质

2. 每一种氨基酸都有特定的等电点，原因是（　　）。

A. 各种氨基酸分子上所含有的氨基、羧基等基团的数目不同

B. 氨基酸在水溶液中是以游离的羧基或氨基形式存在

C. 各种氨基酸分子上各种基团的解离程度不同

D. 有旋光性

（四）简答题

1. 简述在水解法制备 L-胱氨酸的工艺路线中，分离 L-胱氨酸的原理是什么？

2. 简述酸、碱或酶水解生产氨基酸的各自优缺点。

3. 水解法生产 L-胱氨酸工艺中由粗品精制为成品过程中采用了哪些基本的生物分离技术？

4. 水解法生产 L-亮氨酸工艺控制要点有哪些？

任务十七　多肽和蛋白质类药物的提取分离

多肽和蛋白质类药物的主要生产方法包括化学合成法、天然动植物及重组动植物体提取法、微生物及重组微生物发酵法。本任务主要是以动植物为原材料，进行多肽和蛋白质类药物的提取、分离和纯化。

常见的多肽和蛋白质的分离纯化方法可根据多肽和蛋白质等电点的不同、分子形状和大小的不同、溶解度的不同、电离性质的不同、疏水基团与相应的载体基团结合力强弱不同、在溶剂系统中分配的不同、功能专一性的不同、选择性吸附性质不同等来进行分离纯化。

知识目标

- 了解多肽和蛋白质类药物的分类；
- 了解多肽和蛋白质类药物的生产方法。

技能目标

- 能够独立完成胰岛素、谷胱甘肽、胸腺肽等重要的多肽和蛋白质类药物的提取分离。

必备知识

从分子角度来看，多肽与蛋白质并无本质的区别，仅仅是分子结构大小不同而已。一般将组成化合物的氨基酸数目在 50 个以下的，称之为多肽，50 个以上的称之为蛋白质。多肽和蛋白质是存在于一切生物体内的重要物质，具有多种多样的生理生化功能，是一大类非常重要的生物药物。

一、多肽类药物

自 1953 年人工合成了第一个有生物活性的多肽催产素以后，20 世纪 50 年代都集中于脑垂体所分泌的各种多肽激素的研究。20 世纪 60 年代，研究的重点转移到控制脑垂体激素分泌的各种多肽激素的研究。20 世纪 70 年代，神经肽的研究进入高潮。生物胚层的发育渊源关系表明，很多脑活性肽也存在于肠胃组织中，从而推动了肠胃激素研究的进展。

目前，活性多肽是生化药物中非常活跃的一个领域，生物体内已知的活性多肽主要是从内分泌腺、组织器官、分泌细胞和体液中产生或获得的。许多活性蛋白质、多肽都是由无活性的蛋白质前体，经过酶的加工剪切转化而来的，有共同的来源、相似的结构、保留着若干彼此所特有的生物活性。研究活性多肽结构与功能的关系及活性多肽之间结构的异同与其活性的关系，将有助于设计和研制新的活性多肽药物。

多肽在生物体内的浓度很低，在血液中一般为 $10^{-16} \sim 10^{-12} mol/L$，但生理活性很强，在调节生理功能方面起着非常重要的作用。

1. 多肽类药物的功能特性

多肽类药物（多肽类激素）是机体的特定腺体合成并释放的一种物质，通过与远程敏感细胞内或细胞表面的受体相互作用而使靶细胞发生变化，主要有以下生理功能和特性。

① 作为生理调节的活性分子，参与调节各种生理活动和生化反应。

② 多肽具有非常高的生物活性，$1 \times 10^{-7} mol/L$ 就可发挥活性，有的甚至在极低浓度下依然具有活性。如胆囊收缩素在千万分之一就可以发挥作用。

③ 分子小，结构易于改造，可通过化学合成的方法生产。如注射用生长抑素，主要成分为生长抑素，为人工合成的环状十四肽。

④ 活性多肽的合成过程往往是由蛋白质经加工剪切转化而来的，许多多肽之间都具有共同的来源、相似的结构。

2. 多肽类药物的分类

多肽类药物主要有多肽激素、多肽类细胞生长调节因子和含有多肽成分的组织制剂。

(1) 多肽激素　多肽激素主要包括垂体激素、下丘脑激素、甲状腺激素、胰岛激素、胃肠道激素和胸腺激素等。

① 垂体激素：包括促皮质素（ACTH）、促黑激素（MSH）、促脂解素（LPH）、催产素（OT）、加压素（AVP）等。

② 下丘脑激素：包括促甲状腺素释放素（TRH）、促性腺激素释放激素（GnRH）等。

③ 甲状腺激素：包括甲状旁腺激素（PTH）、降钙素（CT）等。

④ 胰岛激素：包括胰高血糖素、胰解痉多肽等。

⑤ 胃肠道激素：包括胃泌素、胆囊收缩素-促胰激素、血管活性肠肽（VIP）、肠抑胃肽（GIP）、缓激肽、P 物质等。

⑥ 胸腺激素：包括胸腺生成素Ⅱ、胸腺肽、胸腺血清因子等。

(2) 多肽类细胞生长调节因子　细胞因子是多种细胞所分泌的能调节细胞生长分化、调节免疫功能、参与炎症发生和创伤愈合等小分子多肽的统称。多肽类细胞生长调节因子包括表皮生长因子（EGF）、转移因子（TF）、心房利钠尿多肽（ANP）等。

(3) 含有多肽成分的组织制剂　这是一类临床疗效确切，但其中所含的具体有效成分还不十分明了的制剂，主要包括骨宁、血活素、氨肽素、妇血宁、蜂毒、蛇毒、胚胎素、助应素、神经营养素、胎盘提取物、花粉提取物、脾水解物、肝水解物、心脏激素等。对这类物质，若能从多肽或细胞调节因子的角度研究它们的物质基础和作用机理，有可能发现新的活性成分。

二、蛋白质类药物

蛋白质是一切生命的物质基础，是构成生物体的一类最重要的有机含氮化合物，是塑造一切细胞和组织的基本材料。蛋白质类药物除包括蛋白质类激素和细胞生长调节因子外，还包括血浆蛋白质类、黏蛋白、胶原蛋白及蛋白酶抑制剂等。

1. 蛋白质类激素

蛋白质类激素主要包括垂体蛋白质激素和促性腺激素等。

(1) 垂体蛋白质激素　主要包括生长激素（GH）、催乳素（PRL）、促甲状腺素（TSH）、黄体生成激素（LH）、促卵泡激素（FSH）等。其中，生长激素有严格的种属特性，即动物的生长激素在结构上跟人不同，对人无效。

(2) 促性腺激素　主要包括人绒毛膜促性腺激素（HCG）、人类绝经期促性腺激素（HMG）等。

(3) 其他蛋白质激素　主要包括胰岛素、松弛素、尿抑胃素等。

2. 血浆蛋白质

血浆蛋白中的主要蛋白质成分有白蛋白（Alb）、纤维蛋白溶酶原、纤连蛋白（FN）、免疫丙种球蛋白、抗淋巴细胞免疫球蛋白、抗-D免疫球蛋白、抗-HBs免疫球蛋白、抗血友病球蛋白、纤维蛋白原（Fg）、抗凝血酶Ⅲ、凝血因子Ⅷ、凝血因子Ⅸ等。不同物种间的血浆蛋白质存在着种属差异，虽然动物血与人血的蛋白结构非常相似，但不能用于人体。

3. 蛋白质类细胞生长调节因子

蛋白质类细胞生长调节因子主要包括干扰素α、干扰素β、干扰素γ、白细胞介素（IL）（1～16）、神经生长因子（NGF）、肝细胞生长因子（HGF）、血小板衍生生长因子（PDGF）、肿瘤坏死因子（TNF）、集落刺激因子（CSF）、组织型纤溶酶原激活因子（tPA）、促红细胞生成素（EPO）、骨形态发生蛋白（BMP）等。

4. 黏蛋白

黏蛋白主要包括胃膜素、硫酸糖肽、内在因子、血型物质A和B等。

5. 胶原蛋白

胶原蛋白主要包括明胶、氧化聚合明胶、阿胶、冻干猪皮等。

6. 蛋白酶抑制剂

蛋白酶抑制剂主要包括胰蛋白酶抑制剂、大豆胰蛋白酶抑制剂等。

三、多肽和蛋白质类药物的主要生产方法

多肽和蛋白质类药物的主要生产方法包括化学合成法、天然动植物及重组动植物体提取法、微生物及重组微生物发酵法。

1. 化学合成法

化学合成法只能生产少部分多肽类药物。化学合成法借助化学催化剂，按一定的氨基酸序列顺序形成肽键。蛋白质类药物一般都具有复杂的空间结构，而且这些空间结构的形成还需要一些特殊的细胞因子参与起辅助作用，这些细胞因子是化学合成过程中无法提供的，所以化学合成法不能用于生产相对复杂的蛋白质类药物。

多肽的合成法是从20世纪50年代开始，在有机溶剂中进行的均相反应，因此叫作液相合成法，此法在合成分子量不太大的多肽时是比较成功的，但在合成更大的蛋白质时，产物还不能表现出全部活力且不能结晶。1962年建立的固相合成的新方法，对小肽的合成是很成功的，对大分子的合成，如124肽的核糖核酸酶，还不能达到天然物质的全部活力。目前试图合成大的蛋白质以及建立快速简便的合成方法是多肽合成化学的特征。

2. 天然动植物及重组动植物体提取法

天然动植物体提取法生产多肽和蛋白质类药物就是通过生化工程技术从天然动植物体中分离

纯化。

(1) 生物材料的选择   不同的蛋白质类药物可以分别或同时来源于动物、植物和微生物。选择生物材料时，要保证来源丰富、成本低、目的物含量高、易于分离纯化，同时还需考虑种属特异性、发育阶段、生理状态、原料来源、解剖部位、生物技术产品的宿主菌或细胞等因素的影响。

① 种属特异性   牛胰脏中含胰岛素单位比猪胰脏高，牛为 4000IU/kg 胰脏，猪为 3000IU/kg 胰脏。抗原性猪胰岛素比牛胰岛素的低。猪胰岛素与人胰岛素相比，分子结构中有 1 个氨基酸的差异，而牛胰岛素有 3 个氨基酸的差异。

② 发育阶段   幼年动物的胸腺比较发达，老龄后逐渐萎缩，因此胸腺原料必须采自幼龄动物。HCG 在妊娠妇女 60～70 天的尿中达到高峰；到妊娠 18 周已降到最低水平。然而 HMG 必须从绝经期的妇女尿中获取。肝细胞生长因子是从肝细胞分化最旺盛阶段的胎儿、胎猪或胎牛肝中获得的。若用成年动物，必须经过肝脏部分切除手术后，才能获得富含肝细胞生长因子的原料。

③ 生理状态   动物饱食后宰杀，胰脏中的胰岛素含量增加，有利于胰岛素的提取分离。严重再生障碍性贫血症患者尿中的促红细胞生成素（EPO）含量增加。

④ 原料来源   血管舒缓素可分别从猪胰脏和猪颚下腺中提取，而稳定性以颚下腺来源为好，因其不含蛋白水解酶。

⑤ 解剖部位   胃膜素以采取全胃黏膜为好，胃蛋白酶则以采取胃底部黏膜为好，因胃底部黏膜富含消化腺。

(2) 提取   提取是分离纯化的第一步，它是将目的产物从复杂的生物体系中转移到特定的人工液相体系中。提取多肽或蛋白质的总体要求是最大限度地将目标成分提取出来，其关键是溶剂的选择。选择标准是对待制备的多肽或蛋白质具有最大的溶解度，并在提取中尽可能减少一些不必要的成分。常用的手段是调整溶剂的 pH 值、离子强度、溶剂成分分配比和温度范围等。

(3) 分离纯化   多肽和蛋白质的分离纯化是将提取液中的目的蛋白质与其他非蛋白质杂质以及各种不同蛋白质分离开来的过程。常用的分离纯化方法有以下几种。

① 根据蛋白质等电点的不同来纯化蛋白质   蛋白质、多肽及氨基酸都是两性电解质，在一定 pH 环境中，某一种蛋白质解离成正、负离子的趋势相等，或解离成两性离子，其净电荷为零，此时环境的 pH 值即为该蛋白质的等电点。在等电点时蛋白质性质比较稳定，其物理性质如导电性、溶解度、黏度、渗透压等最小，因此可利用蛋白质等电点时溶解度最小的特性来制备或沉淀蛋白质。

两性物质的等电点会因条件不同（如在不同离子强度的不同缓冲溶液中，或含有一定的有机溶剂的溶液中）而改变。当盐存在时，蛋白质若结合了较多的阳离子，则等电点向较高的 pH 值偏移。反之，蛋白质若结合较多的阴离子，则等电点移向较低的 pH 值。用等电点法沉淀蛋白质常需配合盐析操作，而单独使用等电点法主要是用于去除等电点相距较大的杂蛋白时，常需配合热变性操作。等电聚焦电泳除了用于分离蛋白质外，也可用于测定蛋白质的等电点。

② 根据蛋白质分子形状和大小的不同来纯化蛋白质   蛋白质的一个主要特点是分子大，因此可以用凝胶过滤法、超滤法、离心法及透析法等将蛋白质与其他小分子物质分离，也可将大小不同的蛋白质分离。

③ 根据蛋白质溶解度的不同来纯化蛋白质   蛋白质的溶解度受溶液的 pH、离子强度、溶剂的电解质性质及温度等多种因素的影响。在同一特定条件下，不同蛋白质有不同的溶解度，适当改变外界条件，可以有选择地控制某一种蛋白质的溶解度，达到分离的目的。属于这一类的分离方法有蛋白质的盐溶与盐析法、结晶法和低温有机溶剂沉淀法。

不同的蛋白质分子由于其表面带有不同的电荷，它们在盐析沉淀时所需要的中性盐的饱和度各不相同，因此可通过调节混合蛋白质溶液中的中性盐浓度使各种蛋白质分段沉淀。

蛋白质等生物大分子也具有形成晶体的能力，但相对比较困难。一般来说，支链较少的比支链多的容易结晶，对称的分子比不对称的分子容易结晶，分子量小的比分子量大的容易结晶。

有机溶剂沉淀法是利用不同蛋白质在不同浓度的有机溶剂中的溶解度不同，从而使不同的蛋白质得到分离。其中，乙醇和丙酮是有机溶剂沉淀法中最常用的有机溶剂，由于丙酮的介电常数小于乙醇，故丙酮沉淀能力比乙醇强。

④ 根据蛋白质电离性质的不同来纯化蛋白质　离子交换剂作为一种固定相，本身具有正离子或负离子基团，它对溶液中不同的带电物质呈现不同的亲和力，从而使这些物质分离提纯。蛋白质、多肽或氨基酸具有能够离子化的基团。对蛋白质的离子交换色谱分离过程，一般多用离子交换纤维和以葡聚糖凝胶、琼脂糖凝胶、聚丙烯酰胺凝胶等为骨架的离子交换剂，主要是取其有较大蛋白质吸附容量、较高的流速和分辨率等优点。对已知等电点的物质，在 pH 高于其等电点时，用阴离子交换剂，在低于其等电点时，用阳离子交换剂。

另外，电泳法也是利用电离性质的不同来分离纯化蛋白质。电泳技术既可用于分离各种生物大分子，也可用于分析某种蛋白质的纯度，还可用于分子量的测定。电泳技术与色谱分离技术的结合，可用于蛋白质结构的分析。

⑤ 根据蛋白质功能专一性的不同来纯化蛋白质　主要的手段是亲和色谱法，即利用蛋白质分子能与其相应的配体进行特异的、非共价键的可逆性结合而达到纯化的目的。固相化金属亲和色谱（IMAC）是新发展的一种亲和色谱技术。蛋白质分子中的咪唑基和巯基可与一些金属元素（如 Cu^{2+}、Zn^{2+} 等）形成配位结合，使蛋白质得到分离纯化。

⑥ 根据蛋白质疏水基团与相应的载体基团结合来纯化蛋白质　蛋白质分子上有疏水区，它们主要由酪氨酸、亮氨酸、异亮氨酸、缬氨酸、苯丙氨酸等非极性的侧链密集在一起形成，并暴露于分子表面。这些疏水区，能够与吸附剂上的疏水基团结合，再通过降低介质的离子强度和极性，或用含有去垢剂的溶剂、增高洗脱剂的 pH 值等方法将蛋白质洗脱下来。

⑦ 根据蛋白质在溶剂系统中分配的不同来纯化蛋白质　这是一种以化合物在两个不相溶的液相之间进行分配为基础的分离过程，称之为逆流分溶。利用逆流分溶技术分离垂体激素、氨基酸、DNA 十分有效。

⑧ 根据蛋白质受物理、化学等作用因素的影响来纯化蛋白质　蛋白质易受 pH、温度、酸、碱、金属离子、蛋白质沉淀剂、络合剂等的影响，由于各种蛋白质都存在着差异，可利用这种差异来纯化蛋白质。

⑨ 根据蛋白质的选择性吸附性质来纯化蛋白质　在蛋白质分离中，最广泛使用的吸附剂有结晶磷酸钙（羟灰石）、磷酸钙凝胶、硅胶、皂土、沸石、硅藻土、活性白土、氧化铝以及活性炭等。如催产素、胰岛素、HCG、HMG 等都可以通过吸附色谱技术进行纯化。

⑩ 根据酶对蛋白质的作用来纯化蛋白质　对于酶蛋白——超氧化物歧化酶（SOD）的提取，因 SOD 能抵抗蛋白酶的水解，可用蛋白水解酶降解其他蛋白质，以便于 SOD 进一步的纯化。γ-球蛋白、ACTH 在分子中有活性中心，可用蛋白酶水解切去与生物活性无关的分子部分，保留活性分子片段，使产品纯化。对于无胰岛素生物活性的胰岛素原，用蛋白水解酶可切去胰岛素原分子中的 C 肽，使胰岛素激活。一些活性多肽常与其他蛋白质分子结合而不呈现活性或不能够被提取，用蛋白水解酶可以使其与其他蛋白质解离，恢复其生物活性和在溶液中的正常性质。

（4）溶液中蛋白质产物浓度的测定　溶液中蛋白质的浓度可根据它们的物理、化学性质，如折射率、比重、紫外吸收法来测定；化学反应方法，如凯氏定氮、双缩脲反应、福林-酚反应测定；也可用染色法，如氨基黑、考马斯亮蓝染色测定；此外还可用荧光激发、氯胺 T、放射性同位素计数等灵敏度较高的方法。其中紫外吸收法、双缩脲法、福林-酚试剂法、考马斯亮蓝染色法最为常用。

（5）蛋白质纯度检查　测定蛋白质的纯度是化学和物理学的概念，它和蛋白质所具有的生物活性有着复杂的关系，蛋白质的聚合状态、辅基的存在、蛋白质的变性作用等亦极大地影响其生物活性，而这些因素的影响有些往往是用一般纯度检查的方法所查不出来的，纯度检查的方法有：HPLC 或快速蛋白液相色谱（FPLC）、电泳法、免疫化学法（适用于产生特异性抗体的蛋白)、生物测定法、分光光度法。

由于天然动植物体中的有效成分含量过低，杂质太多，引起了人们对重组动植物的重视。重组动植物指的是通过基因工程技术的手段，将药物基因或能对药物基因起调节作用的基因转导入动植物组织细胞，以提高动植组织合成药用成分的能力，再经过生化分离，制得生物药品。

3. 微生物及重组微生物发酵法

微生物发酵法生产多肽和蛋白质类药物是该类药品生产的主流。特别是通过基因工程菌发酵生产多肽和蛋白质类药品，因其生产周期短、成本低、产品质量高，一直受到全世界生物制药企业的追逐。如前所述，多肽和蛋白质类药品多数属于人体特有的细胞因子、激素、蛋白，这些蛋白与动物体所含的存在结构上的差异。也就是说，通过从动植物体提取的方法生产该类药品，由于其结构与人的不同，临床上存在产生较大副作用的可能性。克服这一难题的最好方法就是通过基因工程技术的手段，把人体细胞内含有的合成某一多肽或蛋白的基因分离出来，再结合一定的载体，转入特定的微生物细胞，通过微生物细胞将该多肽或蛋白的基因表达出来，以生产该类药品用于临床。目前，世界上生产的多肽和蛋白质类药品，绝大多数均经过此方法生产。

实例训练

实训 18　胰岛素的提取分离

【任务描述】

胰岛素是哺乳动物胰岛 β 细胞分泌的蛋白质类激素，胰岛素可以调节糖代谢、减少糖原异生、促进糖原合成、抑制糖原分解、加速葡萄糖的无氧酵解和有氧氧化、促进组织对葡萄糖的利用，并能促进葡萄糖转变为脂肪，是体内主要的降血糖激素，其应用于临床已有 70 多年的历史，至今仍是治疗糖尿病的首选药物。

胰岛素是一种分子量较小的蛋白质，分子中共有 51 个氨基酸，由 A、B 两条肽链组成，A 链含 21 个氨基酸，B 链含 30 个氨基酸，两条肽链之间借两个二硫键联结，A 链的第 6 位与第 11 位氨基酸之间也有一个二硫键。不同种属动物的胰岛素分子结构大致相同，主要差别在 A 链二硫桥中间的第 8、9 和 10 位上的三个氨基酸及 B 链 C 末端，人的是苏氨酸，猪的是丙氨酸。猪胰岛素的分子量为 5733，牛胰岛素的分子量为 5764，人胰岛素的分子量为 5784。动物胰岛素存在一定的免疫原性，可能在人体产生抗体而致过敏反应，另外，动物胰岛素的效价低。

胰岛素为白色或类白色无定形粉末，等电点为 5.30～5.35，在 pH4.5～6.5 范围内几乎不溶于水，易溶于稀酸或稀碱溶液，在 80% 以下乙醇或丙酮中溶解，在 90% 以上乙醇或 80% 以上丙酮中难溶，在乙醚中不溶，在酸性环境（pH2.5～3.5）较稳定，在碱性溶液中极易失去活力，可形成锌、钴等胰岛素结晶，在显微镜下观察呈正方形或偏斜方形六面体结晶。

胰岛素具有蛋白质的各种特殊反应。高浓度的盐，如饱和氯化钠、半饱和硫酸铵等，可使其沉淀析出；也能被蛋白质沉淀剂如三氯乙酸、苦味酸等沉淀；并有茚三酮、双缩脲等蛋白质的显色反应。胰岛素能被胰岛素酶、胃蛋白酶、糜蛋白酶等蛋白水解酶水解而失活。胰岛素对高能辐射非常敏感，容易失活；紫外线能破坏胱氨酸和酪氨酸基团。光氧化作用能导致分子中组氨酸被破坏。超声波能引起其非专一性降解。胰岛素能被活性炭、白陶土、氢氧化铝、磷酸钙、CMC（羟甲基纤维素）和 DEAE-C（二乙氨基乙基纤维素）吸附。

本次实训任务以猪（或牛）的胰脏为原料，根据胰岛素易与锌离子结合的性质，用氯化锌作沉淀剂，可使胰岛素直接从初步除去碱性和酸性杂蛋白的提取液中沉淀析出。

【任务实施】

一、准备工作

1. 建立工作小组，制订工作计划，确定具体任务，任务分工到个人，并记录到工作表。

2. 收集胰岛素的提取分离工作中的必需信息，掌握相关知识及操作要点，与指导教师共同确定出一种最佳的工作方案。

3. 完成任务单中实际操作前的各项准备工作。

（1）材料准备 冻胰脏。

（2）试剂 2％及10％柠檬酸溶液、6mol/L硫酸、0.01mol/L盐酸、68％及86％乙醇、2mol/L氨水、浓氨水、6.5％及20％乙酸锌溶液、氯化钠、草酸、乙醚、氯化锌、冷丙酮、硅藻土、五氧化二磷、猪（或牛）胰岛素标准品、猪（或牛）胰岛素对照品、磷酸二氢钠、乙腈、磷酸。

（3）器具 离心机、布氏漏斗、抽滤瓶、分液漏斗、酸度计、水浴锅、滤纸、组织捣碎机、不锈钢锅、搪瓷桶、高效液相色谱仪、玻璃棒、冰箱、显微镜、真空干燥箱。

二、操作过程

操作流程见图7-4。

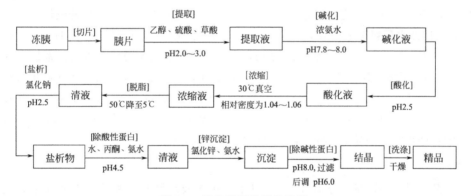

图 7-4 胰岛素提取操作流程

1. 胰脏预处理

将冻胰脏块用刀切成片，备用。

2. 提取

（1）将冻胰片100g在组织捣碎机中绞碎后置于搪瓷桶中，加入2.3～2.6倍量的86％乙醇（W/W）和5％冻胰重量的草酸，在10～15℃温度下加入6mol/L硫酸调至pH2.0～3.0，搅拌下提取2h。抽滤或3000r/min离心10min，取上清液，残渣留用。

（2）残渣加入1倍量的68％乙醇（W/W）和0.4％冻胰重量的草酸按上法提取1h，同上法固液分离，取上清液。

（3）合并两次提取液。

3. 碱化、酸化

将提取液置于搪瓷桶中，然后冷却至10～15℃，用浓氨水调pH7.8～8.0，加入硅藻土（每100g胰脏加6g），抽滤，除去碱性蛋白沉淀；滤液随即用6mol/L硫酸酸化至pH2.5，温度控制在0～5℃，静置3h以上，待沉淀完全后，抽滤，弃去酸性蛋白沉淀，取上清液。

4. 减压浓缩

取上清液，在30℃以下真空浓缩除去乙醇，浓缩至浓缩液比重为1.04～1.06（约为原来体积的 1/9～1/10）为止。

5. 脱脂、盐析

将浓缩液转入不锈钢锅中，于 10min 内加热至 50℃，立即冷却至 5℃，转至分液漏斗，静置 2～3h，使油层分离。分出下层清液（上层油脂可用少量蒸馏水洗涤回收胰岛素），用 0.01mol/L 盐酸调 pH2.5 后，称量清液体积，于 20～25℃ 搅拌下加入 27%（W/V）固体氯化钠，静置 3h，抽滤或离心，收集盐析物即为粗品胰岛素（含水量约为 40%）。

6. 精制

(1) 除酸性蛋白 取粗品胰岛素置于搪瓷桶中，按其干重加入 7 倍量冷蒸馏水溶解（7 倍量水应包括粗品胰岛素中所含水量），再加入 3 倍量的冷丙酮（按粗品计），用 2mol/L 氨水调节 pH4.5，按补加氨水量补加丙酮使水和丙酮的比例为 7：3，冷却至 0～5℃ 过夜，抽滤，除去沉淀，取清液。

(2) 锌沉淀 清液用 2mol/L 氨水调 pH6.0，按溶液体积加入 3.6% 乙酸锌（计算乙酸锌用量并配成 20% 乙酸锌溶液加入），再用 2mol/L 氨水调节使最终 pH6.0，冷却至 0～5℃ 过夜，抽滤，收集沉淀。

(3) 结晶干燥 沉淀按每克精品（干重）加入 2% 柠檬酸 50mL、6.5% 乙酸锌溶液 2mL、丙酮 16mL，并用冰水稀释至 100mL，冷却至 0～5℃，用 2mol/L 氨水碱化至 pH8.0，迅速过滤，除去沉淀。滤液立即用 10% 柠檬酸溶液调 pH6.0，然后补加丙酮使整个溶液体系保持丙酮含量为 16%。在 10℃ 下缓慢搅拌 2～4h 后放入 3～5℃ 冰箱 72h 使之结晶，前 48h 内需用玻璃棒间歇搅拌，后 24h 静置不动。在显微镜下观察，外形为正方形或扁斜方形六面体结晶。离心收集结晶，刷去晶体表面黄色沉淀，再用蒸馏水、丙酮、乙醚洗涤，离心后的晶体在五氧化二磷真空干燥箱中干燥，即得结晶胰岛素（效价每毫克应在 25U 以上）。

7. 鉴别

取对照品及供试品适量，分别加 0.01mol/L 盐酸溶液制得 1mL 中含 40U 的溶液，按照高效液相色谱法试验：以十八烷基硅烷键合硅胶为填充剂（5μm）；柱温 40℃；以 0.1mol/L 磷酸二氢钠溶液（用磷酸调节 pH 3.0）-乙腈（73：27）或适宜比例的混合液（含 0.1 mol/L 硫酸钠）为流动相；检测波长为 214nm；流速为 1mL/min。取供试品溶液及对照品溶液各 20μL 注入高效液相色谱仪，记录主峰的保留时间，供试品的主峰保留时间应与同种属对照品的主峰保留时间一致。

8. 效价测定

将效价确定的胰岛素标准品用 0.01mol/L 盐酸溶液配制并稀释成 40、30、20、10、1 和 0.5U/mL 溶液。样品以 0.01mol/L 盐酸溶液配制并稀释成 1.5mol/mL 溶液进样测定。效价计算以主峰面积为纵坐标，标准品浓度为横坐标进行线性回归，计算而得。

三、结束工作
1. 填好所有操作记录单、任务单、各种评价表。
2. 检查设备仪表是否洁净完好。
3. 检查工作场地及环境卫生。
4. 进行任务总结。

【工作反思】
1. 为什么在胰岛素的制备中溶液的 pH 值不能超过 8.0?

2. 提取过程中影响胰岛素活性的因素有哪些？

实训 19 谷胱甘肽的提取分离

【任务描述】

谷胱甘肽（GSH）是一种重要的生物活性三肽，以还原型和氧化型两种形态广泛存在于动物、植物和微生物中，其中以酵母、谷物种子、胚芽、人体和动物的心脏、肝脏、肾脏、红细胞和眼睛晶状体中含量较高。在生物体内起作用的主要是还原型谷胱甘肽。还原型谷胱甘肽是由谷氨酸、半胱氨酸和甘氨酸组成的三肽，它的重要功能之一是通过巯基与体内的自由基结合，从而加速自由基的排泄，具有保护肝细胞膜、促进肝脏酶活性、抗氧化、解毒等作用，是人体细胞内的主要代谢调节物质。

GSH 的提取方法包括热水抽提、甲酸抽提、乙醇抽提、三氯乙酸抽提、有机酸混合抽提和低温抽提等。其中，用热水抽提法从酵母中提取 GSH 的效率最高、耗时较少、经济环保，因此本次实训任务采用热水抽提进行 GSH 的提取。

【任务实施】

一、准备工作

1. 建立工作小组，制订工作计划，确定具体任务，任务分工到个人，并记录到工作表。

2. 收集谷胱甘肽的提取分离工作中的必需信息，掌握相关知识及操作要点，与指导教师共同确定出一种最佳的工作方案。

3. 完成任务单中实际操作前的各项准备工作。

（1）材料准备 安琪活性酵母。

（2）试剂 732 强酸性阳离子交换树脂、2mol/L 及 0.2mol/L NaOH、2mol/L 和 1mol/L 和 0.2mol/L HCl、1%亚硝基铁氰化钠、蒸馏水。

（3）器具 2.6cm(ϕ)× 20cm 色谱柱、恒流泵、pH 计、吸管、试管、量筒、烧杯、恒温水浴锅。

二、操作过程

操作流程见图 7-5。

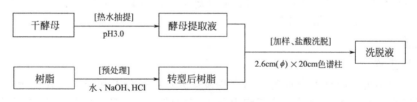

图 7-5 谷胱甘肽提取操作流程

1. 树脂的预处理

取一定量的 732 强酸性阳离子交换树脂，用自来水反复清洗，除去机械杂质（3～5 次），用 2mol/L NaOH 洗出杂质（约浸泡 2h），用去离子水将树脂洗至中性，再用 2mol/L HCl 溶液转型（约浸泡 2h），再用去离子水将树脂洗至中性，抽滤，待用。

2. 热水抽提 GSH

取 100g 干酵母，与 300mL 蒸馏水充分混合后倒入 500mL 沸腾的水中，再用 100mL 水洗涤烧杯后一并倒入。将混合液在 95～100℃保持 10min，放至冰水中速冷，用 0.2mol/L 盐酸调节 pH3.0。

3. 加样与洗脱

将处理好的 80g 树脂装入 2.6cm(ϕ)×20cm 色谱柱中，将 800mL 酵母提取液用 0.2mol/L 盐

酸调 pH3.0 左右，以 0.5BV/h（柱床体积/小时）上柱吸附，再以 1BV 蒸馏水洗柱，再用 1.0mol/L 盐酸 1.0BV/h 洗脱，采用 1%亚硝基铁氰化钠检测法检测洗脱终点（取洗脱液 5mL，加 2 滴 1%亚硝基铁氰化钠溶液，观察其颜色变化，若颜色变为红色，表明洗脱液中还有还原型谷胱甘肽存在，否则，表明洗脱液中无还原型谷胱甘肽存在），最后洗脱液用 0.2mol/L 氢氧化钠中和至 pH2.0～3.0。

三、结束工作

1. 填好所有操作记录单、任务单、各种评价表。
2. 检查设备仪表是否洁净完好。
3. 检查工作场地及环境卫生。
4. 进行任务总结。

【工作反思】

1. 离子交换树脂储存及使用过程中有哪些注意事项？
2. 请查阅相关材料，比较其他几种谷胱甘肽抽提方法的优缺点。

实训 20　胸腺肽的提取分离

【任务描述】

胸腺肽是由机体中枢免疫器官胸腺分泌的一类免疫活性物质，它由两种肽组成，一种的分子量为 9600，另一种为 7000，含有 15 种氨基酸，其中人体必需氨基酸含量比较高，还含有 20%～30%RNA、12%～18%DNA。胸腺肽对热稳定，能耐 80℃ 高温不变性；对蛋白酶敏感，易被降解失活。胸腺肽能诱导 T 淋巴细胞分化成熟、增强细胞因子的生成和增强 B 淋巴细胞的抗体应答。近年来，胸腺肽作为一种免疫调节剂，在抗衰老和抗病毒方面具有显著疗效，特别适用于原发和继发性免疫缺陷病及免疫功能失调所引起的疾病，对肿瘤有很好的辅助治疗效果，也用于再生障碍性贫血、急慢性病毒性肝炎等的治疗，无过敏反应和副作用。

胸腺肽的提取工艺较多，主要有离心法、超滤法、透析法、冻干法、葡聚糖凝胶色谱分离法、冷乙醇抽提等方法，具体操作也有差异，其产品质量也不易控制。由于超滤法更适合大批量生产及质量控制，近年来胸腺肽分离纯化多采用超滤法。我国临床上用的胸腺肽，多以冷的小牛、猪及羊等动物胸腺为原料，经提取、部分热变性、超滤等工艺过程制备。本次实训任务以小牛胸腺为材料，分离纯化胸腺肽。

【任务实施】

一、准备工作

1. 建立工作小组，制订工作计划，确定具体任务，任务分工到个人，并记录到工作表。
2. 收集以小牛胸腺为原料提取分离胸腺肽工作中的必需信息，掌握相关知识及操作要点，与教师共同确定出一种最佳的工作方案。
3. 完成任务单中实际操作前的各项准备工作。

(1) 材料准备　小牛胸腺。

(2) 试剂　蒸馏水、双蒸馏水、3%甘露醇。

(3) 器具　组织匀浆机、高速冷冻离心机、电子天平、可见分光光度计、电热鼓风干燥箱、循环水式多用真空泵、截留分子量 10000 以下的超滤膜、剪刀、绞肉机、微孔滤膜（0.22μm）、恒温水浴锅。

二、操作过程

操作流程见图 7-6。

1. 原料处理

取新鲜或冷冻胸腺，用剪刀除去脂肪、筋膜等非胸腺组织，再用冷蒸馏水冲洗，置于已消

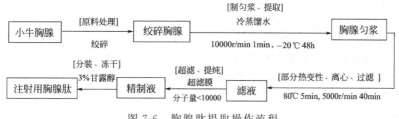

图 7-6 胸腺肽提取操作流程

毒的绞肉机中绞碎备用。

2. 制匀浆、 提取

将绞碎胸腺与冷双蒸馏水按 1:1 的比例混合。用 10000r/min 的高速匀浆机匀浆 1min，制成胸腺匀浆。浸渍提取，—20℃冰冻条件下贮藏 48h。

3. 加热去杂蛋白

将冻结的胸腺匀浆融化后，置水浴中搅拌加热至 80℃，保持 5min，迅速降温。在—20℃条件下再贮藏 2~3 天，然后取出融化，在 2℃条件下，5000r/min 离心 40min，收集上清液，除去沉渣，用 0.22μm 微孔滤膜减压抽滤，得澄清滤液。

4. 超滤、 提纯、 分装、 冻干

将滤液用分子量截留值为 10000 以下的超滤膜进行超滤，收取分子量 10000 以下的活性多肽，得精制液，置—20℃冷藏。经检验合格，加入 3% 甘露醇作赋形剂，用微孔滤膜除菌过滤、分装、冷冻干燥即得注射用胸腺肽。

三、结束工作

1. 填好所有操作记录单、任务单、各种评价表。
2. 检查设备仪表是否洁净完好。
3. 检查工作场地及环境卫生。
4. 进行任务总结。

【工作反思】

查阅相关材料，提出胸腺肽的活力测定方法。

 目标检测

(一) 填空题

1. 生产多肽和蛋白质药物常用的生产方法有_____、_____和_____。

2. 多肽和蛋白质都是氨基酸通过酰胺键_____连接而成的化合物。

3. 蛋白质、多肽都是两性电解质，在一定 pH 环境中，某一种蛋白质解离成正、负离子的趋势相等，其净电荷为零，此时环境的 pH 值即为蛋白质的_____。

(二) 单项选择题

1. 蛋白质一级结构的主要化学键是 (　　)。

    A. 氢键 　　　　B. 疏水键 　　　　C. 盐键 　　　　D. 二硫键 　　　　E. 肽键

2. 蛋白质变性后可出现下列哪种变化？(　　)

    A. 一级结构发生改变 　　　　B. 构型发生改变 　　　　C. 分子量变小

    D. 构象发生改变 　　　　E. 溶解度变大

3. 关于蛋白质等电点的叙述下列哪项是正确的？(　　)

A. 在等电点处蛋白质分子所带净电荷为零

B. 等电点时蛋白质变性沉淀

C. 不同蛋白质的等电点相同

D. 在等电点处蛋白质的稳定性增加

E. 蛋白质的等电点与它所含的碱性氨基酸的数目无关

(三) 多项选择题

1. 属于多肽类药物的是 (　　)。

A. 促肾上腺皮质素　B. 降钙素　　　　C. 胰高血糖素　D. 生长激素　E. 胸腺肽

2. 属于蛋白质类药物的是 (　　)。

A. 促肾上腺皮质素　B. 降钙素　　　　C. 生长激素　　D. 胰岛素　　E. 白蛋白

(四) 简答题

1. 生产胸腺肽中采用了哪些基本的生化分离技术？

2. 生产谷胱甘肽工艺控制要点有哪些？

任务十八　核酸类药物的提取分离

核酸是生物体的重要组成部分，其由磷酸、核糖和碱基三部分组成。利用核酸治疗危害人类健康的各种疾病，取得了新的突破，核酸类药物在临床上的应用越来越广泛。

核酸类药物又称核苷酸类药物，由某些动物、微生物的细胞中提取出的核酸（包括核苷酸和脱氧核苷酸），或者用人工合成法制备的具有核酸结构（包括核苷酸和脱氧核苷酸结构）同时又具有一定药理作用的物质。核酸类药物是一大类具有重要生理活性的药物，具有多种药理作用，如抗肝炎病毒、疱疹病毒及其他病毒、消化道癌、各类急性白血病、心脏病等。

核酸类药物的生产方法主要包括直接提取法、水解法、化学合成法、半合成法、酶合成法和微生物发酵法。

知识目标

- 了解核酸类药物的分类和性质；
- 熟悉核酸类药物的生产方法。

技能目标

- 能够独立完成DNA、ATP等重要核酸类药物的提取分离。

必备知识

1868 年，F. Mischer 从细胞核中分离得到一种酸性物质，即现在被称为核酸的物质。核酸（RNA、DNA）是由许多核苷酸以 $3',5'$-磷酸二酯键连接而成的大分子化合物，是构成生命的最基本的物质，在生物的遗传、变异、生长发育以及蛋白质合成等方面起重要作用，在疾病的发病过程中，核酸功能的改变是发病的重要因素，核酸类药物对防治恶性肿瘤、放射病、病毒的致病作用和遗传性疾病都有着重大的意义。

核酸类药物是指具有药用价值的核酸、核苷酸、核苷、碱基及其衍生物。如核苷及其衍生物干扰病毒 DNA 的合成，治疗病毒疾病；腺苷、肌苷、尿苷、核苷酸、脱氧核苷酸、双丁酰环腺苷酸、胞二磷胆碱、核苷三磷酸等核酸组分及衍生物，是天然的代谢激活剂，有助于改善机体的物质代谢和能量代谢，加速受损组织的修复等，见表 7-3。

表 7-3 主要核酸类药物及用途

名 称	治 疗 范 围
核糖核酸(RNA)	口服用于精神迟缓、记忆衰退、皮质下动脉硬化性脑病治疗;经静脉注射用于刺激造血和促进白细胞生成,治疗慢性肝炎、肝硬化、初期肝癌
脱氧核糖核酸(DNA)	有抗辐射作用,能改善机体虚弱疲劳;与细胞毒药物合用,能提高细胞毒药物对癌细胞的选择性作用;与红霉素合用,能降低毒性,提高抗癌疗效
免疫核糖核酸(iRNA)	推动正常 RNA 分子在基因水平上通过对癌细胞 DNA 分子进行诱导,或通过反转录酶系统促使癌细胞发生逆分化,如用于肝炎治疗的抗乙型肝炎病毒 iRNA,用于肺癌治疗的抗肺癌 iRNA
转移因子(TF)	传递细胞免疫能力,无体液免疫作用,用于病毒、真菌感染病及恶性肿瘤辅助治疗;亦可用于治疗肝炎等
聚肌胞苷酸(聚肌胞)	干扰素诱导物,具有广普抗病毒作用
腺苷三磷酸(ATP)	用于治疗心力衰竭、心肌炎、心肌梗死、脑动脉或冠状动脉硬化、急性脊髓灰质炎、肌肉萎缩、慢性肝炎等
核酸-氨基酸混合物	用于治疗气管炎、神经衰弱等
辅酶 A(CoA)	用于治疗动脉硬化、白细胞或血小板减少、肝病、肾病等
脱氧核苷酸钠	用于治疗放疗、化疗引起的急性白细胞减少症
腺苷一磷酸(AMP)	有周围血管扩张作用、减压作用;用于静脉曲张溃疡等
鸟苷三磷酸(GTP)	用于治疗慢性肝炎、进行性肌肉萎缩等
辅酶 I(NDA)	用于治疗白细胞减少及冠状动脉硬化
辅酶 II(NADP)	促进体内物质的生物氧化

一、核酸类药物的分类

核酸类药物可分为两类。

第一类为具有天然结构的核酸类物质,这类药物有助于改善机体的物质代谢和能量代谢平衡,加速受损组织的修复,促使机体恢复正常生理功能。临床上已广泛用于血小板减少症、白细胞减少症、急慢性肝炎、心血管疾病、肌肉萎缩等代谢障碍性疾病。这类核酸类药物主要包括 DNA、RNA、肌苷、ATP、辅酶 A 脱氧核苷酸、辅酶 I(NDA)等。这些药物多数是生物体自身能够合成的物质,它们基本上都可以经微生物发酵或从生物资源中提取生产。

第二类为天然结构碱基、核苷、核苷酸的结构类似物或聚合物,这类药物大部分由自然结构的核酸类物质通过半合成生产,或者采用化学-酶合成法。此类药物是治疗病毒、肿瘤、艾滋病的重要药物,也是诱导机体产生干扰素、免疫抑制剂的临床药物。临床上应用的有叠氮胸苷、阿糖胞苷、阿糖腺苷、转移因子(TF)等。

二、核酸类药物分离纯化的要求

1. 材料的选择

核酸类药物属于天然大分子、结构复杂的一类药物,大多数是以生物材料为原料,经预处理、提取纯化等工艺生产。由于 DNA、RNA 广泛天然存在于各类动物、植物及微生物中,因此原则上各种生物材料均可作为核酸类药物的原料。特别是可以选用一些动物的特定脏器或组织生产特定的药物,如从兔肌肉中提取 ATP;以脱脂大豆粕、芝麻、绿豆、赤小豆、大米及蘑菇等为原料,经过细胞、细胞核裂解,可获得 DNA、RNA 的纯化制品;或利用酒厂生产的废酵母生产核酸及多核苷酸、单核苷酸等。

2. 分离与纯化方法选择的原则

核酸分离与纯化的方法很多,要根据具体生物材料的性质、起始量、待分离核酸的性质与用途而采取不同的方法。核酸分离与纯化总的原则是要保证核酸一级结构的完整性、尽量排除杂质，保证核酸样品的纯度。

3. 核酸完整性的保持

影响核酸完整性的因素很多，包括物理、化学与生物学的因素，其中有些影响核酸完整性的因素是可以避免的。如在核酸的提取过程中，可采用适宜的缓冲溶液，使 pH 值始终控制在 4～10。

对于一些无法避免的有害因素，应采取多种措施，尽量减轻对核酸的破坏作用。如尽量简化分离纯化的步骤，缩短提取的时间；再如使用 EDTA、柠檬酸盐并在低温条件下操作，基本可以抑制 DNA 酶的活性。

三、核酸类药物的生产方法

1. 直接提取法

直接提取法是直接从动物、植物或微生物材料中提取核酸，操作的关键是去杂质，可通过多次溶解、沉淀制得精品。

2. 水解法

核酸（RNA 主要存在于微生物中，如啤酒酵母、纸浆酵母以及多种抗生素的菌丝体；DNA 主要存在于动物内脏等）经酶、碱、酸水解生成核苷酸，然后分离提取制备各种核苷酸的方法，称水解法。用催化剂的不同，分为酶水解、碱水解和酸水解等。

(1) 酶水解法　在酶的催化下水解称酶水解法。如用 $5'$-磷酸二酯酶可将 DNA 或 RNA 水解成 $5'$-核苷酸，可用来制备混合 $5'$-(脱氧) 核苷酸。如可利用双酶法生产肌苷酸和鸟苷酸 (I+G)，呈味核苷酸的主要品种是肌苷酸钠和鸟苷酸钠，用核酸酶 P1 降解 RNA 可获得 GMP 和 AMP，其中 AMP 脱氨生成 IMP。

(2) 碱水解法　在稀碱条件下，可以将 RNA 水解成为单核苷酸，产物为 $2'$-核苷酸和 $3'$-核苷酸的混合物。

(3) 酸水解法　用 1mol/L 的盐酸溶液在 100℃ 下加热 1h，RNA 会被水解成为嘌呤碱和嘧啶碱核苷酸的混合物。DNA 的嘌呤碱也可以被水解下来。

3. 化学合成法

化学合成法是指利用化学方法将原料逐步合成为目的产物。例如腺嘌呤可以次黄嘌呤或丙二酸二乙酯为原料合成。

4. 半合成法

半合成法即微生物发酵和化学合成并用的方法。例如由发酵法先制成 5-氨基-4-甲酰胺咪唑核糖核苷酸，再用化学合成制成鸟苷酸。

5. 酶合成法

此法是利用酶系统和模拟生物体条件制备目的产物。

6. 直接发酵法

此法是根据生产菌的特点，采用营养缺陷型菌株或营养缺陷型兼结构类似物抗性菌株，通过控制适当的发酵条件，打破菌体对核酸类物质的代谢调节控制，使其发酵生产大量的目的核苷或核苷酸。

四、核酸类药物的分离方法

从细胞中提取核酸后，仍混杂着蛋白质、多糖和各种大小分子核酸同类物。除去这些"杂质"的过程，即为核酸提纯过程。在核酸的分离纯化时，须在 $0\sim4℃$ 的低温条件下操作，以防止核酸大分子的变性降解。

1. 初步纯化

(1) 乙醇沉淀法 核酸是水溶性的多聚阴离子，它的钠盐和钾盐在多数有机溶剂包括乙醇-水混合物中不溶，在中等浓度的单价阳离子（Na^+、NH_4^+）下也不会被有机溶剂变性。因此，常用乙醇、异丙醇等有机溶剂作为核酸的沉淀剂，然后利用离心并按所需浓度重溶于适当的缓冲液中。

用无水乙醇沉淀 DNA，这是实验中最常用的沉淀 DNA 的方法。乙醇的优点是可以任意比和水相混溶，乙醇与核酸不会起任何化学反应，对盐类沉淀少，是理想的沉淀剂。一般实验中，是 2 倍体积的无水乙醇与 DNA 相混合，其乙醇的最终含量占 67% 左右。在用乙醇沉淀 DNA 时，注意所加的 CH_3COONa 或 NaCl 的最终浓度应在 $0.1\sim0.25mol/L$ 范围内，这是由于在 pH 8.0 左右的溶液中，DNA 分子是带负电荷的，加一定浓度的 CH_3COONa 或 NaCl，可使 Na^+ 中和 DNA 分子上的负电荷，减少 DNA 分子之间的同性电荷相斥力，易于互相聚合而形成 DNA 钠盐沉淀。若所加的盐溶液浓度过低时，则只会有部分的 DNA 形成 DNA 钠盐而聚合，这样会造成 DNA 沉淀不完全，而若当加入的盐溶液浓度太高时，其效果也不好，过多的盐杂质存在，会影响 DNA 的酶切等反应，必须要进行洗涤或重沉淀。

(2) 去污剂处理法 去污剂主要分为阴离子型去污剂、阳离子型去污剂和非离子型去污剂三类。近年来又出现了双性离子去污剂。去污剂的作用主要是溶解膜与质膜、使蛋白质变性与溶解、对 RNase（脱氧核糖核酸酶）和 DNase（核糖核酸酶）有一定的抑制作用和作为乳化剂使用。由于细胞中 DNA 与蛋白质之间常借静电引力或配位键结合，而阴离子去污剂恰好能破坏这种价键，因此常选用阴离子去污剂提取 DNA。

常用的阴离子去污剂主要包括十二烷基硫酸钠（SDS）、十二烷基硫酸钼（LDS）、脱氧胆酸钠、4-氨基水杨酸钠、萘-1,5-二磺酸钠、二异丙基萘磺酸钠等。

(3) 酚抽提法 细胞裂解后，向细胞裂解液中加入等体积的酚:氯仿:异戊醇（25:24:1，体积比）混合液。依据应用目的，两相经漩涡振荡混匀或简单颠倒混匀后离心分离。用苯酚处理匀浆液时，由于蛋白质与 DNA 连接键已断，蛋白质分子表面又含有很多极性基团与苯酚相似相溶，因此，蛋白质分子溶于酚相，而 DNA 溶于水相。利用核酸不溶于醇的性质，用乙醇沉淀 DNA。此法的特点是使提取的 DNA 保持天然状态。苯酚在使用时要注意国内出售的多为结晶酚，应在 120℃用空气冷凝管进行重蒸馏，以去除氧化物。同时，苯酚具有很强的结合水的能力，因此必须对苯酚用 pH 8.0 10mmol/L Tris-HCl 饱和，加入抗氧化剂 β-巯基乙醇和 8-羟基喹啉后，方可使用。再者需要注意酚腐蚀性很强，并可引起严重的灼伤，操作时应戴手套。混合液中的氯仿比重大，能加速有机相与水相分层，减少残留在水相中的酚，同时氯仿具有去除植物色素和蔗糖的作用，进而提高提取效率。混合液中的异戊醇则可减少操作过程中产生的气泡。

2. 精制

(1) 等密度梯度离心 双链 DNA、单链 DNA、RNA 和蛋白质具有不同的密度，因此可通过等密度梯度离心形式，形成不同密度的纯样品区带，此法适用于大量核酸样本的制备，其中氯化铯-溴化乙锭梯度平衡离心法是纯化大量质粒 DNA 的首选方法。

(2) 柱色谱　柱色谱是以固体吸附剂为固定相，以有机溶剂或缓冲液为流动相构成柱的一种色谱分离方法。

(3) 琼脂糖凝胶电泳　核酸是两性电解质，在 pH 值为 3.5 时，整个核酸分子带正电荷，在电场中向负极泳动；在 pH 值为 8.0～8.3 时，核酸分子带负电荷，向正极泳动，可采用相应浓度的凝胶介质作为电泳支持物，使得不同大小分子和构象的核酸分子的泳动率出现较大差异，从而达到分离的目的。目前琼脂糖凝胶电泳法已成为核糖核酸和脱氧核糖核酸检测、分离和性质研究的标准方法。

琼脂糖是从海藻中提取的一种多糖，加热 90℃ 以上时会溶解在水溶液中成为液体，倒入放有制胶梳子的凝胶槽中，降至 40℃ 时凝固成凝胶状，拔出梳子，凝胶上就会留下孔洞。将 DNA 样品放入梳子孔中，在 pH8.0 的 Tris-乙酸电泳缓冲液中进行电泳。DNA 在这种缓冲液中带负电，会向正极泳动。高浓度的凝胶适合分离一些小分子的 DNA 片段，低浓度的凝胶则适合分离一些大分子的 DNA 片段。电泳结束时，将凝胶放在溴化乙锭水溶液中染色后，于紫外检测灯下观察结果。

五、重要核酸类药物的制备

1. RNA 的提取与制备

在工业上主要由 RNA 生产 5′-核苷酸。RNA 经橘青酶作用可得鲜味强的 5′-呈味核苷酸。在医药上，RNA 可用于治疗肝炎、心脏病、关节炎和抗癌、抗病毒等。

(1) RNA 的工业来源　从微生物中提取 RNA，是工业上最实际、有效的方法。通常细菌中 RNA 占 5％～25％，酵母中 RNA 占 2.7％～15％，霉菌中 RNA 占 0.7％～28％。

(2) 高 RNA 含量酵母菌体的筛选　可从自然界筛选到 RNA 含量高的酵母菌株，也可采取诱变育种的方法提高酵母的 RNA 含量。

(3) 提取方法

① 稀碱法　称 5g 干酵母粉悬浮于 30mL 0.04mol/L NaOH 溶液中并在研钵中研磨均匀。悬浮液转入三角烧瓶，沸水浴加热 30min，冷却，转入离心管。3000r/min 离心 15min 后，将上清液中慢慢倾入 10mL 酸性乙醇，边加边搅动。加毕，静置，待 RNA 沉淀完全后，3000r/min 离心 3min，弃去上清液，用 95％乙醇洗涤沉淀两次。再用乙醚洗涤沉淀一次后，用乙醚将沉淀转移至布氏漏斗抽滤，将沉淀在空气中干燥。

② 浓盐法　采用高浓度盐溶液，如 6％～8％氯化钠溶液处理，并加热使细胞壁的通透性改变，使核酸从细胞内释放出来。

2. DNA 的提取与制备

DNA 可以促进细胞的活化，在调节新陈代谢、延缓机体衰老、维持正常免疫功能方面发挥积极的作用。

(1) 工业用 DNA 的提取　工业用 DNA 的提取主要是从冷冻鱼精中提取。鱼精中主要含有核蛋白、酶类以及多种微量元素。核蛋白的主要成分是脱氧核糖核酸（DNA）和碱性蛋白质（鱼精蛋白），其中 DNA 占大约 2/3。主要做法为：取新鲜冷冻鱼精 20kg，用绞肉机粉碎成浆状，加入等体积水，搅拌均匀，倾入反应锅内，缓慢搅拌，加热至 100℃，保温 15min，迅速冷却至 20～25℃ 后，离心除去鱼精蛋白等沉淀物，最终获得含热变性 DNA 的溶液。

(2) 具有生物活性 DNA 的制备　具有生物活性 DNA 可从动物内脏（肝、脾、胸腺）中提取制备。主要做法为：动物内脏加 4 倍量生理盐水制成匀浆，2500r/min 离心 30min。所得沉淀用同样体积的生理盐水洗涤 3 次，每次洗后离心，将沉淀悬浮于 20 倍量的冷生理盐水中捣碎 3min，加入 2 倍量 5％SDS，搅拌 2～3h，0℃ 2500r/min 离心 20min 后，在上清液中加入等体积的冷的 95％乙醇，离心即可得纤维状 DNA，再用冷乙醇和丙酮洗涤，减压低温干燥得粗品 DNA。

实例训练

实训 21　DNA 的提取分离

【任务描述】

DNA 在氯化钠溶液中的溶解度随着氯化钠的浓度的变化而改变的。当氯化钠的浓度为 2mol/L 时，DNA 的溶解度最高；浓度为 0.14mol/L 时，DNA 的溶解度最低。利用这一原理，可以使溶解在氯化钠溶液中的 DNA 析出。同时，利用 DNA 不溶于 95％的乙醇溶液，但是细胞中的某些物质则可以溶于乙醇溶液这一原理，可以进一步提取出含杂质较少的 DNA。本次实训任务以鸡血为实验材料，提取分离 DNA。

【任务实施】

一、准备工作

1. 建立工作小组，制订工作计划，确定具体任务，任务分工到个人，并记录到工作表。

2. 收集利用鸡血为原材料，提取分离 DNA 工作中的必需信息，掌握相关知识及操作要点，与教师共同确定出一种最佳的工作方案。

3. 完成任务单中实际操作前的各项准备工作。

（1）材料准备　鸡血。

（2）试剂　95％的乙醇溶液、蒸馏水、0.1g/mL 柠檬酸钠溶液、2mol/L NaCl 溶液。

（3）仪器　铁架台、铁环、镊子、三脚架、酒精灯、石棉网、玻璃棒、滤纸、滴管、量筒、烧杯、试管、漏斗、试管夹、纱布。

二、操作过程

操作流程见图 7-7。

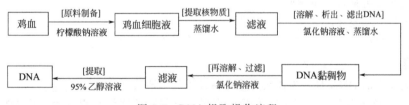

图 7-7　DNA 提取操作流程

1. 制备鸡血细胞液

取柠檬酸钠浓度为 0.1g/mL 的溶液（抗凝剂）100mL，置于 500mL 烧杯中。将宰杀活鸡流出的鸡血（约 180mL）注入烧杯中，同时用玻璃棒搅拌，使血液与柠檬酸钠溶液充分混合，以免凝血。将烧杯中的混合液置于冰箱内，静置一天，使血细胞沉淀。倒掉上面部分的澄清液，用吸管小心吸取清液与沉淀之间的血细胞，得到鸡血细胞液。

2. 提取鸡血细胞的细胞核物质

用吸管吸取制备好的鸡血细胞液 10mL，移入 50mL 烧杯中。加入蒸馏水 20mL，同时用玻璃棒沿一个方向充分搅拌 5min，使血细胞加快破裂。用放有纱布的漏斗将血细胞液过滤至

1000mL 的烧杯中，取其滤液。

3. 溶解 DNA

将 40mL 2mol/L 氯化钠溶液加入装有滤液的大烧杯中，用玻璃棒沿一个方向充分搅拌 1min，使 DNA 在溶液中呈溶解状态。

4. 析出 DNA

沿烧杯内壁缓缓加入蒸馏水，同时用玻璃棒沿一个方向不停地轻轻搅拌，这时溶液氯化钠浓度变小，DNA 慢慢析出，形成黏稠物。当黏稠物不再增加时停止加入蒸馏水（这时溶液中的氯化钠浓度相当于 0.14mol/L）。

5. 滤取含 DNA 的黏稠物

用放有多层纱布的漏斗，过滤上述溶液至 500mL 的烧杯中，含 DNA 的黏稠物被留在纱布上。

6. 含 DNA 的黏稠物再溶解

取 1 个 50mL 烧杯，向烧杯内注入 20mL 2mol/L 氯化钠溶液。用镊子将纱布上的黏稠物夹至氯化钠溶液中，用玻璃棒沿一个方向不停地搅拌 3min，使黏稠物尽可能多地溶解于溶液中。

7. 过滤含有 DNA 的氯化钠溶液

取 1 个 100mL 烧杯，用放有两层纱布的漏斗过滤上述的溶液，取其滤液，DNA 溶于滤液中。

8. 提取含杂质较少的 DNA

在上述滤液中，加入冷却的、体积分数为 95% 的乙醇溶液 50mL，并用玻璃棒沿一个方向搅拌，溶液中会出现丝状物。用玻璃棒将丝状物卷起，并用滤纸吸取上面的水分。这种丝状物的主要成分就是 DNA 。

三、结束工作

1. 填好所有操作记录单、任务单、各种评价表。
2. 检查设备仪表是否洁净完好。
3. 检查工作场地及环境卫生。
4. 进行任务总结。

【工作反思】

1. 提取鸡血中的 DNA 时，为什么要除去血液中的上清液？
2. DNA 的直径约为 20×10^{-10} m，实验中出现的丝状物的粗细是否表示 1 个 DNA 分子直径的大小？

实训 22   ATP 的提取分离

【任务描述】

三磷酸腺苷（ATP）是体内广泛存在的辅酶，是体内组织细胞所需能量的主要来源，蛋白质、脂肪、糖和核苷酸的合成都需 ATP 参与。ATP 经腺苷酸环化酶催化形成环磷酸腺苷（cAMP），是细胞内的生物活性物质，对细胞许多代谢过程有重要的调节作用。

ATP 为蛋白质、糖原、卵磷脂、尿素等的合成提供能量，促使肝细胞修复和再生，增强肝细胞代谢活性，对治疗肝病有较大针对性。ATP 为白色粉末，易溶于水，难溶于有机溶剂。在水中的溶解度为氢型＞钠盐＞钡盐＞汞盐的顺序，在碱性溶液（pH10.0）及低温下比较稳定。ATP 二钠是两性化合物，能与可溶性汞盐和钡盐形成不溶于水的沉淀物，利用这种性质可分离

ATP。本次实训任务采取兔肌肉为材料，提取分离 ATP。

【任务实施】

一、准备工作

1. 建立工作小组，制订工作计划，确定具体任务，任务分工到个人，并记录到工作表。

2. 收集以兔肌肉为材料，提取分离 ATP 工作中的必需信息，掌握相关知识及操作要点，确定出一种最佳的工作方案。

3. 完成任务单中实际操作前的各项准备工作。

(1) 材料准备　兔肌肉。

(2) 试剂　冷蒸馏水、0.03mol/L 及 1mol/L 氯化钠溶液、95％乙醇、硅藻土、活性炭、无水乙醇、乙醚、6mol/L 盐酸、717 强碱型阴离子交换树脂（氯型）、DEAE-C 薄板。

(3) 仪器　4 号垂熔漏斗、玻璃棒、量筒、色谱柱、五氧化二磷干燥器、布氏漏斗。

二、操作过程

操作流程见图 7-8。

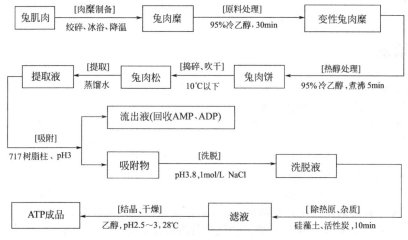

图 7-8　ATP 提取操作流程

1. 兔肉松的制备

将无骨的兔肌肉冷冻后剁细，于捣碎机中破碎 3min 成兔肉糜，加等体积 95％的冷乙醇，搅拌均匀后静置 30min，迅速升温至 100℃，煮沸 5min，迅速冷却至 20～25℃，用尼龙布过滤，留取肉饼，剁碎后于 10℃以下冷风吹干，得兔肉松备用。

2. 提取

取肉松加入 4 倍量冷蒸馏水，搅拌提取 30min，过滤后再提取 1 次。合并 2 次滤液，冷处静置 3h，经布氏漏斗过滤至澄清，得提取液。

3. 装柱、上样

取处理好的氯型阴离子交换树脂装入色谱柱，用 pH3 的水将柱平衡。提取液上柱，流速控制在 0.6～1mL/（cm² • min）左右，吸附 ATP。上柱过程中用 DEAE-C 薄板检查有核苷酸流出为止。

4 洗脱、收集

用 pH3 的 0.03mol/L 氯化钠溶液洗涤柱上滞留的 AMP、ADP 及无机盐等，流速控制在 1mL/（cm² • min），用 DEAE-C 薄板检查无核苷酸流出为止。再用 pH3.8 的 1mol/L 氯化钠溶液洗脱 ATP，操作温度在 0～10℃，流速控制在 0.3mL/（cm² • min），收集洗脱液，用 DEAE-C 薄板检查无核苷酸流出为止。

5. 除热原、杂质

将洗脱液按总体积计加入 0.6% 的硅藻土、0.4% 的活性炭搅拌 10min，用 4 号垂熔漏斗过滤，收集 ATP 滤液。

6. 结晶、干燥

用 6mol/L 盐酸调滤液至 pH2.5~3.0，在 28℃ 的水浴中恒温，加乙醇，不断搅拌，使 ATP 二钠结晶，用 4 号垂熔漏斗过滤，分别用无水乙醇、乙醚洗涤，收集 ATP 二钠结晶，置五氧化二磷干燥器内真空干燥，即得 ATP 成品。

三、结束工作

1. 填好所有操作记录单、任务单、各种评价表。
2. 检查设备仪表是否洁净完好。
3. 检查工作场地及环境卫生。
4. 进行任务总结。

【工作反思】

提取 ATP 时，哪些措施可以防止三磷酸腺苷酶的作用？

 目标检测

(一) 单项选择题

1. 在制备鸡血细胞液的过程中，加入柠檬酸钠的目的是 (   )。
   A. 防止凝血　　　B. 加快 DNA 析出　　　C. 加快 DNA 溶解　　　D. 加快凝血

2. DNA 在下列哪种浓度的 NaCl 溶液中溶解度最低 (   )。
   A. 2.00mol/L　　B. 0.14 mol/L　　　C. 0.015 mol/L　　　D. 0.10 mol/L

3. DNA 不溶于下列何种溶液 (   )。
   A. NaCl 溶液　　B. KCl 溶液　　　C. $MgCl_2$ 溶液　　　D. 乙醇溶液

4. 在 DNA 的粗提取实验中，有两次 DNA 的沉淀析出，其依据的原理是 (   )。
   ① DNA 在浓度为 0.14mol/L 的氯化钠中的溶解度最低
   ② DNA 在冷却的体积分数为 95% 的乙醇中能沉淀析出
   A. 两次都是 ①　　　　　　　　　B. 第一次是 ①，第二次是 ②
   C. 两次都是 ②　　　　　　　　　D. 第一次是 ②，第二次是 ①

5. 提取含杂质较少的 DNA 所用的溶液是 (   )。
   A. 冷却的 90% 乙醇　　　　　　　B. 加热的 95% 乙醇
   C. 冷却的 95% 乙醇　　　　　　　D. 加热的 90% 乙醇

6. 下列图示中能反映 DNA 溶解度与 NaCl 溶液浓度之间关系的是 (   )。

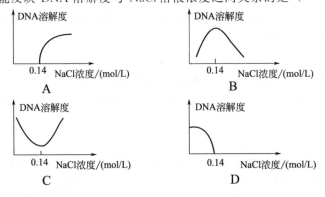

(二) 简答题

在 DNA 的提取分离实验中，试分析出粗提取的 DNA 黏稠物中可能含有哪些杂质。

任务十九 酶类药物的提取分离

《诗经》上记载"若作酒醴，尔惟曲蘖"，曲就是发霉的谷子，蘖就是发芽的谷粒，它们中都含有丰富的酶，这是古代人在实际生活中对酶的利用。1836 年，德国科学家施旺从胃液中提取出了消化蛋白质的物质，解开了胃的消化之谜。1897 年，德国化学家布希纳用砂子把酵母细胞磨碎，提取出滤液，它和酵母一样能完成糖类的发酵，当时称为酵素，现代称为酶。1926 年，美国科学家萨姆纳从刀豆种子中提取出脲酶的结晶，并通过化学实验证实脲酶是一种蛋白质。20世纪 30 年代，科学家们相继提取出多种酶的蛋白质结晶，并指出酶是一类具有生物催化作用的蛋白质。20 世纪 80 年代，美国科学家切赫和奥特曼发现少数 RNA 也具有生物催化作用。生物体内的各种生化反应几乎都是在酶的催化作用下进行的，一旦酶的正常生物合成受到影响或酶的活力受到抑制，生物体就会因代谢受阻而出现各种疾病。酶类药物是指可用于预防、治疗和诊断疾病的一类酶制剂。酶类药物在早期主要用于治疗消化道疾病、烧伤及感染引起的炎症等，现在酶类药物已广泛应用于多种疾病的治疗，其制剂品种已超过 700 余种。

本任务通过对酶及酶类药物的性质特点的认识，采用适当的分离纯化方法分离酶活性物质。

知识目标

- 熟悉酶的性质、分类、特点；
- 掌握酶的分离纯化方法。

技能目标

- 能够针对酶的特性选择合适的分离方法，并能独立进行分离操作；
- 熟知酶分离的影响因素，并能对分离方法进行评价。

必备知识

一、 酶类药物的性质及特性

酶是由生物活细胞产生的具有特殊催化功能的一类生物活性物质，能在生物机体中十分温和的条件下高效率地催化各种生物化学反应，促进生物体的新陈代谢。生命活动中的消化、吸收、呼吸、运动和生殖都是酶促反应过程。酶是细胞赖以生存的基础，细胞新陈代谢包括的所有化学反应几乎都是在酶的催化下进行的。哺乳动物的细胞中就含有几千种酶，它们或是溶解于细胞液中，或是与各种膜结构结合在一起，或是位于细胞内其他结构的特定位置上，这些酶统称为胞内酶；另外，还有一些在细胞内合成后再分泌至细胞外的酶，这些统称为胞外酶。酶催化化学反应的能力叫酶活力（或称酶活性）。

1. 酶类药物的性质

按照酶的化学组成可将酶分为单纯酶和结合酶两类。单纯酶分子中只有氨基酸残基组成的肽链。结合酶分子中则除了多肽链组成的蛋白质，还有非蛋白成分，如金属离子、铁卟啉或含 B 族维生素的小分子有机物。结合酶的蛋白质部分称为酶蛋白，非蛋白质部分统称为辅助因子，两者一起组成全酶，只有全酶才有催化活性，如果两者分开则酶活性消失。辅助因子可分辅酶和辅基，两者区别是与酶蛋白结合的紧密程度不同，辅酶以非共价键疏松结合酶蛋白，辅基则通过共价键牢固结合酶蛋白。辅酶与辅基在催化反应中作为氢或某些化学基团的载体，起传递氢或化学基团的作用。酶的本质是蛋白质（少数为 RNA），具有一般蛋白质的理化性质。

① 酶可被蛋白酶水解而丧失活力,最终产物是氨基酸;

② 酶是两性电解质,在 pI 时易沉淀,在电场中能像蛋白质一样泳动;

③ 酶是大分子化合物,具有不能通过半透膜等胶体性质;

④ 酶受紫外线、热、强酸、强碱、重金属盐、蛋白质沉淀剂等作用而变性失活;

⑤ 有些酶在细胞内合成或初分泌时是酶的无活性前体,称酶原,必须在一定条件下将酶原水解,打开 1 个或几个特定的肽键,使其构象发生改变,才能显示出酶的活性,这个过程称为酶原激活。酶原激活实际上是酶的活性中心形成或暴露的过程。

2. 酶类药物的特性

酶类药物既具有一般催化剂的共性,又具有生物催化剂的特性,酶类药物的特性主要有以下几方面。

① 高效性,酶的催化效率比无机催化剂更高,使得反应速率更快,只需要少量的酶制剂就能催化血液或组织中较低浓度的底物发生化学反应,从而高效发挥治疗作用。

② 专一性,酶对底物的结构具有严格的选择性,一种酶只能催化一种或一类底物,如蛋白酶只能催化蛋白质水解成多肽。

③ 温和性,是指酶所催化的化学反应一般是在较温和的条件下进行的。一般动物细胞内酶的最适温度在33～40℃;植物细胞内的酶最适温度在 40～50℃;细菌和真菌体内酶的最适温度差别较大,有的酶最适温度可高达 70℃。大多数酶的最适 pH 在 5～8 之间,植物及微生物酶的最适 pH 多在4.5～6.5;动物细胞内酶的最适 pH 多在 6.5～8,但也有例外,如胃蛋白酶的最适 pH 为 1.5,肝中精氨酸酶的最适 pH 为 9.0。

④ 酶活力受多种因素的调节控制性,酶对温度和 pH 条件具有高度敏感性,这也是酶最重要的特性。大多数酶在温度升高到 30～40℃时活性已开始丧失,温度升高到 50～60℃以上时酶活性会迅速丧失。各种酶都有对热的稳定温度,在此温度范围内酶是稳定的,不发生或极少发生失活。酶的失活温度与蛋白质的变性温度很相近,表明酶的热失活是由酶蛋白变性引起的。热对酶的破坏是逐渐进行的,稳定温度与作用时间有一定关系,如耐热性细菌的 α-淀粉酶,在 75～90℃下处理,15min 内可保持稳定,时间延长或温度升高酶活性就不稳定。酶的活力与 H$^+$ 浓度关系很大,同一种酶在不同 pH 条件下活力不同,常限于某一 pH 值范围内才表现出最大活力,此 pH 值称最适 pH。稍高或稍低于最适 pH 时,酶的活力都降低。酶的最适 pH 不是一个固定常数,也受许多因素影响,如底物种类和浓度、缓冲液种类等都会影响最适 pH 的改变。

酶的这些特性使细胞内错综复杂的物质代谢过程能有条不紊地进行,使物质代谢与正常的生理机能互相适应。没有酶的参与,新陈代谢只能以极其缓慢的速度进行,生命活动根本无法维持。如食物必须在酶的作用下降解成小分子,才能透过肠壁被组织吸收和利用。在胃里有胃蛋白酶,在肠里有胰脏分泌的胰蛋白酶、胰凝乳蛋白酶、脂肪酶和淀粉酶等。又如营养物质的氧化是动物能量的来源,其氧化过程也是在一系列酶的催化下完成的。若因遗传缺陷造成某个酶缺损,或其他原因造成酶的活性减弱,均可导致该酶催化的反应异常,使物质代谢紊乱,甚至发生疾病,因此酶与医学的关系十分密切。

二、酶类药物的分类

酶类药物依据其功效和临床应用分为如下几类。

1. 促进消化酶类

这类酶的作用是水解和消化食物中的成分,主要有胰酶、胰脂酶、胃蛋白酶、β-半乳糖苷酶、淀粉酶、纤维素酶等。

2. 消炎酶类

蛋白酶的消炎作用已被实验所证实，主要有胰蛋白酶、糜蛋白酶、糜胰蛋白酶、胶原酶、超氧化物歧化酶（SOD）、菠萝蛋白酶、木瓜蛋白酶、木瓜凝乳蛋白酶、酸性蛋白酶、沙雷菌蛋白酶、蜂蜜曲霉蛋白酶、灰色链霉菌蛋白酶、枯草杆菌蛋白酶等。多糖酶有溶菌酶、玻璃酸酶、细菌淀粉酶、葡聚糖酶等。核酸酶有胰脱氧核糖核酸酶、核糖核酸酶等。

3. 循环酶类

健康人体血管中凝血系统和抗凝血系统保持着良好的动态平衡，从而使血管内无血栓形成，其中血纤维蛋白在血液的凝固与解凝过程中起着重要的作用。根据血栓的形成机制，对血栓的治疗主要涉及以下几方面：①防止血小板凝集；②阻止血纤维蛋白形成；③促进血纤维蛋白溶解。因此，提高血液中蛋白水解酶的水平，将有助于促进血栓的溶解，也有助于预防血栓的形成。抗凝酶主要有链激酶、尿激酶、纤溶酶、米曲溶纤酶、蛇毒抗凝酶、蕲蛇酶等。止血酶有凝血酶、促凝血酶原激酶、蛇毒凝血酶等。血管活性酶有激肽释放酶、弹性蛋白酶等。

4. 抗肿瘤酶类

已发现有些酶能用于治疗某些肿瘤，如天冬酰胺酶、谷氨酰胺酶、蛋氨酸酶、酪氨酸氧化酶等。其中天冬酰胺酶是一种引人注目的抗白血病药物，利用天冬酰胺酶选择性地争夺某些类型瘤组织的营养成分，干扰或破坏肿瘤组织代谢，而正常细胞能自身合成天冬酰胺故不受影响。谷氨酰胺酶能治疗多种白血病、腹水瘤、实体瘤等。神经氨酸苷酶是一种良好的肿瘤免疫治疗剂。

5. 与生物氧化还原电子传递有关的酶

这类酶主要有细胞色素 C、超氧化物歧化酶、过氧化物酶等。细胞色素 C 是参与生物氧化的一种非常有效的电子传递体，是组织缺氧治疗的急救和辅助用药；超氧化物歧化酶在抗衰老、抗辐射、消炎等方面也有显著疗效。

6. 其他药用酶

酶在解毒方面的应用研究已引起人们的注意，如青霉素酶、有机磷解毒酶等。青霉素酶能分解青霉素，可应用于治疗青霉素引起的过敏反应；透明质酸酶可分解黏多糖，使组织间质的黏稠性降低，有助于组织通透性增加，是一种药物扩散剂；弹性蛋白酶有降血压和降血脂作用；激肽释放酶能治疗同血管收缩有关的各种循环障碍；葡聚糖酶能预防龋齿；DNA 酶和 RNA 酶可降低痰液黏度，用于治疗慢性气管炎等。

三、药用酶原料来源及选择

1. 原料来源

酶作为生物催化剂普遍存在于动植物和微生物之中，可直接从生物体中分离获得。虽然也可以通过化学法合成，但由于各种因素的限制，目前药用酶的生产主要是直接从动植物中提取、纯化和利用微生物发酵生产。早期酶的生产多以动植物为原料，经提取纯化而得，目前有些酶仍然还用此法生产，如从猪颌下腺中提取激肽释放酶、从菠萝中提取菠萝蛋白酶等。但随着酶制剂应用范围的日益扩大，单纯依赖动植物来源的酶，已不能满足要求，而且动植物原料的生长周期长、来源有限，又受地理、气候和季节等因素的影响，不宜于大规模生产。近年来，动植物细胞培养技术取得了很大的进步，但因周期长、成本高等问题，实际应用还有一定困难，所以目前工业大规模生产一般都以微生物为主要来源。据不完全统计，一些重要商品酶的来源见表 7-4。

表 7-4　重要商品酶的来源

名称	来源	名称	来源
醇脱氢酶	酵母、担子菌纲	透明质酸酶	蛇毒、羊睾丸
L-氨基酸氧化酶	假丝酵母、响尾蛇、大鼠肾	蔗糖酶	酿酒酵母、卡尔酵母
过氧化氢酶	黑曲霉、青霉、溶壁小球菌	异淀粉酶	噬纤维菌、假单胞菌
胆固醇氧化酶	多种微生物	乳精酶	脆壁酵母
细胞色素 C 氧化酶	线粒体、多种微生物	溶菌酶	卵清
葡萄糖氧化酶	黑曲霉、青霉、产黄青霉、特异青霉	果胶酶	黄曲霉、黑曲霉、米曲霉、白腐盾壳霉、大豆核盘菌
虫漆酶	采绒革盖菌	磷酸甘露糖苷酶	蜗牛内脏
乳酸脱氢酶	心肌、大鼠骨骼肌、酵母	苗霉多糖酶	产气杆菌、杆菌
脂加氧酶	豌豆	β-葡萄糖酶	枯草杆菌、木霉变种
过氧化物酶	辣根、无花果树液	葡萄糖酶	青霉变种
酪氨酸酶	食用蘑菇、马铃薯、脉孢菌	α-半乳糖苷酶	黑曲霉变种、酵母
尿酸酶	牛肾、猪肝	木聚糖酶	黑曲霉变种、米曲霉变种,杆菌
黄嘌呤氧化酶	哺乳动物肝、牛奶	柚苷酶	青霉属
超氧化物歧化酶	动物红细胞	半纤维素酶	黑曲霉变种 A、黑曲霉变种 B、黑曲霉变种 C
肌酸激酶	酵母	胰蛋白酶	猪、牛、羊胰脏
DNA 聚合酶	大肠杆菌	糜蛋白酶	猪、牛、羊胰脏
虫荧光素酶	萤火虫	激肽释放酶	猪胰脏
丙酮酸激酶	酵母	凝血酶	动物血
脂肪酶	胰脏	枯草杆菌蛋白酶	淀粉液化杆菌、枯草杆菌变种
单宁酶	黑曲霉变种、米曲霉变种	木瓜蛋白酶	番木瓜乳液
碱性单磷酸酯酶	动物肠黏膜	胃蛋白酶	牛胃、鸡胃
α-淀粉酶	米曲霉、枯草杆菌、麦芽、动物胰脏	凝乳酶	未断奶的小牛的第四胃、毛霉
β-淀粉酶	麦芽、细菌、真菌	链激酶	链球菌
葡萄糖淀粉酶	黑曲霉、米曲霉、扣囊拟内胞霉	双链酶	链球菌
纤维素酶	绿色木霉、康氏木霉	细菌蛋白酶	枯草杆菌、蜡状芽孢杆菌
淀粉糖化酶	麦芽	菠萝蛋白酶	菠萝汁
β-葡萄糖苷酶	帽贝、蜗牛内脏、黑曲霉变种	胰凝乳蛋白酶	牛胰脏
半纤维素酶	枯草杆菌	胶原酶	溶组织梭菌

2. 原料选择

原料选择应注意以下几点。

(1) 不同酶的原料选择　如乙酰化酶在鸽肝中含量高,凝血酶选用牛血,透明质酸酶选用羊睾丸,溶菌酶选用鸡蛋清,超氧化物歧化酶选用动物的血和肝等。

(2) 注意不同生长发育情况及营养状况　用微生物制酶,往往菌体产量高时不一定产酶量高,故需测其活力来决定取酶阶段。用动物器官提取酶,则要考虑动物年龄及饲养条件等因素。

(3) 从原料来源是否丰富考虑

(4) 从简化提纯步骤着手　如从鸽肝中提取乙酰化酶,需将动物饥饿后取材,可减少肝糖原,以简化纯化步骤。

(5) 保证原料的新鲜度　如用动物组织作原料,则此动物宰杀后应立即取材。

因从动物或植物中提取酶受到原料的限制,随着酶应用日益广泛和需求量的增加,工业生产的重点已逐渐转向微生物。用微生物发酵法生产药用酶,不受季节、气候和地域的限制,生产周期短,产量高,成本低,能大规模生产。

四、酶类药物的提取和纯化

酶的制备一般都包括生物材料的预处理、提取、纯化等基本步骤。首先将生物原料粉碎或细胞破碎,把需要的酶从原料即动植物或微生物及其发酵液中引入溶液,再将酶由溶液中有选择地分离出来,除去杂质,特别是杂蛋白,进行纯化或精制,得到纯净的产品或制成符合标准的酶制剂。

1. 生物材料的预处理

生物材料中酶多存在于组织或细胞中，因此提取前需将组织或细胞破碎，以便酶从其中释放出来，利于提取。由于酶活性与其空间构象有关，所以预处理时一般应避免剧烈条件，但若是结合酶，则必须进行剧烈处理，以利于酶的释放。

(1) 微生物的预处理 若是胞外酶，则可除去菌体后直接从发酵液中吸附提取酶。对胞内酶则需将菌体细胞破壁，制成无细胞的悬液后再行提取。通常用离心或压滤方法取得菌体，用生理盐水洗涤除去培养基后，应冷冻保存。有时为了大量保存或有利于提取，可采用干燥法，干燥常能导致细胞自溶，增加酶的释放，从而在后处理中破壁不必太剧烈就能达到预期目的。

① 干燥法处理。常见的方法有空气干燥、真空干燥和冷冻干燥三种。

a. 空气干燥处理：此类方法特别适用于酵母，用 10 目过筛后在 $25\sim30℃$ 吹风干燥，干燥后酵母已部分自溶，用水将其悬浮，在搅拌下提取 $2\sim3h$。但其中喷雾干燥法由于温度较高，对热稳定较差的酶不适用。

b. 真空干燥处理：此法对细菌特别适用，菌体经 P_2O_5 真空干燥过夜后已产生自溶，干菌成硬块，需磨碎再用水提取。对敏感性的酶，如含巯基的酶，有时需加少量还原剂，如谷胱甘肽、巯基乙醇、亚硫酸钠等进行保护，用羊精囊来提取前列腺素合成酶时就是加谷胱甘肽作保护剂的。

c. 冷冻干燥处理：对较敏感的酶宜用此法，一般用 $10\%\sim40\%$ 悬液进行冷冻干燥，得到的冻干粉可较长时间保存。

② 机械法处理。常用的方法有研磨法、组织匀浆法、超声波法、高压匀浆法等。

a. 研磨法处理：在冷却情况下，加一定的磨料研磨破碎，一般磨数小时。磨料常用玻璃粉，对它的要求是细（500 目以上）、均一、不吸附蛋白。

b. 组织匀浆法处理：磨料用粒度 $50\sim500\mu m$ 的玻璃粉。

c. 超声波法处理：微生物浓度可取 $50\sim100mg/mL$，容量与操作功率有关，功率很重要，频率不重要。对革兰阴性菌如大肠杆菌操作 10min 即可。

d. 高压匀浆法处理：国内已有高压匀浆泵，大规模生产可选用。

③ 酶法处理。常选用的处理酶是溶菌酶，酶用量为微生物细胞压积重的 1/1000。如在 $37℃$，pH8.0 下对小球菌进行破壁处理 15min，即可提取核酸酶。也有用脱氧核糖核酸酶处理，操作与溶菌酶相同。

(2) 动物材料的预处理

① 机械处理。用绞肉机将事先切成小块的组织绞碎。当绞成组织糜后，许多酶都能从粒子较粗的组织糜中提取出来，但组织糜粒子不能太粗，这就要选择好绞肉机板的孔径，若使用不当，会对收率有很大的影响，通常可先用粗孔径的绞，再用细孔径的绞，有时甚至要反复多绞几次。若是速冻的组织也可在冰冻状态下直接切块绞。

用绞肉机绞，一般细胞并不破碎，而有的酶必须经细胞破碎后才能有效地提取，因此须采用特殊的匀浆才行。在实验室常用的是玻璃匀浆器和组织捣碎器。工业上可用高压匀浆泵。不少酶用机械处理仍不能有效提取，可选用其他方法配合处理。

② 反复冻融处理。冷到 $-10℃$ 左右，再缓慢解冻至室温，如此反复多次。由于细胞中冰晶的形成，以及剩下液体中盐浓度的增高，能使细胞中颗粒及整个细胞破碎，从而使某些酶释放出来。

③ 制备丙酮粉。生物组织经丙酮迅速脱水干燥制成丙酮粉，不仅可减少酶的变性，同时因细胞结构成分的破碎使蛋白质与脂质结合的某些化学键打开，促使某些结合酶释放到溶液中，如鸽肝提取乙酰化酶就用此法。具体方法是将组织糜或匀浆悬浮于 0.01mol/L pH6.5 的磷酸缓冲

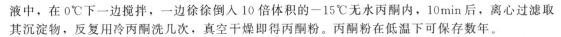

液中，在 0℃下一边搅拌，一边徐徐倒入 10 倍体积的−15℃无水丙酮内，10min 后，离心过滤取其沉淀物，反复用冷丙酮洗几次，真空干燥即得丙酮粉。丙酮粉在低温下可保存数年。

2. 酶的提取

酶的提取方法主要有水溶液法、有机溶剂法和表面活性剂法三种。

(1) 水溶液法　常用稀盐溶液或缓冲液提取。经过预处理的原料，包括组织糜、匀浆、细胞颗粒以及丙酮粉等，都可用水溶液抽提。为了防止提取过程中酶活力降低，一般在低温下操作，但对温度耐受性较高的酶（如超氧化物歧化酶），却应提高温度，以使杂蛋白变性，利于酶的提取和纯化。

水溶液的 pH 值选择对提取也很重要，应考虑的因素有：酶的稳定性、酶的溶解度、酶与其他物质结合的性质。选择 pH 值的总原则是：在酶稳定的 pH 值范围内，选择偏离等电点的适当 pH 值。

应注意的是，许多酶在蒸馏水中不溶解，而在低盐浓度下易溶解，所以提取时加入少量盐可提高酶的溶解度。盐浓度一般以等渗为好，相当于 0.15mol/L NaCl 的离子强度最适宜于酶的提取。

(2) 有机溶剂法　某些结合酶如微粒体和线粒体膜的酶，由于和脂质牢固结合，用水溶液很难提取，为此必须除去结合的脂质，且不能使酶变性，最常用的有机溶剂是丁醇。丁醇具有下述性能：亲脂性强，特别是亲磷脂的能力较强；兼具亲水性，0℃在水中的溶解度为 10.5%；在脂与水分子间能起表面活性剂的桥梁作用。

用丁醇提取方法有两种：一种是用丁醇提取组织的匀浆然后离心，取下相层，但许多酶在与脂质分离后极不稳定，需加注意；另一种是在每克组织或菌体的干粉中加 5mL 丁醇，搅拌20min，离心，取沉淀（注意：均相法是取液相，二相法是取沉淀），接着用丙酮洗去沉淀上的丁醇，再在真空中除去溶剂，所得干粉可进一步用水提取。

(3) 表面活性剂法　表面活性剂分子具有亲水的和疏水性的基团。表面活性剂能与酶结合使之分散在溶液中，故可用于提取结合酶，但此法用得较少。

3. 酶的纯化

酶的纯化是一个十分复杂的工艺过程，不同的酶其纯化工艺可有很大不同。评价一种纯化工艺的好坏，主要参考两个指标，一是酶比活力，二是总活力回收。当然要两者兼得是很难的，重要的是如何将有关方法有机结合在一起。目前，国内外纯化酶的方法很多，如盐析法、有机溶剂沉淀法、选择性变性法、柱色谱法、电泳法和超滤法等，这里重点讨论酶在纯化过程中遇到的一些技术难点。

(1) 杂质的除去　酶提取液中，除所需酶外，还含有大量的杂蛋白、多糖、脂类和核酸等，为了进一步纯化，可用下列方法除去。

① 调 pH 和加热法。利用蛋白质酸碱变性性质的差别可以通过调整 pH 和等电点除去某些杂蛋白，也可利用不同蛋白质对热稳定的差异，将酶液加热到一定温度，使杂蛋白变性而沉淀，超氧化物歧化酶就是利用这个特点，加热到 65℃，保温 10min，以除去大量的杂蛋白。

② 蛋白质表面变性法。利用蛋白质表面变性性质的差别，也可除去杂蛋白。如制备过氧化氢酶时，加入氯仿和乙醇进行振荡，可以除去杂蛋白。

③ 选择性变性法。利用蛋白质稳定性的不同，除去杂蛋白。如对胰蛋白酶、细胞色素 C 等少数特别稳定的酶，甚至可用 2.5%三氯乙酸处理，这时其他杂蛋白都变性而沉淀，而胰蛋白酶和细胞色素 C 仍留在溶液中。

④ 降解或沉淀核酸法。在用微生物制备酶时，常含有较多的核酸，为此可用核酸酶，将核酸降解成核苷酸，使黏度下降便于离心分离。也可用一些核酸沉淀剂如三甲基十六烷基溴化铵、硫酸链霉素、聚乙烯亚胺、鱼精蛋白和二氯化锰等。

⑤ 结合底物保护法。近来发现，酶和底物结合或竞争性抑制剂结合后，稳定性大大提高，

这样就可用加热法除去杂蛋白。

(2) 脱盐　在酶的提纯以及酶的性质研究中，常需要脱盐。最常用的脱盐方法是透析和凝胶过滤。

① 透析。最广泛使用的是玻璃纸袋，市售商品有固定的尺寸、稳定的孔径。由于透析主要是扩散过程，因此要经常换溶剂，一般一天换 2～3 次。如在冷处透析，则溶剂也要预先冷却，避免样品变性。透析时的盐是否除净，可用化学试剂或电导仪来检查。

② 凝胶过滤。这是目前最常用的方法，不仅可除去小分子的盐，而且也可除去其他小分子物质。用于脱盐的凝胶主要有 Sephadex G-10、Sephadex G-15、Sephadex G-25 以及 Bio-Gel P-2、Bio-Gel P-4、Bio-Gel P-6 及 Bio-Gel P-10。

(3) 浓缩　酶的浓缩方法很多，有冷冻干燥、离子交换、超滤、凝胶吸水、聚乙二醇吸水等。

① 冷冻干燥法。这是最有效的方法，它可将酶液制成干粉，既能使酶浓缩，酶又不易变性，便于长期保存。需要干燥的样品最好是水溶液，如溶液中混有有机溶剂，就会降低水的冰点，在冷冻干燥时样品会融化起泡而导致酶活性部分丧失。此外，低沸点的有机溶剂（如乙醇、丙酮），在低温时仍有较高的蒸气压，逸出水汽会冷凝在真空泵的循环油里，使真空泵失效。

② 离子交换法。常用的交换剂有 DEAE-Sephadex A50，QAE-Sephadex A50 等，当需要浓缩的酶液通过交换柱时，几乎全部的酶蛋白会被吸附，然后用改变洗脱液 pH 或离子强度等方法即可达到浓缩目的。

③ 超滤法。超滤法有操作简单，快速而且温和，操作中不产生相变等优点，但影响超滤的因素很多，如膜的渗透性、溶质形状和大小及其扩散性、压力、溶质浓度、离子环境和温度等。

④ 凝胶吸水法。由于 Sephadex、Bio-Gel 都具有吸收水及吸收小分子化合物的性质，因此用这些凝胶干燥粉末和需要浓缩的酶液混在一起后，干燥粉末就会吸收溶剂，再用离心或过滤方法除去凝胶，酶液就得到浓缩。这些凝胶的吸水量每克约 1～3.7mL，在实验室为了缩小酶液体积，可将样品装入透析袋内，然后用风扇吹透析袋，使水分逐渐挥发而使酶液浓缩。

(4) 结晶　把酶提纯到一定纯度以后（通常纯度应达 50% 以上），可使其结晶，虽然结晶的酶不一定质量均一，但伴随着结晶的形成，酶的纯度有一定程度的提高。所以酶的结晶既是提纯的结果，也是提纯的手段。

结晶方法主要是缓慢地改变酶蛋白的溶解度，使其略处于过饱和状态。改变酶溶解度的方法很多，一般新样品往往要使用几种方法才能得到结晶。

① 盐析法。在适当的 pH、温度等条件下，保持酶的稳定，慢慢改变盐浓度进行结晶。结晶时采用的盐有硫酸铵、柠檬酸钠、乙酸钠、硫酸镁和甲酸钠等。利用硫酸铵结晶时一般是把盐加入一个比较浓的酶溶液中，并使溶液呈微浑浊为止。然后放置，非常缓慢地增加盐浓度。操作要在低温下进行，缓冲液 pH 要接近酶的等电点。我国利用此法已得到羊胰蛋白酶原、羊胰蛋白酶和猪胰蛋白酶的结晶。由于低温时酶在硫酸铵溶液中溶解度高，温度升高时溶解度降低，当把酶的抽提液放置在室温时，蛋白质会逐渐析出，多数酶就可形成结晶。有时也可交替放置在 4℃ 冰箱中和室温下来形成结晶。

② 有机溶剂法。酶液中滴加有机溶剂，有时也能使酶形成结晶。优点是结晶悬液中含盐少。结晶常用的有机溶剂有：乙醇、丙醇、丁醇、乙腈、异丙醇、二甲基亚砜、二氧杂环己烷等。与盐析法相比，用有机溶剂法易引起酶失活。一般要在含少量无机盐的情况下，选择使酶稳定的pH，缓慢地滴加有机溶剂，并不断搅拌，当酶液呈微混浊时，在冰箱中放置1～2h。然后离心去掉无定形物，取上清液在冰箱中放置使其结晶。加有机溶剂时，必须不使酶液中所含的盐析出来。所使用的缓冲液一般不用磷酸盐，而用氧化物或乙酸盐。用此法已获得不少酶结晶，如 L-天冬酰胺酶。

③ 复合结晶法。有时可以利用某些酶与有机化合物或金属离子形成复合物或盐的性质来结晶。

④ 透析平衡法。利用透析平衡进行结晶也是常用方法之一。它既可进行大量样品的结晶，也可进行微量样品的结晶。大量样品的透析平衡结晶是将样品装在透析袋中，对一定的盐溶液或有机溶剂进行透析平衡，这时酶液可缓慢地达到过饱和而析出结晶。这个方法的优点是透析袋内外的浓度差减少时，平衡的速度也变慢。利用此法已获得过氧化氢酶、己糖激酶和羊胰蛋白酶等结晶。

⑤ 等电点法。在一定条件下，酶的溶解度明显受 pH 影响。一般地说，在等电点附近酶的溶解度很小，这一特征为酶的结晶条件提供了理论根据。例如在透析平衡时，可改变透析袋外液的氢离子浓度，从而达到结晶的 pH。许多酶的结晶过程中，对 pH 相当敏感，如胃蛋白酶、胰凝乳蛋白酶、胰蛋白酶、过氧化氢酶、脱氧核糖核酸酶等。

实例训练

实训 23　溶菌酶的提取分离

【任务描述】

溶菌酶又称胞壁质酶或 *N*-乙酰胞壁质聚糖水解酶，临床上用于五官科各种黏膜炎症、龋齿等。自然界中，溶菌酶普遍存在于鸟类家禽的蛋清中，鸡蛋清约含 0.3%。鸡蛋清溶菌酶分子的化学组成是由 129 个氨基酸残基排列构成的单一肽链，呈一扁长椭球体，是一种碱性球蛋白。

溶菌酶是非常稳定的蛋白质，pH 在 1.2～11.3 范围内剧烈变化时，其结构几乎不变，遇热也很稳定，pH4～7 100℃处理 10min 仍保持原酶活力，pH5.5 50℃加热 4h，酶变得更活泼。热变性是可逆的，变性的临界点是 77℃，随溶剂的变化变性临界点也有变化，当变性剂 pH 在 1 以下时，变性临界点降到 43℃。一般说来，变性剂能促进酶的热变性，但变性剂过量时，则酶的热变性变为不可逆。在碱性环境中，用高温处理时，酶活性降低。低浓度（10^{-7}mol/L）在碱性和中性环境中能使酶免受热的失活影响。

溶菌酶对变性剂相对不敏感（高浓度酶除外），吡唑、十二烷基硫酸钠等对酶有抑制作用，滤纸也能抑制酶的活性，氧化剂能使酶钝化。在 6mol/L 盐酸胍溶液中，酶完全变性，而在 10mol/L 的尿素中，酶则不变性。用乙二醇、丙烯乙二醇、二甲基亚砜、甲醇、乙醇、二氧杂环己烷等进行有机溶剂变性实验，在 50℃以下，除乙醇、二氧杂环己烷外，其他变性剂的浓度要在 50%以上时才能引起溶菌酶的变化，氢氰酸能部分恢复酶活力。

药用溶菌酶为白色或微黄色的结晶或无定形粉末；无臭、味甜、易溶于水，不溶于丙酮、乙醚，在酸性溶液中十分稳定，而水溶液遇碱易被破坏，耐热至 55℃以上；最适 pH6.6，等电点为 10.5～11.0。由于溶菌酶是碱性蛋白质，常与氯离子结合成为溶菌酶氯化物。

生化制药主要采用鸡蛋清或蛋壳为原料制备溶菌酶，因此本次任务根据溶菌酶的特性，通过色谱分离、膜分离和盐析等技术，从蛋清和蛋壳中制备溶菌酶。

【任务实施】

一、准备工作

1. 建立工作小组，制订工作计划，确定具体任务，任务分工到个人，并记录到工作表。

2. 收集溶菌酶的提取分离工作中的必需信息，掌握相关知识及操作要点，与教师共同确定出一种最佳的工作方案。

3. 完成任务单中实际操作前的各项准备工作。

(1) 材料准备　新鲜或冰冻蛋清、蛋壳。

(2) 试剂　724 型阴离子交换树脂、0.15mol/L 磷酸缓冲液（pH6.5）、100g/L（10%）硫酸铵溶液、固体硫酸铵、蒸馏水、1mol/L 氢氧化钠、3mol/L 盐酸、固体氯化钠、无水丙酮、0.5% NaCl 溶液、1mol/L 乙酸溶液、5%聚丙烯酸溶液（pH3.0）、Na$_2$CO$_3$ 溶液、500g/L（50%）CaCl$_2$ 溶液、pH4.6 乙酸缓冲溶液。

(3) 仪器　透析袋、120 目筛、真空干燥箱、抽滤泵、布氏漏斗。

二、 操作过程

操作流程见图 7-9、图 7-10。

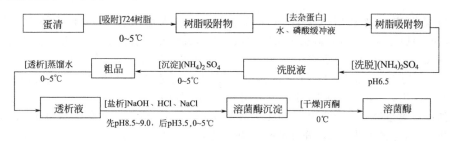

图 7-9　从蛋清中提取溶菌酶的操作流程

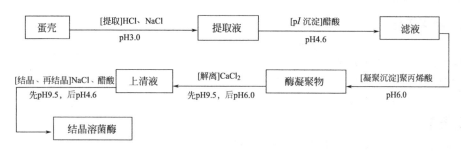

图 7-10　从蛋壳中提取溶菌酶的操作流程

1. 以蛋清为原料的制备溶菌酶

(1) 原料处理　新鲜或冷冻蛋清70kg，用试纸测 pH 为 8 左右，解冻过 120 目筛，除去蛋清中的脐带、蛋壳碎片及其他杂质。

(2) 吸附　温度降到5℃左右，在搅拌下加入处理好的 724 型树脂10kg（湿重），使树脂全部悬浮在蛋清中，保持在0～5℃，搅拌吸附5h，再将蛋清移入冷库，0～5℃静置过夜。

(3) 去杂蛋白、洗脱、沉淀　把上层清液渐渐倾出，下层树脂用水洗去附着的蛋白质，反复洗4次，注意防止树脂流失，最后将树脂抽滤去水分。另取 0.15mol/L 磷酸缓冲液（pH6.5）24L，分 3 次加入树脂中，搅拌约 15min，每次搅拌后减压抽滤去水分。再用100g/L（10%）硫酸铵18L，分 4 次洗脱溶菌酶，每次搅拌半小时，过滤抽干。合并洗脱液，加入固体硫酸铵使含量达到 400g/L（40%），有白色沉淀产生，冷处放置过夜，虹吸上清液，沉淀、离心分离或抽滤，得粗品。

(4) 透析　将粗品加蒸馏水 1.5kg 使之溶解，装入透析袋，冷库中透析 24～36h，除去大部分硫酸铵，得透析液。

(5) 盐析　将1mol/L氢氧化钠中慢慢加入澄清透析液，同时不断搅拌，pH 上升到8.5～9.0 时，如有白色沉淀，应立即离心除去，然后在搅拌中加入 3mol/L 盐酸，调溶液 pH3.5，按体积计算缓缓加入固体氯化钠使浓度达5%，即有白色沉淀析出，在0～5℃冷库中放置48h，离心或过滤，得溶菌酶沉淀。

(6) 干燥　沉淀加入 10 倍量冷至 0℃的无水丙酮，不断搅拌，使颗粒松散，冷处静置数小时，用漏斗滤去丙酮，沉淀用真空干燥，直到无丙酮异味为止，即得溶菌酶原料。如不用丙酮脱水，可进行透析，其透析液冷冻干燥，得不含氯化钠的溶菌酶制品。

2. 以蛋壳为原料的制备溶菌酶

(1) 提取　取新鲜或冰冻的蛋壳，用循环水冲洗后研碎，加 1.5 倍量 0.5% NaCl 溶液，用 2mol/L HCl 调 pH3.0，于40℃搅拌提取45min，过滤，滤渣同上再次提取，合并前后两次提取清液。

（2）p*I*** 沉淀**　将提取液用 1mol/L 乙酸溶液调 pH3.0，于沸水浴中迅速升温至 80℃，随即搅拌冷却至 20～25℃，再用 NaOH 或乙酸溶液调 pH4.6，离心或抽滤，弃去沉淀卵蛋白，收集滤液。

（3）凝聚沉淀　滤液用 NaOH 溶液调 pH6.0，加入滤液体积一半量的 5％聚丙烯酸（pH3.0），搅匀后静置 15min，倾去上层浑浊液，收取黏附于器底的溶菌酶-聚丙烯酸凝聚物。

（4）解离　将酶凝聚物悬于水中，加 Na$_2$CO$_3$ 溶液调 pH 至 9.5，使凝聚物溶解，再加聚丙烯酸用量 1/25 的 500g/L（50％）CaCl$_2$ 溶液，使酶-聚丙烯酸凝聚物解离，用 2mol/L HCl 调 pH6.0，离心，收集上清液。沉淀用 H$_2$SO$_4$ 处理，回收聚丙烯酸。

（5）结晶、再结晶　上清液用 NaOH 溶液调 pH 至 9.5，离心，除去 Ca（OH）$_2$ 沉淀，离心液加入固体 NaCl 至浓度为 5％，静置结晶。粗结晶溶于 pH4.6 乙酸缓冲液中，除去不溶物，进行再结晶，得结晶溶菌酶。

三、 结束工作

1. 填好所有操作记录单、任务单、各种评价表。
2. 检查设备是否洁净完好。
3. 检查工作场地及环境卫生。
4. 进行任务总结。

【工作反思】

1. 操作中对原料及操作条件应注意哪些环节？
2. 对所用的聚丙烯酸有何要求？
3. 在一般精制的基础上，溶菌酶还可以通过哪些方法进一步纯化？

实训 24　凝血酶的提取分离

【任务描述】

凝血酶是机体凝血系统的天然成分，由前体凝血酶原（凝血因子Ⅱ）经凝血酶原激活物激活而成。其过程比较复杂，首先，凝血酶原在凝血酶原激活物的作用下，被水解释放出糖多肽，转化成中间产物Ⅱ；中间产物Ⅱ再在激活物作用下，肽链内部断裂而转变成凝血酶，凝血酶又可自促催化凝血酶原变成中间产物Ⅰ；中间产物Ⅰ在激活物的作用下转化成中间产物Ⅱ，再进一步催化转变成凝血酶。

凝血酶可直接作用于血浆纤维蛋白原，加速不溶性纤维蛋白凝块的生成，促使血液凝固。常以干粉或溶液局部应用于伤口或手术处，以控制毛细血管渗出，多用于骨出血、扁桃体摘除和拔牙等。有时也可口服，用于胃和十二指肠出血。对动脉出血和由纤维蛋白原缺乏所致的凝血障碍无效。

凝血酶是由两条肽链组成的，多肽链之间以二硫键相连接，为蛋白水解酶，性状呈白色无定形粉末，溶于水，不溶于有机溶剂。干粉储存于 2～8℃很稳定，水溶液室温 8h 内失活，遇热、稀酸、碱、重金属离子等活力降低。

本次任务是由猪血浆中分离凝血酶原，再用凝血活酶或氯化钙激活而成凝血酶。

【任务实施】

一、准备工作

1. 建立工作小组，制订工作计划，确定具体任务，任务分工到个人，并记录到工作表。
2. 收集利用凝血酶的提取分离工作中的必需信息，掌握相关知识及操作要点，与教师共同确定出一种最佳的工作方案。
3. 完成任务单中实际操作前的各项准备工作。

（1）材料准备　新鲜猪血液。

（2）试剂　38g/L（3.8%）柠檬酸钠溶液、蒸馏水、1%乙酸、9g/L（0.9%）氯化钠溶液、氯化钙、冷丙酮、乙醚、无水乙醇。

（3）仪器　研钵、烧杯、真空干燥器。

二、操作过程

操作流程见图7-11。

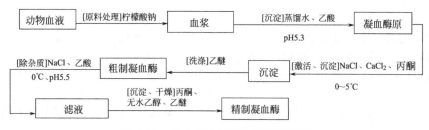

图 7-11　凝血酶的提取分离操作流程

1. 原料处理、沉淀

取猪血液 2kg 加入 38g/L（3.8%）柠檬酸钠溶液 200mL 抗凝，离心分离，上清液是血浆，沉淀是血细胞和血小板。约 1kg 血浆加入 10L 蒸馏水稀释，用 300mL 1%乙酸调节 pH5.3，4000r/min 离心 5～10min，弃去上清液，收集沉淀，得凝血酶原。

2. 激活、沉淀、洗涤

取凝血酶原在 25～30℃溶于 700mL 的 9g/L（0.9%）氯化钠溶液中，加入占凝血酶原重量 1.5%（15g/L）的氯化钙，搅拌 10min，0～5℃放置 1h，离心分离，弃去纤维蛋白沉淀，取清液加等量冷丙酮，搅拌，静置过夜。离心分离，溶液回收丙酮，沉淀再加冷丙酮研细，0～5℃放置 2～3 天。过滤，滤液回收丙酮，沉淀用乙醚洗涤，真空干燥，即得粗制凝血酶。

3. 除杂质、沉淀、干燥

取粗制凝血酶溶于 200mL 9g/L 氯化钠溶液中，0℃放置 6h。过滤，沉淀再溶于 150mL 9g/L 氯化钠溶液，同上操作 1 次。两次滤液合并。用 1%乙酸调 pH 至 5.5。离心分离，沉淀弃去，清液加 2 倍量冷丙酮，静置 2h。离心分离，溶液回收丙酮，沉淀用冷丙酮研细，放置 24h，过滤。沉淀分别用无水乙醇、乙醚洗涤，真空干燥，即得精制凝血酶。

三、结束工作

1. 填好所有操作记录单、任务单、各种评价表。
2. 检查设备是否洁净完好。
3. 检查工作场地及环境卫生。
4. 进行任务总结。

【**工作反思**】

1. 凝血酶原转变成凝血酶除采用加入 $CaCl_2$ 外，是否有其他方法？
2. 在制备凝血酶过程中始终要注意什么条件？
3. 如何用最简单的方法来判断你所提取的凝血酶纯度的高低？

 ## 目标检测

（一）填空题

1. ＿＿＿＿＿＿＿是由生物活细胞产生的具有特殊催化功能的一类生物活性物质，其化学本质是_____，故也称为酶蛋白。

2. 酶虽然也可以通过化学法合成，但由于各种因素的限制，目前药用酶的生产主要是直接从_____中提取、纯化和利用_____发酵生产。

3. 酶的制备一般都包括_____、_____、_____等基本步骤。首先将_____粉碎或破碎细胞，把需要的酶从原料即动植物或微生物及其发酵液中引入溶液，再将酶从溶液中有选择地分离出来，除去夹杂的杂质，特别是杂蛋白，进行纯化或精制，得到纯净的产品或制成符合标准的酶制剂。

4. 酶的提取方法主要有_____、_____和_____三种。

5. 酶的纯化是一个十分复杂的工艺过程，不同的酶，其纯化工艺可有很大不同。评价一种纯化工艺的好坏，主要参考两个指标，一是_____，二是_____。

6. 在酶的提纯以及酶的性质研究中，常需要脱盐。常用的脱盐方法是_____和_____。

7. 改变酶溶解度的方法很多，一般新样品往往要使用几种方法才能得到结晶，包括_____、_____、_____和_____。

8. 溶菌酶又称_____或_____，是英国细菌学家于1922年在鼻黏液中发现的强力杀菌物质，命名为溶菌酶。

（二）单项选择题

1. 酶大多数由（   ）组成。
   A. 核苷酸   B. 蛋白质   C. 氨基酸   D. 糖蛋白

2. 酶最重要的特性是（   ）。
   A. 酶的催化能力   B. 遇到有机溶剂易变性
   C. 对温度具有高度敏感性   D. 对pH具有高度敏感性

3. 一般动物细胞内酶的最适温度在（   ）。
   A. 40～60℃   B. 50～60℃   C. 27～50℃   D. 37～50℃

4. 对较敏感的酶宜用（   ）。
   A. 冷冻干燥处理   B. 真空干燥处理   C. 减压干燥处理   D. 快速干燥处理

5. 酶的水溶液法提取常用（   ）。
   A. 纯水   B. 稀盐溶液或缓冲液提取 C. 酸性水溶液   D. 碱性水溶液

6. 从组织中提取酶时，最理想的结果是（   ）。
   A. 蛋白产量最高   B. 酶活力单位数值很大 C. 比活力最高   D. K_m 最小

7. 下列哪项酶的特性对利用酶作为亲和色谱固定相的分析工具是必需的？（   ）
   A. 该酶的活力高   B. 对底物有高度特异亲和性
   C. 酶能被抑制剂抑制   D. 最适温度高

8. 下面哪一种是根据酶分子专一性结合的纯化方法（   ）。
   A. 亲和色谱   B. 凝胶色谱   C. 离子交换色谱   D. 盐析

9. 纯化酶时，酶纯度的主要指标是（   ）。
   A. 蛋白质浓度   B. 酶量   C. 酶的总活力   D. 酶的比活力

10. 盐析法纯化酶类是根据（   ）进行纯化。
    A. 酶分子电荷性质的纯化方法   B. 调节酶溶解度的方法
    C. 酶分子大小、形状不同的纯化方法 D. 酶分子专一性结合的纯化方法

11. 分子筛色谱纯化酶是根据（   ）进行纯化。
    A. 酶分子电荷性质的纯化方法   B. 调节酶溶解度的方法
    C. 酶分子大小、形状不同的纯化方法 D. 酶分子专一性结合的纯化方法

12. 最有效的酶浓缩方法是（   ）。
    A. 超滤法   B. 离子交换法   C. 冷冻干燥法   D. 凝胶吸水法

（三）简答题

1. 酶的性质主要有哪些？
2. 药用酶分类依据其功效和临床应用分为几类？
3. 分离纯化酶的原料选择应注意什么？
4. 酶在纯化过程中杂质如何除去？

任务二十　糖类药物的提取分离

糖与蛋白质、核酸是被称为生命活动本质的三类重要生物分子，糖以多糖、寡糖和糖复合物的形式参与生命活动，与许多疾病，如癌症、细菌和病毒感染等有着紧密的关系。目前已发现数百种多糖具有确定的药物效应，包括抗氧化、抗衰老、抗病毒、抗肿瘤和抗心脑血管疾病等药理作用。多糖类物质分布的广泛性、结构的复杂性、生物学作用的多样性，使人们对这类物质的药用研究越来越重视。因此，多糖的分离、纯化对研究多糖药物的结构、性质和生物学作用非常重要。

本次任务主要根据糖类药物的性质及特点，对糖类药物主要分离方法进行学习，以银耳多糖和硫酸软骨素的提取为例，掌握多糖药物的提取分离操作方法。

知识目标

- 了解糖类药物的分类、性质；
- 熟悉糖类药物主要分离方法。

技能目标

- 能够独立完成糖类药物分离的具体操作；
- 能够完成糖类药物含量测定与计算。

必备知识

一、糖类药物的分类

糖是多羟基醛或多羟基酮及其衍生物、聚合物的总称。糖的分子中含有碳、氢和氧三种元素，大多数糖分子中的氢和氧的比例为 $2:1$，分子通式为 $C_m(H_2O)_n$（$m，n\geqslant 3$），被称为碳水化合物。可根据其能否水解和分子量的大小分为单糖、寡糖和多糖。

1. 单糖

单糖一般是含有 3~6 个碳原子的多羟基醛或多羟基酮。最简单的单糖是甘油醛和二羟基丙酮。单糖是构成各种糖分子的基本单位，天然存在的单糖一般都是 D 型。单糖既能以环式结构形式存在，也能以开链形式存在。自然界已发现的单糖主要是戊糖和己糖，戊糖以多糖或苷的形式存在于动植物中，常见的戊糖有 D-(－)-核糖、D-(－)-脱氧核糖核苷酸、D-(＋)-木糖和 L-(＋)阿拉伯糖。己糖以游离或结合的形式存在于动植物中，常见的己糖有 D-(＋)-葡萄糖、D-(＋)-甘露糖、D-(＋)-半乳糖和 D-(－)-果糖。

核糖以糖苷的形式存在于酵母和细胞中，是核酸以及某些酶和维生素的组成成分。含核糖的核苷酸统称为核糖核苷酸，是 RNA 的基本组成单位，含脱氧核糖的核苷酸统称为脱氧核糖核苷酸，是 DNA 的基本组成单位。

葡萄糖在自然界中分布极广，也存在于人的血液中（389~555μmol/L）叫做血糖。葡萄糖是许多糖如蔗糖、麦芽糖、乳糖、淀粉、糖原、纤维素等的组成单元。葡萄糖与半乳糖结合成乳

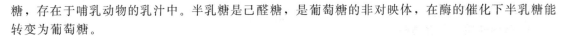

糖，存在于哺乳动物的乳汁中。半乳糖是己醛糖，是葡萄糖的非对映体，在酶的催化下半乳糖能转变为葡萄糖。

2. 寡糖

寡糖又可称低聚糖，寡糖存在形式是指含有 2～10 个糖苷键聚合而成的化合物，糖苷键是一个单糖的苷羟基和另一单糖的某一羟基缩水形成的。它们常常与蛋白质或脂类共价结合，以糖蛋白或糖脂的形式存在。寡糖通过糖苷键将 2～4 个单糖连接而成小聚体，它包括功能性低聚糖和普通低聚糖。最常见的低聚糖是二糖，亦称双糖，是两个单糖通过糖苷键结合而成的，连接它们的共价键类型主要两大类：N-糖苷键型和 O-糖苷键型。①N-糖苷键型：寡糖链与多肽上的天冬酰胺（Asn）的氨基相连。这类寡糖链有三种主要类型：高甘露糖型、杂合型和复杂型。②O-糖苷键型，寡糖链与多肽链上的丝氨酸（Ser）或苏氨酸（Thr）的羟基相连，或与膜脂的羟基相连。

3. 多糖

多糖又称多聚糖，是由 10 个以上的单糖分子通过糖苷键聚合而成，分子量较大，一般由几百个甚至几万个单糖分子组成，如淀粉、纤维素等，能被水解为多个单糖。已失去一般单糖的性质，一般无甜味，也无还原性。由于单糖分子中各碳位具有不同性质的羟基，糖环上存在竖键和横键的不同的空间配置，连接各个糖单位的糖苷键又有 α 和 β 两种不同的键型，任何一种单糖可能组成不同的二聚体或三聚体。

多糖可根据来源分类，分为植物多糖、动物多糖、菌多糖和海洋多糖。常见的植物多糖为淀粉和纤维素等，这些多糖均为葡萄糖的高聚糖，大都无生物活性，通常把他们作为杂质除去。黏液质是植物种子、果实、根、茎和海藻中存在的一类黏多糖。果聚糖在高等植物以及微生物中均有存在，树胶是植物在其被伤害或毒菌类侵袭后分泌的物质，干后呈半透明块状。菌类多糖是从真菌子实体、菌丝体和发酵液中分离出的一类可以控制细胞分裂、调节细胞生长和衰老的活性多糖，一般都是有 10 个分子以上的单糖通过糖苷键连接而成的高分子多聚体。真菌多糖根据功能不同可分为结构多糖和活性多糖。动物多糖主要有肝素、甲壳素、透明质酸和硫酸软骨素等，在结构上氨基己糖和糖醛酸构成重复单元的称酸性黏多糖。

多糖也可根据水溶性分类分为水溶性多糖和水不溶性多糖。水溶性多糖如动、植物体内贮藏的营养物质和植物体内的初生代谢物，多糖有直糖链分子，但多数为支糖链分子。水不溶性多糖如在如动、植物体内主要起支撑组织的作用，如植物中的半纤维素和纤维素，动物甲壳中的甲壳素等，分子呈直糖链分子。

多糖也可根据组成成分分为同聚多糖、杂聚多糖、黏多糖和结合糖。同聚多糖又称为均一多糖，由一种单糖缩合而成，如淀粉、糖原、纤维素、几丁质等。杂聚多糖又称为不均一多糖，由不同类型的单糖缩合而成，如肝素、透明质酸、大黄多糖、当归多糖、茶叶多糖等。黏多糖也称为糖胺聚糖，是一类含氮的不均一多糖，通常为糖醛酸及氨基己糖或其衍生物，有的还含有硫酸，如透明质酸、肝素、硫酸软骨素等。结合糖也称糖复合物或复合糖，是指糖和蛋白质、脂质等非糖物质结合的复合分子。

二、多糖的药理作用

多糖与免疫功能的调节、细胞间物质的运输、细胞与细胞的识别、癌症的诊断与治疗等，均有着密切的关系，其具有的抗肿瘤、抗凝血、降血糖、免疫调节和抗病毒等活性，引起了医药界的高度重视，多糖研究已成为当今生命科学研究的热点之一。美国在 2001 年就启动了"功能糖组学计划"，日本也开展了"糖工程前沿计划"，以阐明糖链的生物学功能，设计并研制出治疗心血管疾病、癌症、感染性疾病等多糖类药物。

1. 调节免疫功能作用

免疫功能是防止病原体进入机体，抑制其发展，消灭和清除病原体，以保持机体的正常生命活动。多糖对免疫功能有重要的调节作用，主要通过激活单核巨噬细胞系统、补体系统和 T 细胞，增强自然杀伤性细胞的活性，促进机体的免疫功能。大部分的多糖均具有调节免疫功能作用，如淫羊藿多糖是重要的免疫刺激剂，能够增加白细胞和淋巴细胞的数目，提高淋巴细胞转化率和巨噬细胞活性，并增强 T 细胞和 B 细胞的免疫功能，刺激细胞免疫应答，对免疫器官、免疫细胞、免疫因子等均具有调节作用；香菇多糖是典型的 T 细胞激活剂，体内外研究都表明它能增强正常或免疫功能低下小鼠的迟发型超敏反应（DTH），促进细胞毒性 T 细胞（CTL）的产生，增强 CTL 的杀伤活力，增强抗体依赖性细胞毒效应（ADDC）的活性。另外，当归多糖、裂褶菌多糖、海带硫酸多糖等多种多糖均具有免疫促进活性。

2. 抗肿瘤作用

多糖的抗肿瘤活性多数是通过增强免疫细胞的活性，调节机体的免疫功能而实现的。多糖能通过多条途径、多个层面对免疫系统发挥调节作用，如促进网状内皮系统的吞噬功能、增强自然杀伤（NK）细胞的活性、活化巨噬细胞、诱导免疫调节因子表达等。研究发现，猪苓多糖、香菇多糖、灵芝多糖、双歧杆菌多糖、糙皮侧耳多糖等均具有抗肿瘤作用。

3. 抗病毒作用

病毒是危害人类机体健康的主要病原体之一，目前常见的危害性较强的病毒包括艾滋病病毒（HIV）、肝炎病毒、流感病毒等，多糖可通过免疫调节机制增强宿主功能，以抵抗病毒的侵害。如从甘草残渣中分离得到的水溶性中性多糖（甘草多糖），对牛艾滋病病毒、腺病毒Ⅲ型和柯萨奇病毒均有较明显的拮抗作用。另外，灰树花多糖、裂褶菌多糖、灵芝多糖等已被证明具有抗 HIV 的作用。

4. 降血糖作用

高血糖可诱发胰腺功能衰竭、失水、电解质紊乱、营养缺乏、抵抗力下降、肾功能受损、神经病变、眼底病变等疾病，目前发现一些多糖具有明显的降血糖作用。如茶多糖能降低糖尿病小鼠血糖、改善糖尿病症状，其降血糖的机制与其提高肝脏抗氧化能力、增强肝葡萄糖激酶的活性有关。从灵芝中提取得到的两种灵芝多糖低剂量下对正常小鼠和四氧嘧啶糖尿病小鼠有明显的降低血糖作用。

5. 抗溃疡作用

多糖主要通过降低胃酸、抑制胃蛋白酶以及隔离溃疡面与胃酸等物质接触发挥抗溃疡作用。由 4 分子甘露糖和 1 分子葡萄糖组成的白芨胶，是临床上治疗胃肠道溃疡和轻度胃肠出血的药物的主要成分。白芨胶可以与胃肠道的肠道液迅速作用形成胶浆，在胃肠黏膜形成保护膜，阻止胃酸、胃蛋白酶等物质与溃疡面接触，以促进溃疡的愈合。除此，人参果胶与鹿茸多糖可降低胃酸，抑制胃蛋白酶活性作用。

多糖除了以上作用外，还具有降血脂、抗衰老、抗辐射、促进血小板凝集等多种生物学活性。

三、糖类药物的性质

由于多糖的种类不同，同一种类的多糖其糖苷键、分子量、一些基团（如乙酰基等）的含量等也不相同，因此各种多糖都有其特殊的性质。但是，多糖亦有一些共同的性质。

1. 多糖的溶解性

多糖类物质由于其分子中含有大量的极性基团，因此对于水分子具有较大的亲和力，但是一般多糖的分子量相当大，其疏水性也随之增大。因此分子量较小、分支程度低的多糖类在水中有一定的溶解度，加热情况下更容易溶解，而分子量大、分支程度高的多糖类在水中溶解度低。正是由于多糖类物质对于水的亲和性，导致多糖类化合物在食品中具有限制水分流动的能力，而又由于其分子量较大，又不会显著降低水的冰点。

2. 多糖溶液的黏度与稳定性

正是由于多糖在溶解性能上的特殊性，导致了多糖类化合物的水溶液具有比较大的黏度甚至形成凝胶。

多糖溶液具有黏度是因为多糖分子在溶液中以无规则线团的形式存在，其紧密程度与单糖的组成和连接形式有关。当这样的分子在溶液中旋转时需要占有大量的空间，这时分子间彼此碰撞的概率提高，分子间的摩擦力增大，因此具有很高的黏度，甚至浓度很低时也有很高的黏度。

当多糖分子的结构情况有差别时，其水溶液的黏度也有明显的不同。高度支链的多糖分子比具有相同分子量的直链多糖分子占有的空间体积小得多，因而相互碰撞的概率也要低得多，溶液的黏度也较低；带电荷的多糖分子由于同种电荷之间的静电斥力，导致链伸展、链长增加，溶液的黏度大大增加。

大多数亲水胶体溶液的黏度随着温度的升高而降低，这是因为温度升高导致水的流动性增加。而黄原胶是一个例外，其在 $0\sim100℃$ 内黏度保持基本不变。

多糖形成的胶状溶液其稳定性与分子结构有较大的关系。不带电荷的直链多糖由于形成胶体溶液后分子间可以通过氢键而相互结合，随着时间的延长，缔合程度越来越大，因此在重力的作用下就可以沉淀或形成分子结晶。支链多糖胶体溶液也会因分子凝聚而变得不稳定，但速度较慢；带电荷的多糖由于分子间相同电荷的斥力，其胶状溶液具有相当高的稳定性。食品中常用的海藻酸钠、黄原胶及卡拉胶等即属于这样的多糖类化合物。

四、糖类药物的提取方法

游离单糖及小分子寡糖易溶于冷水及温乙醇，单糖、双糖类、三糖类、四糖类以及多元醇类可以用水或在中性条件下以 50% 乙醇为提取溶剂，也可以用 82% 乙醇在 $70\sim78℃$ 下回流提取。植物材料磨碎经乙醚或石油醚脱脂，拌加碳酸钙（药材中拌入碳酸钙或氢氧化钡，以防止酶和有机酸的影响），以 50% 乙醇温浸，用中性乙酸铅除去杂蛋白及其他杂质，铅离子可通 H_2S 除去，再浓缩。醇液经活性炭脱色、浓缩、冷却，滴加乙醚，或置于硫酸干燥器中旋转，析出结晶。单糖或寡糖也可以在提取后，用吸附色谱法或离子交换色谱法进行纯化。

提取多糖时，一般需先进行脱脂，以便多糖释放。方法是将材料粉碎，用甲醇或 1∶1 乙醇-乙醚混合液，加热搅拌 $1\sim3h$，也可用石油醚脱脂。动物材料可用丙酮脱脂、脱水处理。

多糖的提取方法主要有以下几种。

1. 难溶于冷水、热水，可溶于稀碱液者

用冷水浸润材料后，用 0.5mol/L NaOH 提取，如在稀碱中仍不溶出者可加入硼砂，对甘露聚糖、半乳聚糖等能形成硼酸络合物的多糖，此法可得相当纯的物质。

2. 易溶于温水、难溶于冷水和乙醇者

材料用冷水浸过，用热水提取，必要时可加热至 $80\sim90℃$ 搅拌提取，提取液用正丁醇与三氯甲烷混合液除去杂蛋白（或用三氯乙酸除去杂蛋白），透析后用乙醇沉淀得多糖。

3. 黏多糖

因大部分黏多糖与蛋白质结合于细胞中，因此需用酶解法或碱解法使糖与蛋白质间的结合键断裂，促使多糖释放，碱解法可以防止黏多糖分子中硫酸基的水解破坏，也可以同时用酶解法处理组织。常用的酶制剂有胰蛋白酶、木瓜蛋白酶和链霉菌蛋白酶等，也有使用复合酶制剂的。

五、糖类药物的分离纯化方法

多糖的纯化方法很多，但必须根据目的物的性质及条件选择合适的纯化方法。一种方法不易得到理想的结果，因此必要时应考虑几种方法合用。

1. 乙醇沉淀法

乙醇沉淀法是制备黏多糖的最常用方法。乙醇的加入，改变了溶液的极性，导致糖溶解度下降。如使用过量的乙醇，黏多糖浓度少于 0.1% 也可以沉淀完全。

向溶液中加入一定浓度的盐，如乙酸钠、乙酸钾、乙酸铵或氯化钠有助于使黏多糖从溶液中析出，盐的最终浓度 5% 即足够。使用乙酸盐的优点是在乙醇中其溶解度更大，即使在乙醇过量

时，也不会发生这类盐的共沉现象。加完乙醇，搅拌数小时，以保证多糖完全沉淀。沉淀物可用无水乙醇、丙酮、乙醚脱水，真空干燥即可得疏松粉末状产品。

2. 分级沉淀法

不同多糖在不同浓度的甲醇、乙醇或丙酮中的溶解度不同，因此可用不同浓度的有机溶剂分级沉淀分子量大小不同的黏多糖。

用乙醇进行分级分离是分离黏多糖混合物的经典方法，并且目前仍然用于大规模分离。此方法既可用于不同性质的黏多糖的分级分离，又可用于同一种类的黏多糖不同分子量组分的分级分离。例如，在肝素纯化过程中，用42％的乙醇可沉淀得到平均分子量为17000左右的商品肝素，进一步将乙醇浓度提高到80％，可沉淀得到平均分子量为11000的低抗凝活性肝素。

每次加乙醇时，其浓度的递增情况，取决于要分离的混合物的性质。但应注意，如果乙醇浓度递增小于5％，则不会产生明显的分级效果，所以一般采用大幅度提高浓度的办法。

虽然乙醇分级分离为一种很有用的方法，但也有其弱点，即对一组差异较小的多种成分的分级分离不能达到完全。在Ca^{2+}、Zn^{2+}等二价金属离子的存在下，采用乙醇分级分离黏多糖可以获得最佳效果。

3. 季铵盐络合法

黏多糖的聚阴离子与一些阳离子表面活性剂，如十六烷基氯化吡啶、十六烷基三甲基溴化铵等形成季铵盐络合物，这些络合物在低离子强度的水溶液中不溶解。在高离子强度的溶液中，这些络合物可以解离并溶解。因此，向低离子强度的黏多糖溶液中加入季铵盐沉淀黏多糖，使黏多糖与非黏多糖分开，将获取的沉淀用高离子强度的溶液解离溶解，再用乙醇沉淀即可获得纯的黏多糖。不同的黏多糖聚阴离子电荷密度不同，使其络合物溶解时所需盐的浓度也不同，因而可用于进行分级分离。应用季铵盐沉淀多糖是分级分离复杂黏多糖的最有效的方法之一。

季铵盐络合法除了在黏多糖的分级分离中有应用价值外，还用于从组织消化液和其他溶液中回收黏多糖。由于生成的络合物溶解度低，可用于0.01％或更稀溶液中的黏多糖回收。

4. 离子交换色谱法

黏多糖由于具有酸性基团如糖醛酸和各种硫酸基，在溶液中以聚阴离子形式存在，因而可用阴离子交换剂进行交换吸附，可选用的阴离子交换树脂D-254、DEAE-纤维素凝胶、DEAE-Sephadex A-25等。黏多糖通常是以其水溶液上柱的，为了交换吸附较完全，一般用含低浓度盐（如0.05～0.5mol/L氯化钠）溶液。阴离子交换树脂还可用于静态吸附，即将树脂与黏多糖溶液混合，待交换吸附完成后滤出树脂，再行洗脱，本法特别适用于大批量的制备，如用D-254型大孔强碱性阴离子交换树脂从猪小肠黏膜提取液中分离肝素就是一个成功的例子。洗脱可用逐步提高盐浓度（梯度洗脱）或分步提高盐浓度（阶段洗脱）的办法来进行。

5. 凝胶过滤法

凝胶过滤法可根据多糖分子量大小不同选用合适的具有分子筛性质的凝胶，如葡聚糖凝胶、聚丙烯酰胺凝胶、琼脂糖凝胶等进行分级分离。其中最常用的是葡聚糖凝胶，例如用sephadex G-75分级分离低分子肝素。

6. 超滤

利用超滤进行分级分离也是基于黏多糖分子量大小的不同，选用具有合适的分子量截留值的膜。这种方法的优点是适用于大规模的生产，并可使存在于截留液中的黏多糖得到浓缩和除去小分子杂质，但这种方法的分级分离效果不如凝胶过滤法好，往往在某一分子量范围为主的组分中还含有一定的分子量或高或低的组分。另外，超滤膜分子量截留值是以球蛋白的分子量标定的，而黏多糖一般为线性分子，将这一参数直接应用黏多糖的分离会有较大差异，应根据具体的试验结果选用超滤膜。

知识拓展　　　　　　　多糖含量测定与纯度检验方法

1. 溶液中多糖浓度的测定方法

(1) 蒽酮-硫酸比色法测定糖含量　糖类遇浓硫酸脱水生成糠醛或其衍生物,可与蒽酮试剂结合产生颜色反应,反应后溶液呈蓝绿色,于620nm处有最大吸收,吸收值与糖含量呈线性关系。

(2) 3,5-二硝基水杨酸(DNS)比色法测定还原糖　在碱性溶液中,DNS与还原糖共热后被还原成棕红色氨基化合物,在一定范围内还原糖的量与反应液的颜色强度呈比例关系,利用比色法可测定样品中的含糖量。

(3) 苯酚-硫酸比色法　苯酚-硫酸试剂可与多糖中的己糖、糖醛酸起显色反应,在490nm处有最大吸收,吸收值与糖含量呈线性关系。

(4) 葡萄糖氧化酶法测定葡萄糖　葡萄糖氧化酶专一氧化 β-葡萄糖,生成葡萄糖酸和过氧化氢,再利用过氧化物酶催化过氧化氢氧化某些物质如邻甲氧苯胺使其从无色转变为有色,通过比色法计算葡萄糖含量。葡萄糖溶液中 α-葡萄糖和 β-葡萄糖存在着动态平衡,随着 β-葡萄糖的氧化,最终所有 α 型全部转变成 β 型被氧化。

(5) Somogyi-Nelson 比色法　还原糖将铜试剂还原生成氧化亚铜,在浓硫酸存在下与砷钼酸生成蓝色溶液,在560nm下的吸收值与糖含量呈线性关系。

2. 纯度检查

多糖的纯度只代表某一多糖的相似链长的平均分布,通常所说的多糖纯品也是指具有一定分子量范围的均一组分。

多糖纯度的鉴定通常有以下几种方法。

(1) 常压凝胶色谱法　凝胶色谱法是根据在凝胶柱上不同分子量的多糖与洗脱体积成一定关系的特性来进行的,选择适宜的凝胶是取得良好分离效果的保证。

(2) 高效凝胶色谱法　HPLC法具有快速、高分辨率和重现性好的优点,因此得到越来越多的应用。用于HPLC的凝胶柱均为商品柱,其填料有疏水性的,也有亲水性的,而且每根柱的孔径不同,分离分子量的范围亦不同。选用哪一种性质的填料和用多大的排阻限和渗透限,主要取决于被分离溶质的性质和可能的分子量大小。多糖的检测不采用柱后衍生化方法,而是采用直接检测。

(3) 比旋度法　不同的多糖具有不同的比旋度,在不同浓度的乙醇中具有不同溶解度。如果多糖的水溶液经不同浓度的乙醇沉淀所得的沉淀具有相同比旋度,则该多糖为均一组分。

(4) 超离心法　如果多糖在离心力场作用下形成单一区带,说明多糖微粒沉降速度相同,表明其分子的密度、大小和形状相似。

技能拓展　　　　　　　多糖常用提取方案与程序

1. 热水浸提法

材料以 1:10(体积比)加蒸馏水 90℃ 回流 4h 后,3000r/min 离心 10min,沉淀重复三次,合并上清液浓缩(抽滤、蒸发),利用 sevag 法除去蛋白,(sevag 试剂为正丁醇:氯仿=1:4,sevag 试剂:滤液=1:5,分液漏斗中反复进行,直到分界面处无白色混悬液为止),8000r/min 离心 10min,抽滤取上清液,蒸发浓缩,定容至

50mL，利用硫酸-苯酚法测多糖含量。

2. 水提醇沉法

材料加 10mL 85% 乙醇回流 2h 后，以体积比 1：10 加蒸馏水，90℃回流 4h 后，8000r/min 离心 10min，去沉淀（重复 3 次），合并上清液浓缩（抽滤、蒸发），体积比 1：5 加 95% 乙醇，4℃静置 24h，沉淀，8000r/min 离心取沉淀，沉淀物依次用无水乙醇、丙酮、乙醚抽洗（重复 3 次）后，sevag 法去蛋白，8000r/min 离心 10min，抽滤取上清液，蒸发浓缩，定容至 50mL，利用硫酸-苯酚法测多糖含量。

3. 酶协同热水浸提法

材料以体积比 1：10 加蒸馏水，调节 pH6.0，加入 1% 复合酶，50℃水浴 1h，90℃回流 4h，8000r/min 离心 10min，去沉淀（重复 3 次），合并上清液浓缩（抽滤、蒸发），sevag 法去蛋白，8000r/min 离心 10min，滤取上清液，蒸发浓缩，定容至 50mL，利用硫酸-苯酚法测多糖含量。

4. 微波辅助法

材料以体积比 1：10 加蒸馏水，微波低火提取 3min，90℃回流 4h，8000r/min 离心 10min 去沉淀（重复 3 次），合并上清液浓缩（抽滤、蒸发），sevag 法去蛋白，8000r/min 离心 10min，滤取上清液，蒸发浓缩，定容至 50mL，利用硫酸-苯酚法测多糖含量。

5. 超声波辅助法

材料以体积比 1：10 加蒸馏水，超声波 600W，20min（超声波时间和频率可根据具体材料进行调节），90℃回流 4h，8000r/min 离心 10min 去沉淀（重复 3 次），合并上清液浓缩（抽滤、蒸发），sevag 法去蛋白，8000r/min 离心 10min，滤取上清液，蒸发浓缩，定容至 50mL，利用硫酸-苯酚法测多糖含量。

6. 高浓度酸预处理法

材料加 2mL 90% 的甲酸溶液，混匀，100℃沸水浴 2h，旋转蒸发 3 次以除去甲酸，加 6mol/L 盐酸 10mL，真空封管，置于 80℃，水浴 2.5h，调 pH 至中性 6.5～7.0，用磷酸缓冲液（pH7.0）定容至 50mL。

7. 碱提取法

材料以体积比 1：10 加 0.5mol/L NaOH 水溶液，4℃中提取，离心取上清液，用 36% 乙酸中和白色的胶状沉淀，用水洗涤得到多糖，浓缩（抽滤、蒸发），定容至 50mL，硫酸-苯酚法测多糖含量。

8. 盐提＋水提＋碱提＋酸提法

材料加乙酸乙酯，丙酮索氏提取 4h 去脂，体积比 1：10，0.9%NaCl 水溶液过夜，匀浆，离心，重复 3 次，该上清为 P1，残渣于高压锅中 120℃热水浸提 30min，重复 3 次，上清液过 DEAE-Sephadex（A-50）柱（根据所分离的多糖分子量大小可调节），分别用磷酸缓冲液和 1mol/L NaCl 水溶液淋洗，得到多糖 P2 和酸性多糖 P2-A，0.5mol/L NaOH 水溶液于 4℃从以上残渣中提取上清液，用 36% 乙酸中和白色的胶状沉淀，用水洗涤得到多糖 P3，残渣用 88% 甲酸提取后用水沉淀得到多糖 P4，分别测多糖的含量。

实例训练

实训 25　银耳多糖制备及鉴定

【任务描述】

　　银耳是我国传统的一种珍贵药用真菌。银耳多糖主要成分为酸性杂多糖、中性杂多糖、胞壁多糖、胞外多糖及酸性低聚糖五类，不含核酸、蛋白质类物质。银耳多糖具有明显提高机体免疫功能、抑制肿瘤转移、抗炎症、抗辐射、抗血栓、降血糖等作用，是一种滋补强壮、扶正固本的保健食品和药物。

　　本次实训利用酶浸提法，银耳子实体经水浸泡、捣碎、酶浸提、乙醇沉淀分离可制得银耳多糖粗品，再用 CTAB（十六烷基三甲基溴化铵）络合法进一步精制，得银耳多糖纯品，并进行多糖的鉴定。

【任务实施】

一、准备工作

　　1. 建立工作小组，制定工作计划，确定具体任务，任务分工到个人，并记录到工作表。

　　2. 收集银耳多糖制备及鉴定工作的必要信息，掌握相关知识及操作要点，与指导教师共同确定出一种最佳的工作方案。

　　3. 完成任务单中实际操作前的各项准备工作。

　　(1) 材料准备　银耳子实体干品 20g。

　　(2) 试剂　2mol/L 的氢氧化钠溶液、2mol/L 氯化钠溶液、2mol/L 盐酸溶液、无水乙醇、95%乙醇、浓氨水、乙醚、浓硫酸、α-萘酚、0.5%甲苯胺乙醇溶液、5%三氯乙酸-正丁醇溶液、复合酶制剂（含果胶酶、纤维素酶和中性蛋白酶，食品级复合酶）、活性炭、硅藻土、2%十六烷基三甲基溴化铵（CTAB）、蒽酮、正丁醇、吡啶、冰醋酸、苯胺、邻苯二甲酸、葡萄糖标准品。

　　(3) 仪器　布氏漏斗、抽滤瓶、分液漏斗、量筒、DEAE-C 薄板、离心机、水浴锅、透析袋、滤纸、薄层展开缸、组织捣碎机、分光光度计、不锈钢锅。

二、操作过程

操作流程见图 7-12。

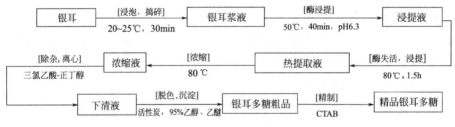

图 7-12　银耳多糖制备操作流程

1. 银耳预处理

　　选无杂质银耳子实体干品 20g 放入不锈钢锅中，加水 1600mL，于 20～25℃浸泡 30min，置高速组织捣碎机中充分捣碎，制成银耳浆液。

2. 酶浸提

　　将银耳浆液用 2mol/L 盐酸溶液调 pH 至 6.3，加入 1%复合酶制剂，50℃下酶促反应 40min，迅速升温至 80℃灭活酶，并保温浸提约 1.5h，浸提液于 80℃水浴浓缩至糖浆状。

3. 银耳多糖的沉降

　　(1) 有机酸除杂　浓缩液放入烧杯中，加入等体积 5%三氯乙酸-正丁醇溶液，摇匀，3000r/min 离心 15min 后，用滴管吸去正丁醇层和中层变性蛋白，下层清液备用。

　　(2) 脱色、透析　将下层清液用 2mol/L 的氢氧化钠溶液调 pH 至 7，加 1%活性炭，80℃加热

15min 脱色，抽滤，滤液装入透析袋，流水透析 12h，80℃水浴浓缩透析液至原体积 1/3，抽滤，得滤液。

（3）乙醇沉淀 滤液加 3 倍量 95%乙醇，搅拌均匀后，3000r/min 离心 15min。沉淀用无水乙醇洗涤 2 次，乙醚洗涤 1 次，50℃以下真空干燥，得银耳多糖粗品，并称重。

4. 精制

（1）CTAB 精制 取粗品 1g，溶于 100mL 水中，溶解后离心除去不溶物。滤液加 2%CTAB 至沉淀完全，摇匀、静置 2h，3000r/min 离心 15min，沉淀用 80℃热水洗涤 3 次，加 100mL 2mol/L 氯化钠溶液于 60℃解离 4h，3000r/min 离心 15min，上清液装入透析袋，流水透析 10h，得透析液。

（2）浓缩、干燥 透析液于 80℃浓缩，加三倍量 95%乙醇搅匀，3000r/min 离心 15min，沉淀用无水乙醇、乙醚洗涤，50℃以下真空干燥，得精品银耳多糖。

5. 多糖的鉴定和含量测定

（1）多糖的鉴定

① 取透析液 1mL 加入试管中，加入 α-萘酚乙醇溶液（α-萘酚 5g 溶于 95mL 95%乙醇）2 滴，摇匀，将试管倾斜，沿试管壁缓缓加入浓硫酸 1.5mL（勿振动），观察硫酸层与糖溶液界面处颜色变化。

② 取透析液的浓缩液点于滤纸上，0.5%甲苯胺乙醇溶液染色，观察样品颜色反应。

③ 取透析液的浓缩液 2mL，加入 2%CTAB 溶液 2～4 滴，观察现象。

（2）总糖含量测定 采用蒽酮比色法，多糖在浓硫酸中水解后，进一步脱水生成糖醛类衍生物，与蒽酮作用形成蓝色化合物，进行比色测定。先制作葡萄糖标准曲线，再按下表操作，摇匀，置沸水浴中 10min，冷却后，以第三管为空白，在 620nm 波长分光比色，计算总糖含量。

编号	1	2	3
样品/mL	样品稀释液 0.5	标准葡萄糖 0.5	
蒸馏水/mL	—	—	0.5
蒽酮/mL	5.0	5.0	5.0

（3）银耳多糖薄层色谱

① 固定相：DEAE-C 薄板。

② 展开剂：正丁醇：吡啶：冰醋酸：水＝10：6：1：3。

③ 点样：0.5%多糖水溶液 20μL，样品 1 为粗品、样品 2 为精品。

④ 展开：13cm，吹干。

⑤ 染色：苯胺-邻苯二甲酸显色。

⑥ 结果：作图，计算 R_f 值。

三、结束工作

1. 填好所有操作记录单、任务单、各种评价表。

2. 检查设备仪表是否洁净完好。

3. 检查工作场地及环境卫生。

4. 进行任务总结。

四、注意事项

1. 应控制好酶促反应的时间、温度。

2. 在制备全流程中应时刻注意温度，不能超过 80℃。

【工作反思】

1. 加入复合酶制剂有何作用？

2. CTAB 络合法与乙醇沉淀法分离银耳多糖有何异同？

3. 为什么在银耳多糖制备全流程中温度不能超过 80℃？

实训 26　硫酸软骨素的提取分离

【任务描述】

硫酸软骨素，为酸性黏多糖，白色粉末，无臭，无味，易吸湿，易溶于水，不溶于乙醇和丙酮等有机溶剂，遇水即膨胀或成黏浆，对热较不稳定。其分子式为：$(C_{14}H_{21}NO_{14}S)_n$。

软骨素是由 D-葡萄糖醛酸和 N 乙酰-D-半乳糖胺组成的黏多糖。硫酸软骨素是软骨素的硫酸酯，是构成结缔组织的主要成分，为澄清脂质。硫酸软骨素具有广泛的药理、生理作用，如可调血脂而防治动脉粥样硬化，对神经有营养和保护作用，可用于神经痛和防治链霉素引起的听觉障碍，硫酸软骨素亦广泛地用于关节病的防治。

硫酸软骨素广泛存在于人和动物软骨组织中。其药用制剂主要含有硫酸软骨素 A 和硫酸软骨素 C 两种异构体，是由动物喉骨、鼻中隔、气管等软骨组织提取制备。不同物种、不同年龄动物的软骨及不同部位的软骨中硫酸软骨素的含量不同。

本次实训利用酶法提取硫酸软骨素，鸡软骨经除杂粉碎后加胰酶浸提，活性炭脱色，乙醇沉淀分离后可制得硫酸软骨素粗品，再利用金属阳离子 Na^+ 与阴离子结合成沉淀除去杂质，进一步精制得硫酸软骨素纯品，并通过苯酚-硫酸法进行多糖的含量测定。

【任务实施】

一、准备工作

1. 建立工作小组，制订工作计划，确定具体任务，任务分工到个人，并记录到工作表。

2. 收集硫酸软骨素的提取分离工作中的必需信息，掌握相关知识及操作要点，与教师共同确定出一种最佳的工作方案。

3. 完成任务单中实际操作前的各项准备工作。

(1) 材料准备 鸡软骨。

(2) 试剂 2%氢氧化钠溶液、6mol/L盐酸、活性白土、活性炭、胰酶、95%乙醇、无水乙醇、苯酚、浓硫酸、甲苯胺、CTAB、葡萄糖标准品、α-萘酚、NaCl。

(3) 仪器 烧杯、布氏漏斗、抽滤瓶、分液漏斗、量筒、离心机、水浴锅、滤纸、捣碎机、不锈钢锅、消化罐。

二、操作过程

操作流程见图 7-13。

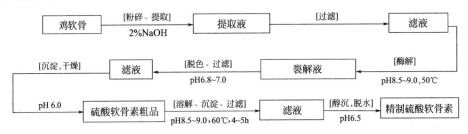

图 7-13　硫酸软骨素制备操作流程

1. 提取

将鸡软骨洗净煮沸，除去脂肪和其他结缔组织，捣碎机粉碎后，加入 4 倍量的 2%氢氧化钠溶液搅拌提取 2h，过滤，滤渣再用 2 倍量的 2%氢氧化钠溶液提取 12h，过滤，合并两次提取液。

2. 酶解

将提取液置消化罐中，搅拌下用 6mol/L 盐酸调 pH8.5～9.0，并加热至 50℃，加入适量胰酶保温酶解 4～5h。

3. 脱色

用盐酸调 pH6.8～7.0，加入活性白土适量、1%活性炭搅拌吸附 1h，过滤。

4. 沉淀

滤液调 pH6.0，加入乙醇使醇含量为 20%。静置，上清液澄清时，去上清液，下层沉淀脱水干燥得硫酸软骨素粗品。

5. 纯化

将上述粗品按 10％左右浓度加水溶解，并加入 1％氯化钠，加入 1％胰酶，调 pH8.5～9.0、60℃条件下酶解 4～5h，然后升温至 100℃，过滤至澄清。滤液冷却后用盐酸调 pH2.0～3.0，过滤，滤液用氢氧化钠溶液调 pH 至 6.5，然后用乙醇沉淀，无水乙醇脱水，真空干燥得硫酸软骨素精制品。

6. 多糖的鉴定和含量测定

（1）多糖的鉴定

① 取精制品水溶液 1mL，加入 5％α-萘酚乙醇溶液（α-萘酚 5g 溶于 95mL 95％乙醇）2 滴，摇匀，将试管倾斜，沿试管壁缓缓加入浓硫酸 1.5mL（勿振动），观察硫酸层与糖溶液界面处颜色变化。

② 取精制品水溶液浓缩液点于滤纸上，0.5％甲苯胺乙醇溶液染色，观察反应。

③ 取精制品水溶液浓缩液 2mL 加入 2％ CTAB 溶液 2～4 滴，观察现象。

（2）多糖含量的测定 本实训通过苯酚-硫酸法测定多糖含量，多糖在浓硫酸作用下，水解生成单糖，并迅速脱水生成糖醛衍生物，然后与苯酚缩合成橙黄色化合物，且颜色稳定，在波长 490nm 处和一定的浓度范围内，其吸光度与多糖含量呈正比线性关系，从而可以利用分光光度计测定其吸光度，并利用标准曲线定量测定样品的多糖含量，本方法可用于多糖、单糖含量的测定。

① 标准曲线的绘制：准确称取标准葡萄糖 20mg 于 500mL 容量瓶中，加水至刻度，分别吸取 0.2mL、0.4mL、0.6mL、0.8mL、1.0mL、1.2mL、1.4mL、1.6mL 及 1.8mL，各以水补至 2.0mL，配成 4mg/L、8mg/L、12mg/L、16mg/L、20mg/L、24mg/L、28mg/L、32mg/L、36mg/L 系列浓度的溶液，然后加入 5％苯酚 1.0mL 及浓硫酸 5.0mL，静置 10min，摇匀，室温放置 20min 后，于 490nm 测吸光度，以 2.0mL 水按同样显色操作为空白，以多糖含量为横坐标，纵坐标为吸光度值，得标准曲线。

② 硫酸软骨素含量的测定：精确称取提取的粗多糖 8mg，溶于 20mL 蒸馏水中，取 2mL 配制好的多糖溶液按上述步骤操作，测吸光度，根据标准曲线计算稀释样品中多糖的含量。然后根据下面公式换算待测样品中多糖的含量。

$$多糖含量＝糖含量（经吸光度值换算）/0.8×100％$$

三、结束工作

1. 填好所有操作记录单、任务单、各种评价表。
2. 检查设备仪表是否洁净完好。
3. 检查工作场地及环境卫生。
4. 进行任务总结。

【工作反思】

1. 在软骨素制备中加入胰酶有何作用？
2. 苯酚-硫酸法与蒽酮-硫酸法测定多糖含量有何异同？
3. 多糖标准曲线绘制的注意事项有哪些？

目标检测

（一）填空题

1. 常用的多糖含量测定方法包括 ＿＿＿＿＿＿＿＿＿＿、＿＿＿＿＿＿＿＿＿＿、＿＿＿＿＿＿＿＿＿＿ 和 ＿＿＿＿＿＿＿＿＿＿。

2. 多糖可以利用分级沉淀法进行分离纯化是因为＿＿＿＿＿＿＿＿＿＿。

3. 提取黏多糖常用的方法为_____和_____。

4. 多糖提取的温度一般控制在_____。

5. 多糖的主要药理作用包括_____、_____、_____、_____、_____、_____、_____。

6. 银耳多糖主要成分为_____、_____、_____、_____、_____。

(二) 单项选择题

1. 蒽酮-硫酸比色法测定糖含量时最佳测定波长为（　　）。

　A. 620nm　　　　　B. 520nm　　　　　C. 490nm　　　　　D. 280nm

2. 硫酸软骨素属于（　　）。

　A. 单糖　　　　　B. 多糖　　　　　C. 寡糖　　　　　D. 低聚糖

3. 以下多糖的溶解性最高的是（　　）。

　A. 分子量较小、分支程度高　　　　　B. 分子量较大、分支程度低

　C. 分子量较大、分支程度高　　　　　D. 分子量较小、分支程度低

4. 硫酸软骨素的分子式为（　　）。

　A. $(C_{14}H_{21}NO_{14}S)_n$　　　　　B. $(C_{14}H_{21}NO_{14}S_2)_n$

　C. $(C_{14}H_{21}NO_{14})_n$　　　　　D. $(C_{14}H_{21}O_{14}S)_n$

5. 银耳多糖提取中酶灭活的温度是（　　）。

　A. 50℃　　　　　B. 40℃　　　　　C. 120℃　　　　　D. 80℃

6. 酶法提取多糖时提取的温度一般调节到（　　）。

　A. 50℃　　　　　B. 40℃　　　　　C. 120℃　　　　　D. 80℃

(三) 多项选择题

1. 多糖的分离纯化方法包括（　　）。

　A. 凝胶过滤法　　B. 离子交换色谱法　　C. 乙醇沉淀法　　D. 分级沉淀法

2. 多糖纯度的鉴定方法（　　）。

　A. 超离心法　　B. 常压凝胶色谱法　　C. 比旋度法　　D. 高效凝胶渗透色谱法

3. 硫酸软骨素提取过程中脱色时的条件为（　　）。

　A. pH6.8~7.0　　B. pH5.8~6.0　　C. 1%活性炭搅拌　　D. 10%活性炭搅拌

4. 糖根据水解和分子量大小可分为（　　）。

　A. 单糖　　　　　B. 寡糖　　　　　C. 多糖　　　　　D. 中聚糖

5. 糖是（　　）。

　A. 多羟基醛或多羟基酮及其衍生物、聚合物的总称

　B. 含有碳、氢和氧三种元素

　C. 分子通式为 $C_m(H_2O)_n$

　D. 大多数糖分子中的氢和氧的比例为 3∶1

(四) 简答题

1. 比较硫酸-苯酚法与蒽酮-硫酸法测定多糖含量方法的差别。

2. 简述多糖纯化的方法有哪些?

3. 硫酸-苯酚法测定多糖含量的操作程序与注意事项有哪些?

4. 多糖的提取方法有哪些?

任务二十一　脂类药物的提取分离

　　脂类是脂肪、类脂及其衍生物的总称。由于分子中的碳、氢比例较高，都具备溶解在乙醚、氯仿等有机溶剂中而不溶或微溶于水的物理性质，以游离或结合的形式存在于组织和细胞中。脂

类药物可通过生物组织抽提、微生物发酵、酶转化及化学合成等途径制取，在工业生产中常根据其存在形式不同和各成分性质的差异而采取不同的提取、分离及纯化方法。

知识目标

- 能够熟悉脂类药物的分类及相应的性质。

技能目标

- 能够通过对脂类药物的理化性质的熟悉设计合理的提取分离方法，完成典型脂类药物的提取分离操作。

必备知识

一、脂类药物的分类

1. 按化学结构分类

(1) 脂肪类　亚油酸、亚麻酸、花生四烯酸、二十二碳六烯酸（DHA）等。

(2) 磷脂类　卵磷脂、脑磷脂、豆磷脂等。

(3) 糖苷脂类　神经节苷脂等。

(4) 萜式脂类　鲨烯等。

(5) 固醇及类固醇类　胆固醇、胆酸、胆汁酸、蟾蜍毒等。

(6) 其他　胆红素、辅酶Q10、人工牛黄、人工熊胆。

2. 按生物化学上的分类

(1) 单纯脂　脂肪酸与醇类构成的脂。如甘油三酯、蜡等。

(2) 复合脂　磷脂、糖苷脂等。

(3) 异戊二烯系脂　多萜类、固醇和类固醇等。

二、脂类的性质

1. 脂类的水解特性

脂类分解成基本结构单位的过程除在稀酸或强碱溶液中进行外，微生物产生的酯酶也可催化脂类水解，这类水解对脂类营养价值没有影响，但水解产生某些脂肪酸有特殊异味或酸败味，可能影响适口性。脂肪酸碳链越短（特别是4～6个碳原子的脂肪酸），异味越浓。动物营养中把这种水解看成是影响脂类利用的因素。

2. 脂类氧化酸败

氧化酸败分自动氧化和微生物氧化。氧化酸败结果既降低脂类营养价值，也产生不适宜气味。脂质自动氧化是一种由自由基激发的氧化，先形成脂过氧化物，这种中间产物并无异味，但脂质"过氧化物价"明显升高，此中间产物再与脂肪分子反应形成氢过氧化物，当氢过氧化物达到一定浓度时则分解形成短链的醛和醇，使脂肪出现不适宜的酸败味，最后经过聚合作用使脂肪变成黏稠、胶状甚至固态物质。自动氧化是一个自身催化加速进行的过程。

3. 脂肪酸氢化

在催化剂或酶作用下不饱和脂肪酸的双键可以得到氢而变成饱和脂肪酸，使脂肪硬度增加，不易氧化酸败，有利于储存，但也损失必需脂肪酸。

三、脂类药物的临床应用

1. 固醇类药物的应用

该类药物包括胆固醇、麦角固醇、7-脱氢胆固醇及 β-谷固醇。胆固醇为人工牛黄、机体多种甾体激素及胆酸原料，是机体细胞膜不可缺少成分，也可用作乳化剂；麦角固醇可转化为维生素 D_2，7-脱氢胆固醇可转化为维生素 D_3，维生素 D_2、维生素 D_3 具有抗佝偻病作用；β-谷固醇有降低血浆胆固醇、止咳、祛痰、抑制肿瘤和修复组织作用。

2. 胆酸类药物的应用

胆酸类化合物是人及动物肝脏产生的甾体类化合物，集中于胆囊，排入肠道对肠道脂肪起乳化作用，促进脂肪消化吸收，同时促进肠道正常菌群繁殖、抑制致病菌生长、保持肠道正常功能。但不同胆酸衍生物有不同药理效应及临床应用。

(1) 胆酸钠 胆酸钠用于胆道瘘管长期引流的患者，以补充胆汁的缺乏，也用于治疗慢性胆囊炎及脂肪消化不良等。

(2) 去氧胆酸类 猪去氧胆酸有降低血浆胆固醇作用，用于治疗高脂血症，也是配制人工牛黄的重要原料；鹅去氧胆酸及熊去氧胆酸均有溶胆石作用；鹅去氧胆酸用于预防和治疗胆固醇性胆结石和高脂血症，对胆色素性结石和混合结石也有一定疗效，对症状轻微、胆囊功能良好、胆道无梗阻塞者疗效较好；熊去氧胆酸主要对不宜手术治疗的胆固醇性胆结石，尤其是胆囊功能基本正常、结石直径在 15mm 以下、透 X 射线、非钙化性的浮动胆固醇结石的治愈率高，也用于治疗急性及慢性肝炎、肝硬化及肝中毒等；牛磺熊去氧胆酸有解热、降温及消炎作用，用于退热、消炎及溶胆石；牛磺鹅去氧胆酸及牛磺熊去氧胆酸有抗病毒作用，用于防治艾滋病、流感及副流感病毒感染引起的传染性疾患等；猪去氧胆酸适用于Ⅰa 和Ⅰb 型高脂血症、动脉粥样硬化症，也用于胆道炎、胆囊炎、胆石症、胆汁淤积、肝胆疾患引起的消化不良等。

(3) 去氢胆酸类 去氢胆酸为胆道疾病用药，有较强利胆作用，用于治疗胆道炎、胆囊炎及胆结石，也用于胆道手术后促进 T 形管引流和便秘等；牛磺去氢胆酸有抗病毒作用，用于防治艾滋病、流感及副流感病毒感染引起的传染性疾患等。

3. 磷脂类药物的应用

该类药物主要有卵磷脂、脑磷脂及大豆磷脂。卵磷脂和脑磷脂都有增强神经组织及调节高级神经活动的作用，临床上均可用于治疗神经衰弱及防治动脉粥样硬化。卵磷脂还用于预防高血压、心脏病、老年痴呆症、痛风、糖尿病，又是血浆脂肪良好的乳化剂，有促进胆固醇及脂肪运输的作用；脑磷脂也用于防治肝硬化和肝脂肪性病变，还有局部止血作用；大豆磷脂用于口服制剂的乳化，可用于治疗高脂血症、急性脑梗死、神经衰弱。

4. 不饱和脂肪酸类药物的应用

该类药物包括亚油酸、亚麻酸、花生四烯酸、二十二碳六烯酸及二十碳五烯酸等。亚油酸为降血脂药，用于防治动脉粥样硬化；亚麻酸分 α、β、γ 三种晶型，具有降低血脂、降血压、预防过敏等作用，用于治疗高血压、糖尿病等；花生四烯酸为合成前列腺素的原料，可调节人体细胞膜的通透性，对婴幼儿的大脑、神经发育、视神经系统的发育十分重要，也可治疗冠心病、糖尿病及预防脑血管疾病等；二十二碳六烯酸能促进脑细胞生长、改善大脑功能、益智健脑、预防老年痴呆、促进婴幼儿视网膜发育；二十碳五烯酸有降血脂、降血压、降血糖作用，用于预防和改善动脉硬化，防治高血压。

5. 色素类药物的应用

色素类药物有胆红素、血红素、原卟啉、血卟啉及其衍生物。胆红素是人工牛黄的重要成分，是一种有效的肝病治疗药物，也用于消炎、镇静等；原卟啉可促进细胞呼吸，改善肝脏代谢功能，临床上用于治疗肝炎；血卟啉及其衍生物为光敏化剂，可在癌细胞中潴留，为激光治疗癌症的辅助剂，临床上用于治疗多种癌症；血红素在食品工业中，可代替肉制品中的发色剂亚硝酸盐和人工合成色素，在制药行业中，可作为半合成胆红素原料，而且可用于制备抗癌特效药，在临床上可制成血红素补铁剂。

6. 人工牛黄的应用

人工牛黄是根据天然牛黄（牛胆结石）的化学成分按照一定的比例人工配制的具有天然牛黄疗效的脂类药物，其主要成分为胆红素、胆汁酸、胆酸、猪胆酸、胆固醇、氨基酸及无机盐等，是百余种中成药的重要原料药，具有清热、解毒、祛痰、抗惊厥、息风及开窍等作用，临床上用于治疗热病澹狂、神昏不语、小儿惊风、毒恶症、咽喉肿胀、无名肿痛、红肿毒疖等。

四、脂类药物的生产方法

1. 直接抽提法

有些脂类药物是以游离形式存在的，如卵磷脂、脑磷脂、亚油酸、花生四烯酸及前列腺素等。根据溶解性质选用相应溶剂直接抽提出粗品，经分离纯化得到精制品。

2. 水解法

体内有些脂类药物与其他成分构成复合物，含这些成分的组织需经水解或适当处理后水解，再分离纯化。

自然界中脂类的形态多数是以结合形式存在的，中性和非极性脂类以分子间力与脂类、蛋白质结合；极性脂类以氢键、静电力与蛋白质分子结合；脂肪酸类以酯、酰胺、糖苷等与糖分子共价结合。疏水结合的脂类一般用非极性溶剂，与生物膜结合的脂类用极性较强的溶剂以断开氢键，共价结合的脂类用酸或碱水解，现多用组合溶剂，以醇作为组合溶剂的必需部分，因为醇能使生物组织中的脂类降解酶失活。

如辅酶 Q10 与动物细胞内线粒体膜蛋白结合成复合物，从猪心提取辅酶 Q10 时，需要将猪心绞碎后用氢氧化钠水解，然后用石油醚抽提并进一步分离纯化，胆汁中的胆红素多与葡萄糖醛酸结合形成共价复合物，所以提取胆红素需要先用碱水解胆汁，再用适宜的有机溶剂抽提。

3. 化学合成或半合成法

来源于生物体的某些脂类药物可以用相应的有机化合物或者生物体某些成分为原料，用化学合成或半合成方法制备。

4. 生物转化法

发酵法、动植物细胞培养法及酶工程技术可统称为生物转化法，来源于生物体的多种脂类药物亦可采用生物转化法生产。如用微生物发酵法或烟草细胞培养法生产辅酶 Q10；紫草细胞培养法生产紫草素；牛磺石胆酸经微生物羟化酶转化为牛磺熊去氧胆酸。

五、脂类药物的分离方法

脂类药物通常用溶解度法及吸附法分离纯化，近年来也用到了超临界流体萃取法。

1. 溶解度法

依据脂类药物在不同溶剂中溶解度差异进行分离。游离胆红素在酸性条件溶于氯仿及二氯甲烷，故胆汁经碱水解及酸化后用氯仿抽提，其他物质难溶于氯仿，而胆红素则溶出，因此得以分离。卵磷脂溶于乙醇而不溶于丙酮，脑磷脂溶于乙醚而不溶于丙酮和乙醇，故脑干丙酮粉抽提液用于制备胆固醇，不溶物用乙醇抽提得卵磷脂，用乙醚抽提物得脑磷脂，利用溶解度差异进行分离。

2. 吸附法

根据吸附剂对各种成分吸附力的差异进行分离。脂类混合物的分离条件是由单个脂类组分的相对极性而决定的，也受到分子中极性基团数量和类型的影响。一般通过极性逐渐增大的溶剂梯度洗脱，可以从脂类混合物中分离出极性逐渐增大的各类物质，部分脂类的极性顺序为：蜡＜固醇酯＜脂肪＜长链醇＜脂肪酸＜固醇＜二甘油酯＜卵磷脂。极性磷脂用一根色谱柱是不能使其完全分离的，需要进一步使用薄层色谱或另一柱色谱分级分离，才能获得单一组分。如家禽胆汁中提取的鹅去氧胆酸粗品经硅胶柱色谱及乙醚-三氯甲烷溶液梯度洗脱即可与其他杂质分离；前列腺素 E 粗品经硅胶柱色谱及硝酸银硅胶柱色谱分离得精品。经分离的脂类药物常含微量杂质，需采用结晶法、重结晶法及有机溶剂沉淀法等进行精制。

3. 超临界流体萃取法

近年来超临界流体萃取已广泛用于脂类药物的分离纯化中，如超临界条件下用 CO_2 提取番茄素及从蛋黄中分离卵磷脂。根据脂类物质不同组分在超临界流体中沸点高低不同和溶解度的差异可分离所需要的有效成分，目前不饱和脂肪酸、磷脂、植物甾醇等均可采用该法分离，该法具有选择性强、效率高、生物，活性好等优点。

实例训练

实训 27　卵磷脂的提取分离

【任务描述】

卵磷脂是一类具有重要生理活性和表面活性的物质。纯净的卵磷脂常温下为一种无色无味的白色固体，由于制取或精制方法、储存条件不同而呈现淡黄色至棕色。其等电点为 6.7，易溶于氯仿，可溶于乙醚、乙醇等有机溶剂，也能溶于水成为胶体状态，但不溶于丙酮。

本次任务利用丙酮从粗卵磷脂溶液中沉淀卵磷脂，使卵磷脂与其他脂质和胆固醇分离开来。无机盐和卵磷脂可生成络合物沉淀，因此可利用金属盐沉淀剂将卵磷脂从溶液中分离出来，由此除去蛋白质、脂肪等杂质，再用适当溶剂萃取出无机盐和其他磷脂杂质，制备出卵磷脂。因为其纯度越高，氧化性能越强，故提纯后的卵磷脂需要做氢化处理，然后保存。未经过氢化处理的卵磷脂，一般要求在充氮的密封容器中保存。

【任务实施】

一、准备工作

1. 建立工作小组，制订工作计划，确定具体任务，任务分工到个人，并记录到工作表。

2. 收集卵磷脂常用提取分离方法的必需信息，掌握相关知识及操作要点，与教师共同确定出一种最佳的工作方案。

3. 完成任务单中实际操作前的各项准备工作。

(1) 材料准备　新鲜鸡蛋。

(2) 试剂　20％NaOH 溶液、10％ $ZnCl_2$、石油醚、95％乙醇、氯仿、丙酮、甲醇、无水乙醇、卵磷脂对照品。

(3) 仪器　研钵、布氏漏斗、蒸发皿、旋转蒸发仪、紫外分光光度计、GF_{254} 硅胶板。

二、操作过程

操作流程见图 7-14。

1. 粗提

室温下，取适量的鸡蛋卵黄用 2 倍于卵黄体积的 95％乙醇进行提取，混合搅拌，离心分离

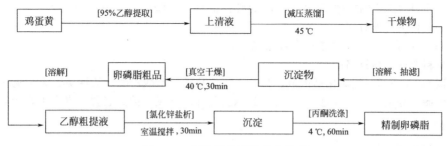

图 7-14　卵磷脂的提取操作流程

（3000r/min，5min），将沉淀物重复提取 3 次，回收上清液；然后减压蒸馏（45℃）至近干，用少量石油醚洗下粘壁的黄色油状物质；加入丙酮，抽滤，分离出沉淀物，真空干燥（40℃，30min），得到淡黄色的卵磷脂粗品，称重。

2. 精制

取一定量的卵磷脂粗品，用无水乙醇溶解，得到约 10％乙醇粗提液，加入相当于卵磷脂质量的 10％ 的氯化锌水溶液，室温搅拌 30min；分离沉淀物，加入适量冰丙酮（4℃）洗涤，搅拌 60min，再用丙酮反复研洗，直到丙酮洗液为近无色为止，真空干燥得到白色蜡状的精制卵磷脂，并称重。

3. 鉴定

（1）薄层色谱分析　将卵磷脂样品与对照品分别配成 2％氯仿溶液，用 GF_{254} 硅胶板进行色谱分离，展开剂为氯仿：甲醇：水（65：25：4），分离完毕后，取出薄板，干燥，碘蒸气显色。

（2）紫外吸收光谱测定　将一定量卵磷脂样品溶于无水乙醇，配成 0.1％乙醇溶液，用紫外分光光度计扫描其在 90～400nm 的吸收光谱，可测得卵磷脂的紫外最大吸收峰。卵磷脂紫外最大吸收峰在 215nm 波长。

三、结束工作

1. 填好所有操作记录单、任务单、各种评价表。
2. 检查设备仪表是否洁净完好。
3. 检查工作场地及环境卫生。
4. 进行任务总结。

【工作反思】

1. 蛋黄中分离卵磷脂根据什么原理？
2. 卵磷脂可以皂化，从结构分析应作何解释？
3. 卵磷脂可作乳化剂，这是为什么？
4. 为什么实验中要进行减压过滤？操作时应注意哪些地方？

实训 28　猪去氧胆酸的提取分离

【任务描述】

猪去氧胆酸为白色或类白色粉末，熔点 197℃，无臭或微腥，味苦，易溶于乙醇和冰醋酸，微溶于丙酮，难溶于乙酸乙酯、乙醚、氯仿或苯中，几乎不溶于水。

本任务以猪胆汁为原料经过皂化、酸化反应，以及一系列的脱色、脱水操作，最后浓缩干燥制得猪去氧胆酸。

一、准备工作

1. 建立工作小组，制订工作计划，确定具体任务，任务分工到个人，并记录到工作表。

2. 收集猪去氧胆酸常用提取分离方法的必需信息，掌握相关知识及操作要点，与教师共同确定出一种最佳的工作方案。

3. 完成任务单中实际操作前的各项准备工作。

(1) 材料准备 新鲜猪胆汁。

(2) 试剂 2.5%的氢氧化钙溶液、盐酸、氢氧化钠、乙酸乙酯、活性炭、无水硫酸钠等。

(3) 仪器 滤纸、漏斗、电炉、石棉网、烧杯、pH试纸、抽滤装置、真空干燥箱等。

二、操作过程

操作流程见图7-15。

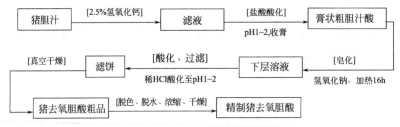

图 7-15　猪去氧胆酸的提取操作流程

1. 猪胆汁酸制备

取新鲜猪胆汁加等体积2.5%氢氧化钙溶液，搅拌均匀，煮沸5min，捞取上层漂浮的胆色素钙盐沥干，可用于制备胆红素，其余溶液趁热过滤，滤液加盐酸酸化至pH1～2，倾去上层液体得黄色膏状粗胆汁酸。

2. 皂化与酸化

上述粗胆汁酸加1.5倍体积氢氧化钠和9倍体积水，加热皂化16h以上，冷却后静置分层，虹吸除去上层淡黄色液体，沉淀物加少量水溶解后合并，用稀HCl酸化至pH1～2，过滤，滤饼用水洗至中性，呈金黄色，90～100℃真空干燥得猪去氧胆酸粗品。

3. 脱色、脱水、浓缩、干燥

上述猪去氧胆酸粗品加5倍体积乙酸乙酯、15%～20%活性炭，加热搅拌回流溶解，冷却，过滤，滤渣用3倍体积乙酸乙酯回流，过滤。合并滤液，加200g/L无水硫酸钠脱水，过滤后，滤液浓缩至原体积1/5～1/3，冷却结晶，滤取结晶并用少量乙酸乙酯洗涤，真空干燥得成品。若以乙酸乙酯再结晶一次，可得精制品。

三、结束工作

1. 填好所有操作记录单、任务单、各种评价表。

2. 检查设备仪表是否洁净完好。

3. 检查工作场地及环境卫生。

4. 进行任务总结。

【工作反思】

1. 猪去氧胆酸制备中加氢氧化钙的目的是什么？

2. 真空干燥猪去氧胆酸粗品的温度应该控制在什么范围？

 目标检测

(一) 填空题

1. 脂类药物按化学结构分为＿＿＿＿＿＿、＿＿＿＿＿＿、＿＿＿＿＿＿、＿＿＿＿＿＿

_____、_____。

2. 常见的脂类药物提取方法包括_____、_____、_____、_____。

3. 常见的脂类药物的分离方法包括_____、_____、_____。

（二）单项选择题

1. 疏水结合的脂类一般要选用下列哪种溶剂提取（　　）。

    A. 乙醚、氯仿　　　　B. 乙醇　　　　　　C. 酸液　　　　　　D. 碱液

2. 下列不属于脂肪类药物的是（　　）。

    A. 亚油酸　　　　　　B. 亚麻酸　　　　　C. 二十碳五烯酸　　D. 辅酶 Q10

3. 卵磷脂粗品可用以下哪种溶剂洗涤（　　）。

    A. 无水乙醇　　　　　B. 丙酮　　　　　　C. 氯化锌　　　　　D. 水

4. 卵磷脂紫外最大吸收峰在（　　）波长。

    A. 215nm　　　　　　B. 260nm　　　　　C. 280nm　　　　　D. 360nm

（三）多项选择题

1. 正确选择下列试剂进行应用：如游离胆红素在酸性条件溶于（　　）；卵磷脂溶于（　　），不溶于（　　）；脑磷脂溶于（　　），而不溶于（　　）。

    A. 氯仿　　　　　　　B. 乙醚　　　　　　C. 乙醇　　　　　　D. 二氯甲烷　　　　E. 丙酮

2. 下列属于磷脂类药物的有（　　）。

    A. 卵磷脂　　　　　　B. 脑磷脂　　　　　C. 豆磷脂　　　　　D. 亚油酸

（四）简答题

1. 简述溶解度法分离脂类的原则。

2. 常见的脂类药物的提取方法有哪些？

（五）应用题

针对脂类药物的柱色谱分离操作，设计一个适合的梯度溶剂。

任务二十二　抗生素与维生素类药物的提取分离

抗生素与维生素类药物都属于微生物药物，微生物药物是指由微生物在其生命活动过程中产生的生理活性物质及其衍生物，除上述两种以外，还包括氨基酸、核苷酸、酶、激素、免疫抑制剂等一类化学物质的总称，是人类控制感染等疾病、保障身体健康以及用来防治动植物病害的重要生化药物。

本任务主要以抗生素与维生素为例，介绍微生物药物的主要分离方法。

知识目标

● 熟悉抗生素和维生素类药物的分类及特点；

● 掌握抗生素和维生素类药物的提取方法。

技能目标

● 能熟练运用适当的提取方法对抗生素和维生素类药物进行提取，并能对分离提取方法进行评价；

● 熟知维生素类药物提取的一般工艺流程，在操作过程中能有效控制药物的提取质量及收率。

必备知识

一、抗生素类药物的提取分离

抗生素是青霉素、链霉素、红霉素等一类化学物质的总称。它是生物，包括微生物、植物和

动物在其生命活动过程中所产生，并能在低微浓度下有选择性地抑制或杀灭其他微生物或肿瘤细胞的有机物质。

抗生素的生产目前主要用微生物发酵法进行生物合成。很少数抗生素如氯霉素、磷霉素等亦可用化学合成法生产。此外还可将生物合成法制得的抗生素用化学或生化方法进行分子结构改造而制得各种衍生物，称半合成抗生素（如氨苄青霉素就是半合成青霉素的一种）。随着对抗生素合成机理和微生物遗传学理论的深入研究，明确了大部分抗生素属于微生物的次级代谢产物。

1. 抗生素药物的分类

目前从自然界中获得了4000多种抗生素，其中微生物来源的就有3000种以上，为了便于研究，需要将抗生素进行分类。不同领域的科学家按不同的需要进行分类，提出了多种分类方法。各种分类方法虽有其一定的优点和适用范围，但某些分类方法的缺点也是很明显的。

(1) 按抗生素的生物来源分类　微生物是产生抗生素的主要来源，其中以放线菌产生的最多，真菌次之，细菌又次之。除此之外，还有来源于植物、动物和海洋生物的抗生素。

① 放线菌产生的抗生素。放线菌中以链霉菌属（或称链丝菌属）产生的抗生素最多，诺卡菌属较少。近年来在小单胞菌属中寻找抗生素的工作也受到了重视。放线菌产生的抗生素主要有氨基糖苷类（链霉素、新霉素、卡那霉素等）、四环类（四环素、金霉素、土霉素等）、放线菌素类（放线菌素D等）、大环内酯类（红霉素、阿奇霉素、竹桃霉素等）和多烯大环内酯类（制霉菌素、曲古霉素等）等。放线菌产生的抗生素有酸性的、碱性的、中性的和两性的，以碱性化合物为多。

② 真菌产生的抗生素。真菌的四个纲中，藻菌纲及子囊菌纲产生的抗生素较少，担子菌纲稍多，而不完全纲的曲霉菌属、青霉菌属、镰刀菌属和头孢菌属则产生一些较重要的抗生素。真菌产生的抗生素是脂环芳香类或简单的氧杂环类，多数为酸性化合物。

③ 细菌产生的抗生素。细菌产生的抗生素的主要来源是多黏杆菌、枯草杆菌（芽孢杆菌）、短芽孢杆菌等。这一类抗生素如多黏菌素、枯草菌素、短杆菌素等，是由肽键将多种不同氨基酸结合而成，是环状或链环状多肽类物质，具有复杂的化学结构，含有自由氨基，其化学性质一般为碱性。这类抗生素多数对肾脏有毒害作用。

④ 其他生物（动物、植物、海洋生物等）产生的抗生素。地衣和藻类植物产生的地衣酸和绿藻素；从被子植物如蒜和番茄等植物的组织或果实中制得的蒜素和番茄素；裸子植物如银杏、红杉等也能产生抗生物质；中药中有不少能抑制细菌，已提纯的物质有常山碱、小檗碱、白果酸及白果醇等。植物产生的抗生素主要是杂环及脂环类物质。动物的多种组织能产生溶菌酶或一些抗生素，如从动物的心、肺、脾、肾、眼泪、涎水中可提出鱼素，有抗菌及抗病毒等作用。

按照生物来源进行抗生素的分类，对寻找新抗生素有一定帮助。应注意的是某些抗生素能由多种生物产生，不但同一属的生物能产生同一抗生素，不同属甚至不同门的生物也能产生同一抗生素。例如，能产生青霉素的菌种很多，其中不少是属于青霉菌属的，也有属于曲霉菌属或头孢菌属的。此外，一种菌株可以产生许多不同的抗生素，如灰色链霉菌能产生链霉素，也能产生放线菌酮。

(2) 按医疗作用对象分类　按照抗生素的临床作用对象分类便于医师应用时参考。某些抗生素的抗菌谱较广，例如四环素和氯霉素等能抑制几类微生物，链霉素和新霉素等只能抑制几种细菌；而有些抗生素的抗菌谱较窄，如青霉素只对革兰阳性细菌有效。所以，了解不同抗生素的抗菌谱，便于合理用药，提高疗效。

① 抗感染抗生素，此类抗生素又可按其作用的对象分为抗细菌抗生素、抗真菌抗生素、抗原虫及抗寄生虫抗生素、广谱抗生素、抗革兰阳性细菌抗生素、抗革兰阴性细菌抗生素。

② 抗肿瘤抗生素，如丝裂霉素、博来霉素等。

③ 降血脂抗生素，如新霉素、洛伐他汀等。

(3) 按作用性质分类　按照抗生素作用性质分类，有助于掌握临床用药配伍禁忌，便于临床合理、安全用药。

① 繁殖期杀菌作用的抗生素，如青霉素、头孢菌素等。

② 静止期杀菌作用的抗生素，如链霉素、多黏菌素等。

③ 速效抑菌作用的抗生素，如四环素、红霉素等。

④ 慢效抑菌作用的抗生素，如环丝氨酸等。

（4）按应用范围分类

① 医用抗生素，如头孢菌素及其衍生物、红霉素及其衍生物等。

② 农用抗生素，如春雷霉素、庆丰霉素、放线菌酮等。

③ 畜用抗生素，如四环素、土霉素等。

④ 食品保藏用抗生素。

⑤ 工农业产品防霉防腐用抗生素。

⑥ 实验试剂专用抗生素。

按照抗生素应用范围分类，有利于对不同应用范围的抗生素进行质量监控。

（5）按作用机制分类　经过化学家和药理学家多年的共同努力已经证明的抗生素的作用机制有以下五类。

① 抑制或干扰细胞壁合成的抗生素，如青霉素类和头孢菌素类。

② 抑制或干扰蛋白质合成的抗生素，如链霉素、红霉素等。

③ 抑制或干扰 DNA、RNA 合成的抗生素，如丝裂霉素、博来霉素、阿霉素等。

④ 抑制或干扰细胞膜功能的抗生素，如多黏菌素、两性霉素 B、制霉菌素等。

⑤ 作用于能量代谢系统的抗生素，如 5-氟尿嘧啶、5-氟脱氧尿苷等。

按作用机制分类，对理论研究具有重要的意义。但此种分类的缺点是作用机制已经清楚的抗生素还不多。一种抗生素可以有多种作用机制，而不同种类的抗生素也可以有相同的作用机制。如氨基糖苷类抗生素和大环内酯类抗生素都能抑制蛋白质合成等。

（6）按抗生素获得途径分类

① 天然抗生素（发酵工程抗生素），如四环类抗生素、大环内酯类抗生素等。

② 半合成抗生素，如氨苄西林、头孢菌素等。

③ 生物转化与酶工程抗生素。

④ 基因工程抗生素。

此分类方法利于对制备工艺进行研究。

（7）按抗生素的生物合成途径分类　抗生素是微生物的次级代谢产物，而次级代谢过程较初级代谢复杂，因此抗生素的生物合成途径也是各种各样的。按生物合成途径分类，便于将生物合成途径相似的抗生素互相比较，以寻找它们在合成代谢方面的相似之处，引出若干抗生素生源学（即抗生素在生产菌体内的功能）的推论。这种分类方式与其他分类方式是有联系的。相同类型的微生物，通常能够产生由相同的代谢途径形成的化学结构相似的抗生素。因此，研究抗生素的结构、代谢途径和生产菌之间的关系，可为寻找新菌种提供方向。

根据生物合成途径，可将临床上使用的一些抗生素分为下列几个类别。

① 氨基酸、肽类衍生物。

a. 简单的氨基酸衍生物：如环丝氨酸、偶氮丝氨酸。

b. 寡肽抗生素：如青霉素、头孢菌素等。

c. 多肽类抗生素：如多黏菌素、杆菌肽等。

d. 多肽大环内酯抗生素：如放线菌素等。

e. 含嘌呤和嘧啶碱基的抗生素：如曲古霉素、嘌呤霉素等。

② 糖类衍生物。

a. 糖苷类抗生素：如链霉素、新霉素、卡那霉素和巴龙霉素等。

b. 与大环内酯连接的糖苷抗生素：如红霉素、卡波霉素等。

③ 以乙酸、丙酸为单位的衍生物。

  a. 乙酸衍生物：如四环类抗生素、灰黄霉素等。

  b. 丙酸衍生物：如红霉素等。

  c. 多烯和多炔类抗生素：如制霉菌素、曲古霉素等。

这种分类方法的缺点是很多抗生素的生物合成途径还没有研究清楚。有时不同的抗生素可以有相同的合成途径。

(8) 按化学结构分类　根据化学结构，能将一种抗生素和另一种抗生素清楚地区别开来。化学结构决定抗生素的理化性质、作用机制和疗效，例如对于水溶性碱性氨基糖苷类或多肽类抗生素，含氨基越多，碱性越强，抗菌谱逐渐移向革兰阴性菌；大环内酯类抗生素对革兰阳性、革兰阴性球菌和分枝杆菌有活性，并有中等毒性和副作用；多烯大环内酯类抗生素对真菌有广谱活性，而对细菌一般无活性；四环素类抗生素对细菌有广谱活性。结构上微小的改变常会引起抗菌能力的显著变化。

由于抗生素的化学结构很复杂，几乎涉及整个有机化学领域，因此合理的分类方法，不仅应考虑化学构造，还应着重考虑活性部分的化学构造。研究者曾先后提出过多种按化学结构分类的方法，但都有一些缺点，其中以伯迪于1974年提出的分类方法比较详尽、合理，并为大家所接受。

① β-内酰胺类抗生素，这类抗生素分子的结构特点是都有一个 β-内酰胺的四元环，它们的共同功能是抑制细菌细胞壁主要成分肽聚糖的合成。β-内酰胺类抗生素又可根据其化学特性分成几个子类，如青霉素类、头孢菌素类、碳青霉烯类及单环内酰胺类。

② 氨基糖苷类抗生素，目前属于该类且在临床实际应用的共有50多种抗生素，其中包括链霉素、双氢链霉素、新霉素、卡那霉素、庆大霉素、春雷霉素和有效霉素（井冈霉素）等。它们的结构特点是都含有一个六元脂环，环上有羟基及氨基取代物，分子中既含有氨基糖苷，也含有氨基环醇结构，故称为氨基糖苷或氨基环醇类抗生素。这类抗生素都具有抑制核糖体的功能。

③ 大环内酯类抗生素，这类抗生素的结构特点是含有一个大环内酯的配糖体，以苷键和1～3个分子的糖相连。其功能是通过与细菌核糖体的结合抑制蛋白质的合成。其中在医疗上比较重要的有红霉素、竹桃霉素、麦迪霉素、制霉菌素等。另外蒽沙大环内酯抗生素虽然并不含有大环内酯，但由于它们含有的脂肪链桥，其立体化学结构和大环内酯很相似，故也并入此类，也称为环桥类抗生素。此外，还有一类分子结构中也有一个大的内酯环且环上有一系列的共轭双键，这类抗生素的作用是干扰真核细胞膜中甾醇的合成，如两性霉素B。

④ 四环类抗生素，这类抗生素是以氢化并四苯为母核，包括金霉素、土霉素和四环素等。由于含四个稠合的环也称为稠环类抗生素。其共同的功能是在核糖体水平抑制蛋白质合成。

蒽环酮类抗生素的结构与此类似，也可归入四环类，典型的有阿霉素、道诺霉素等。但是它们的作用机制是在DNA水平干扰拓扑酶功能，因此常用于抗肿瘤的治疗。

⑤ 多肽类抗生素，这类抗生素多由细菌，特别是产生孢子的杆菌产生。它们含有多种氨基酸，经肽键缩合成线状、环状或带侧链的环状多肽类化合物。其中较重要的有多黏菌素、放线菌素和杆菌肽等。

⑥ 多烯类抗生素，化学结构特征不仅有大环内酯，而且内酯中有共轭双键，属于这类抗生素的有制霉菌素、两性霉素B、曲古霉素、球红霉素等。

⑦ 苯烃基胺类抗生素，属于这类抗生素的有氯霉素、甲砜霉素等。

⑧ 蒽环类抗生素，属于这类抗生素的有阿霉素等。

⑨ 环桥类抗生素，它们是由一个脂肪链桥经酰胺键与平面的芳香基团的两个不相邻位置相连的环桥状化合物，如利福霉素等。

⑩ 其他抗生素，凡不属于上述九类者均归其他类，如磷霉素、创新毒素等。

2. 抗生素的应用

(1) 抗生素在医疗上的应用

① 控制细菌感染性疾病，抗生素的应用使细菌感染基本得到控制，死亡率大幅度下降，人类寿命明显延长。

② 抑制肿瘤生长，抗肿瘤抗生素如阿霉素、博来霉素、丝裂霉素等，在肿瘤化疗中占有重要地位。

③ 调节人体生理功能，除杀菌、抗肿瘤作用以外，某些抗生素的其他生理活性功能正在临床医疗中日益发挥作用，如 HMG-CoA 还原酶抑制剂洛伐他汀等他汀类药物的应用，可有效地降低心血管患者的血脂。

④ 在器官移植中的作用，免疫抑制剂环孢素的使用，使异体器官移植得以顺利进行。

⑤ 目前，感染性疾病仍然是发病率较高并且是造成死亡的重要疾病之一。虽然目前临床上绝大多数的感染性疾病可被控制，但深部真菌感染的治疗仍缺乏毒副反应低的有效杀菌药物，更需要确切有效的防治病毒感染的抗生素。控制病毒性感染抗病毒类抗生素，在各种抗病毒抗生素的化学结构中，以核苷类、醌类及大环内酯类较多，其他糖苷类及芳香族衍生物类也不少，说明微生物是筛选抗菌物质的主要来源。

（2）在农业上的应用

① 用于植物保护抗生素越来越广泛地应用于植物保护，防治粮食、蔬菜、水果的病害，处理种子，促进生产，并可减少因使用化学农药造成的环境污染。我国在研究抗生素防治作物病害方面取得了一定的成绩，如：用链霉素防治柑橘溃疡病；链霉素与代森锌（一种化学农药）合用防治白菜软腐病、霜霉病和孤丁病；链霉素和硫酸铜混合使用防治黄瓜霜霉病，同时对白菜和黄瓜有刺激生长的作用，产量显著提高。抗生素比有机合成农药喷洒浓度低而疗效高，并易被土壤微生物分解，不致污染环境，对食品的危险性小，不会在人体内积累，所以很有发展前途。

② 促进或抑制植物生长，有些抗生素可用作植物生长激素，如赤霉素等；有些具有选择性除草作用，如茴香霉素、丰加霉素等。

我国已能生产的农用抗生素有有效霉素（井冈霉素）、春雷霉素、杀稻瘟菌素 S、多氧霉素、杀粉蝶素、沙利霉素、庆丰霉素和赤霉素等。世界各国都十分重视研究开发高效低毒的农用抗生素与植物生长激素。

（3）在畜牧业上的应用

① 用于畜禽感染性疾病控制，绝大部分医用抗生素也能有效地用于治疗畜禽的感染性疾病，如青霉素、链霉素、金霉素、土霉素、四环素、杆菌肽、多黏菌素、卡波霉素与红霉素等用于治疗细菌、立克次体性疾病。

② 用作饲料添加剂，可刺激畜禽生长，如四环素与大环内酯类等抗生素，沙利霉素还用作抗鸡球虫病的饲料添加剂。为了防止人畜交叉感染，耐药菌的散播和畜禽以及水产品中抗生素残留量过高，20 世纪 70 年代国际上已规定不允许将医用抗生素用作饲料添加剂。理想的饲料添加抗生素应具有下列条件：与医用抗生素结构类型不同，作用机制相似；体内不吸收，在肉、乳、蛋中没有蓄积残存。

（4）在食品保藏中的应用　用于肉、鱼、蔬菜、水果等食品的保鲜；用作罐装食品的防腐剂。为避免耐药菌产生，现已趋向于少用或不用医用抗生素作为食品的保鲜剂和防腐剂。

在食品保藏中，用作保鲜剂与防腐剂的条件为：①非医用抗生素；②易溶于水，对人体无毒；③不损害食品外观与质量。

（5）在工业上的应用

① 工业制品的防霉，防止纺织品、塑料、精密仪器、化妆品、图书、艺术品等发霉变质。

② 提高特定发酵产品的产量，如向谷氨酸发酵液中，加入适量青霉素，可提高细菌细胞膜的渗透性，有利于胞内谷氨酸的渗出，提高谷氨酸发酵的产酸水平。

（6）在科学研究中的应用

① 用作生物化学与分子生物学研究的重要工具，如用于干扰或切断蛋白质、RNA、DNA 等在特定阶段的合成；抑制特定的酶系反应等。

② 用于建立药物筛选与评价模型，如利用链脲霉素建立糖尿病动物试验模型等。

③ 其他试验应用，用于防止细胞培养、组织培养的污染；用于动物精液、组织液等的保存等。

总之，微生物药物不仅是人类战胜疾病的有力武器，而且在国民经济的许多领域中都有重要用途，随着微生物药物科学不断发展，它将发挥越来越大的作用。

3. 抗生素生产的工艺过程

现代抗生素工业生产过程如下：

菌种 → 孢子制备 → 种子制备 → 发酵 → 发酵液预处理 → 提取精制 → 成品包装

（1）菌种 来源于自然界土壤等，获得能产生抗生素的微生物，经过分离、选育、纯化和鉴定后即称为菌种。菌种可用冷冻干燥法制备后，以超低温，即在液氮冰箱（$-196 \sim -190\,^{\circ}\mathrm{C}$）内保存。所谓冷冻干燥是用脱脂牛奶或葡萄糖液等和孢子混在一起，经真空冷冻干燥后，在真空下保存。如条件不足时，则沿用砂土管在 $0\,^{\circ}\mathrm{C}$ 冰箱内保存的老方法，但如需长期保存时不宜用此法。一般生产用菌株经多次移植往往会发生变异而退化，故必须经常进行菌种选育和纯化以提高其生产能力。

工业上常用的菌种都是经过人工选育，具备工业生产要求，性能优良的菌种。一个优良的生产菌种应具备以下条件：

① 生长繁殖快，发酵单位高；

② 遗传性能稳定，在一定条件下能保持持久的、高产量的抗生素生产能力；

③ 培养条件粗放，发酵过程易于控制；

④ 合成的代谢副产物少，生产抗生素的质量好。

（2）孢子制备 生产用的菌株需经纯化和生产能力的检验，若符合规定，才能用来制备孢子。制备孢子时，将保藏的处于休眠状态的孢子，通过严格的无菌操作，将其接种到经灭菌过的固体斜面培养基上，在一定温度下培养 $5 \sim 7$ 天或 7 天以上，这样培养出来的孢子数量还是有限的，为获得更多数量的孢子以供生产需要，可进一步在固体培养基（如小米、大米、玉米粉或麸皮）上扩大培养。

（3）种子制备 其目的是使孢子发芽、繁殖以获得足够数量的菌丝，并接种到发酵罐中，种子制备可用摇瓶培养后再接入种子罐进行逐级扩大培养，或直接将孢子接入种子罐后逐级放大培养。种子扩大培养级数的多少，决定于菌种的性质、生产规模的大小和生产工艺的特点。种子扩大培养级数通常为二级。摇瓶培养是在锥形瓶内装入一定数量的液体培养基，灭菌后以无菌操作接入孢子，放在摇床上恒温培养。在种子罐中培养时，在接种前有关设备和培养基都必须经过灭菌，接种材料为孢子悬浮液或来自摇瓶的菌丝。以微孔差压法或打开接种口在火焰保护下接种。接种量视需要而定，如用菌丝，接种量一般相当于 $0.1\% \sim 0.2\%$（接种量的百分数，即对种子罐内的培养基而言）。从一级种子罐接入二级种子罐接种量一般为 $5\% \sim 20\%$，培养温度一般在 $25 \sim 30\,^{\circ}\mathrm{C}$，如菌种是细菌，则在 $32 \sim 37\,^{\circ}\mathrm{C}$ 培养。在罐内培养过程中，需要搅拌和通入无菌空气，控制罐温、罐压，并定时取样做无菌试验，观察菌丝形态，测定种子液中发酵单位和进行生化分析等，并观察有无染菌，待种子质量合格后方可移种到发酵罐中。

（4）培养基的配制 在抗生素发酵生产中，由于各菌种的生理生化特性不一样，采用的工艺不同，所需的培养基组成也不同。即使同一菌种，在种子培养阶段和不同发酵时期，其营养要求也不完全一样。因此需根据其不同要求来选用培养基的成分与配比，其主要成分包括碳源、氮源、无机盐类和微量元素、前体等。

① 碳源。主要用以供给菌种生命活动所需的能量并构成菌体细胞及代谢产物。有的碳源还参与抗生素的生物合成，是培养基中主要组成之一，常用碳源包括淀粉、葡萄糖和油脂类。对有的品种，为节约成本也可用玉米粉作碳源以代替淀粉。使用葡萄糖时，在必要时采用流加工艺，以有利于提高产量。油脂类往往还兼用作消泡剂。个别的抗生素发酵中也有用麦芽糖、乳精或有

机酸等作碳源的。

② 氮源。主要用以构成菌体细胞物质（包括氨基酸、蛋白质、核酸）和含氮代谢物，亦包括用以生物合成含氮抗生素。氮源可分成两类：有机氮源和无机氮源，有机氮源中包括黄豆饼粉、花生饼粉、棉籽饼粉、米浆、蛋白胨、尿素、酵母粉、鱼粉、蚕蛹粉和菌丝体等。无机氮源中包括氨水（氨水既作为氮源，也可用于调节 pH）、硫酸铵、硝酸盐和磷酸氢二铵等。在含有机氮源的培养基中菌丝生长速度较快，菌丝量也较多。

③ 无机盐和微量元素。抗生素生产菌和其他微生物一样，在生长、繁殖和产生生物产品的过程中，需要某些无机盐类和微量元素。如硫、磷、镁、铁、钾、钠、锌、铜、钴、锰等，其浓度对菌种的生理活性有一定影响。因此，应选择合适的配比和浓度。此外，在发酵过程中可加入碳酸钙作为缓冲剂以调节 pH。

④ 前体。在抗生素生物合成中，菌体利用一些小分子物质构成抗生素分子中的一部分而其本身又没有显著改变的物质，称为前体。前体除直接参与抗生素生物合成外，在一定条件下还控制菌体合成抗生素的方向并增加抗生素的产量。如苯乙酸或苯乙酰胺可用作青霉素发酵的前体，丙醇或丙酸可作为红霉素发酵的前体。前体的加入量应当适度，如过量则往往前体有毒性，会增加生产成本；如不足，则发酵单位降低。

此外，有时还需要加入某种促进剂或抑制剂，如在四环素发酵中加入促进剂 M 和抑制剂溴化钠，以抑制金霉素的生物合成并增加四环素的产量。

培养基的质量应严格控制，以保证发酵水平，可以通过化学分析，并在必要时做摇瓶试验以控制其质量。培养基的储存条件对培养基质量的影响应注意。此外，如果在培养基灭菌过程中温度过高、受热时间过长也能引起培养基成分的降解或变质。培养基在配制时调节其 pH 也要严格按规程执行。

（5）发酵 发酵过程的目的是使微生物合成大量抗生素。在发酵开始前，有关设备和培养基也必须先经过灭菌后再接入种子。接种量一般为 10% 或 10% 以上，发酵周期视抗生素品种和发酵工艺而定。在整个发酵过程中，需不断通无菌空气和搅拌以维持一定罐压或溶氧，在罐的夹层或蛇管中需通冷却水以维持一定罐温。此外，还要加入消泡剂以控制泡沫，必要时还应加入酸、碱以调节发酵液的 pH。对的品种在发酵过程中还需加入葡萄糖、铵盐或前体，以促进抗生素的产生，对其中一些主要发酵参数可以用计算机进行反馈控制。在发酵期间每隔一定时间应取样进行生化分析、镜检和无菌试验，分析或控制的参数有菌丝形态和浓度、残糖量、氨基氮、抗生素含量、溶解氧、pH、通气量、搅拌转速和液面控制等。其中有些项目可以在线控制（在线控制指不需取样而直接在罐内测定，然后予以控制）。

（6）发酵液的过滤和预处理 发酵液的过滤和预处理其目的不仅在于分离菌丝，还需将一些杂质除去。尽管多数抗生素品种当发酵结束时存在于发酵液中，但也有个别品种当发酵结束时抗生素大量残存在菌丝之中，在此情况下，发酵液的预处理应当包括使抗生素从菌丝中析出，使其转入发酵液。

（7）抗生素的提取 提取的目的是从发酵液中制取高纯度的符合《中国药典》规定的抗生素成品。在发酵滤液中抗生素浓度很低，杂质的浓度相对较高，杂质中有无机盐、残糖、脂肪、各种蛋白质及其降解物、色素、热原及有毒性物质等。此外，还可能有一些杂质其性质和抗生素很相似，这就增加了提取和精制的难度。

由于多数抗生素不是很稳定，且发酵液易被污染，故整个提取过程要求：时间短、温度低、pH 选择在抗生素较稳定的范围内、清洗消毒环境（包括厂房、设备、管路并注意消灭死角）。

常用的抗生素提取方法包括溶媒萃取法、离子交换法和沉淀法等。

① 溶媒萃取法。利用抗生素在不同 pH 条件下以不同的化学状态（游离酸、碱或盐）存在时，在水及与水互不相溶的溶媒中其溶解度不同的特性，使抗生素从一种液相（如发酵滤液）转移到另一种液相（如有机溶媒）中去，以达到浓缩和提纯的目的。利用此原理就可借助于调节 pH 的方法使抗生素从一个液相中被转移到另一液相中去。所选用的溶媒与水应是互不相溶或仅

小部分互溶，同时所选溶媒在一定的 pH 下对于抗生素应有较大的溶解度和选择性，这样用较少量的溶媒就能提取完全，并在一定程度上分离掉杂质。目前一些重要的抗生素，如青霉素、红霉素和林可霉素等均采用此法进行提取。

② 离子交换法。利用某些抗生素能解离为阳离子或阴离子的特性，使其与离子交换树脂进行交换，将抗生素吸附在树脂上，然后再以适当的条件将抗生素从树脂上洗脱下来，以达到浓缩和提纯的目的。应选用对抗生素有特殊选择性的树脂，使抗生素的纯度通过离子交换有较大的提高，由于此法成本低、设备简单、操作方便，已成为提取抗生素的重要方法之一，如链霉素、庆大霉素、卡那霉素、多黏菌素等均可采用离子交换法。此法也有其缺点，如生产周期长，对某些产品质量不够理想。此外，在生产过程中 pH 变化较大，故不适用于在 pH 大幅度变化时，稳定性较差的抗生素的提取。

③ 沉淀法。由于近年来许多抗生素发酵单位大幅度提高，提取方法亦相应适当简化，如直接沉淀法就是提取抗生素的方法中最简单的一种，如四环素类抗生素的提取即可用此法，发酵液在用草酸酸化后，加亚铁氰化钾、硫酸锌，过滤后得滤液，然后以脱色树脂脱色后，直接将其pH 调至等电点后使其游离碱析出，必要时将此碱转化成盐酸盐。

(8) 抗生素的精制　这是抗生素生产的最后工序，对产品进行精制、烘干和包装的阶段要符合"药品生产质量管理规范"（即 GMP）的规定。如其中规定产品质量检验应合格，技术文件应齐全，生产和检验人员应具有一定素质，设备材质不能与药品起反应，并易清洗，空调应按规定的级别要求，各项原始记录、批报和留样应妥善保存，对注射剂应严格按无菌操作的要求等。

抗生素精制中可选用的步骤如下。

① 脱色和去热原。脱色和去热原是精制注射用抗生素中不可缺少的一步，它关系到成品的色级及热原试验等质量指标。色素往往是在发酵过程中所产生的代谢产物，它与菌种和发酵条件有关。热原是在生产过程中被污染后由杂菌所产生的一种内毒素，各种杂菌所产生的热原反应有所不同，革兰阴性菌产生的热原反应一般比革兰阳性菌的强。热原注入体内引起恶寒高热，严重的引起休克。它是磷脂、脂多糖和蛋白质的结合体，为大分子有机物质，能溶于水；在 120℃加热 4h 被破坏 90%，180～200℃加热 0.5h 或 150℃加热 2h 能被彻底破坏，也能被强酸、强碱、氧化剂（如高锰酸钾）等破坏。它能通过一般滤器，但能被活性炭、石棉等滤材所吸附。生产中常用活性炭脱色去除热原，但需注意脱色时 pH、温度、活性炭用量及脱色时间等因素，还应考虑它对抗生素的吸附问题，否则能影响收率。此外，也可用脱色树脂去除色素（如酚醛树脂）。对某些产品可用超微过滤办法去除热原，还应重点加强生产过程中的环境卫生以防止热原的产生。

② 结晶和重结晶。抗生素精制常用此法来制得高纯度成品。常用的几种结晶方法如下。

a. 改变温度结晶。利用抗生素在溶剂中的溶解度随温度变化而显著变化的这一特性来进行结晶，如制霉曲素的浓缩液在 5℃条件下保持 4～6h 后即结晶完全，分离掉母液、洗涤、干燥、磨粉后即得到制霉菌素成品。

b. 等电点结晶。当将某一抗生素溶液的 pH 调到等电点时，它在水溶液中溶解度最小，则沉淀析出，如 6-氨基青霉烷酸（6-APA）水溶液当 pH 调至等电点 4.3 时，6-APA 即从水溶液中沉淀析出。

c. 加成盐剂结晶。在抗生素溶液中加成盐剂（酸、碱或盐类）使抗生素以盐的形式从溶液中沉淀结晶，如在青霉素 G 或头孢菌素 C 的浓缩液中加入乙酸钾，即生成钾盐析出。

d. 加入溶剂结晶。利用抗生素在不同溶剂中溶解度大小的不同，在抗生素某一溶剂的溶液中加入另一溶剂使抗生素析出，如巴尤霉素具有易溶于水而不溶于乙醇的性质，在其浓缩液中加入 10～12 倍体积的 95% 乙醇，并调 pH 至 7.2～7.3，使其结晶析出。

重结晶是将晶体溶于溶剂或熔融以后又重新从溶液或熔体中结晶的过程，是进一步精制以获高纯度抗生素的有效方法。

③ 其他精制方法

a. 共沸蒸馏法。如青霉素可用丁醇或乙酸丁酯共沸蒸馏进行精制。

b. 柱色谱法。如丝裂霉素 A、B、C 三种组分可以通过氧化铝色谱来分离。

c. 盐析法。如在头孢噻吩水溶液中加入氯化钠使其饱和，其粗晶即被析出，然后进一步精制。

d. 中间盐转移法。如四环素碱与尿素能形成复合盐沉淀后再将其分解，使四环素碱析出，用此法除去 4-差向四环素等异物，以提高四环素质量和纯度，又如红霉素能与草酸或乳酸盐成复合盐沉淀等。

e. 分子筛。如青霉素粗品中常含聚合物等高分子杂质，可用葡聚糖凝胶 G-25（粒度 $20\sim80\mu m$）将杂质分离掉。此法仅用于小型试验。

二、维生素类药物的提取分离

维生素是一类性质各异的低分子有机化合物，是维持人体正常生理生化功能不可缺少的营养物质。它们不能被人和动物的组织合成，必须从外界摄取。

维生素与人体的生长发育和健康有着密切的关系，缺乏不同类别的维生素，会引起相应的维生素缺乏症，如维生素 A 缺乏会引起夜盲症，维生素 B_1 缺乏会患脚气病，维生素 C 缺乏会引起维生素 C 缺乏症。最近发现某些维生素能防治癌症和冠心病等，引起了人们对维生素的重视。

1. 维生素的分类及功能

维生素可分为脂溶性维生素和水溶性维生素两大类，其生理功能、来源及缺乏症分别列于表 7-5 和表 7-6 中。

表 7-5　脂溶性维生素的生理功能、来源及缺乏症

名称	主要生理功能	来源	缺乏症
维生素 A（抗于眼病维生素，视黄醇）	① 构成视紫红质 ② 维持上皮组织结构健全与完整 ③ 参与糖蛋白合成 ④ 促进生长发育，增强机体免疫力	肝、蛋黄、鱼肝油、奶汁、绿叶蔬菜、胡萝卜、玉米等	夜盲症 干眼病 皮肤干燥
维生素 D（抗佝偻病维生素，钙化醇）	① 调节钙磷代谢，促进钙磷吸收 ② 促进成骨作用	鱼肝油、肝、蛋黄、日光照射皮肤可制造 D_3	儿童：佝偻病 成人：软骨病
维生素 E（抗不育维生素，生育酚）	① 抗氧化作用，保护生物膜 ② 与动物生殖功能有关 ③ 促进血红素合成	植物油、莴苣、豆类及蔬菜	人类未发现缺乏症.临床用于习惯性流产
维生素 K（凝血维生素）	与肝脏合成凝血因子 I、Ⅶ、Ⅸ 和 X 有关	肝、鱼、肉、苜蓿、菠菜等，肠道细菌可以合成	偶见于新生儿及胆管阻塞患置，表现为凝血时间延长或血块回缩不良

表 7-6　水溶性维生素的生理功能、来源及缺乏症

名称	主要生理功能	来源	缺乏症
维生素 B_1（硫胺素,抗脚气病维生素）	① α-酮酸氧化脱羧酶的辅酶 ② 抑制胆碱酯酶活性	酵母、豆、瘦肉、谷类外皮及胚芽	脚气病、多发性神经炎
维生素 PP（烟酸,烟酰胺,抗癞皮病维生素）	构成脱氢酶辅酶成分,参与生物氧化体系	肉、酵母、谷类及花生 等人体可自色氨酸合成一部分	癞皮病

续表

名称	主要生理功能	来源	缺乏症
维生素 B_2(核黄素)	构成黄酶的辅基成分,参与生物氧化体系	酵母、蛋黄、绿叶蔬菜等	口角炎、舌炎、唇炎、阴囊皮炎等
泛酸(遍多酸)	构成 CoA 的成分,参与体内酰基转移作用	动植物细胞中均含有	人类未发现缺乏症
维生素 B_6(吡哆醇、吡哆醛、吡哆胺)	① 参与氨基酸的转氨作用,脱羧作用 ② 氨基酸消旋作用 ③ β-和 γ-消除作用	米糠、大豆、蛋黄、肉、鱼、酵母、肠道菌可合成	人类未发现典型缺乏症
维生素 B_{12}(钴胺素)	① 参与分子内重排 ② 甲基转移 ③ 促进 DNA 合成 ④ 促进血细胞成熟	肝、肉、鱼、肠道菌可合成	巨红细胞性贫血
生物素(维生素 H)	构成羧化酶的辅酶参与 CO_2 的固定	肝、肾、酵母、蔬菜、谷类等,肠道菌可合成	人类未发现缺乏症
叶酸	以 FH_4 辅酶的形式参与一碳基团的转移与蛋白质、核酸合成,与红细胞、白细胞成熟有关	肝、酵母、绿叶蔬菜等,肠道菌可合成	巨红细胞性贫血
硫辛酸	转酰基作用	肝、酵母等	人类未发现缺乏症
维生素 C(抗坏血酸)	① 参与体内羟化反应 ② 参与氧化还原反应 ③ 促进铁吸收 ④ 解毒作用 ⑤ 改善变态反应,提高免疫力	新鲜水果、蔬菜,特别是柑橘、番茄、鲜枣含量较高	维生素 C 缺乏症

2. 维生素类药物的一般生产方法

维生素类药物的化学结构各不相同,决定了它们生产方法的多样性,在工业上大多数维生素是通过化学合成法获得的,近年来发展起来的微生物发酵法代表着维生素生产的发展方向。目前维生素类药物生产方法主要有 3 种。

(1) 化学合成法 化学合成法是根据已知维生素的化学结构,采用有机化学合成原理和方法,制造维生素的过程。在化学合成过程中,常与酶促合成、拆分等结合在一起,以改进工艺条件、提高收率和经济效益。用化学合成法生产的维生素有:烟酸、叶酸、维生素 B_1、硫辛酸、维生素 B_6、维生素 D、维生素 E、维生素 K 等。

(2) 发酵法 用微生物方法生产各种维生素,整个生产过程包括菌种培养、发酵、提取和纯化等。目前完全采用微生物发酵法或生物转化法制备维生素的有维生素 B_{12}、维生素 B_2、维生素 C、生物素和维生素 A 原(β-胡萝卜素)等。

(3) 生物提取法 主要从生物组织中,采用缓冲液抽提、有机溶剂萃取等方法,如从槐花米中提取芦丁(维生素 P),从提取链霉素的废液中提取维生素 B_{12} 等。在实际生产中,有的维生素既用合成法又用发酵法,如维生素 C、叶酸、维生素 B_2 等,也有既用生物提取法又用发酵法的,如维生素 B_{12} 等。

实例训练 ....

实训 29 青霉素的提取分离

【任务描述】

青霉素是一族抗生素的总称,当发酵培养基中不加侧链前体时,会产生多种 N-酰基取代的青霉素的混合物，它们合称为青霉素类抗生素。目前已知的天然青霉素的结构和生物活性见表 7-7，由青霉素类的基本结构式可见，青霉素可看作是由半胱氨酸和缬氨酸结合而成的，结构式中 R 代表侧链，不同类型的青霉素侧链不同。其中的青霉素 G 类疗效最好，应用最广，通常所说的青霉素即指青霉素 G，因其不耐酸，在胃酸中会被破坏，故只能注射给药。

表 7-7 天然青霉素的结构和生物活性

青霉素	侧链取代基（R）	分子量	生物活性/（H/mg 钠盐）
青霉素 G	$C_6H_5CH_2-$	334.38	1667
青霉素 X	$(p)HOC_6H_4CH_2-$	350.38	970
青霉素 F	$CH_3CH_2CH=CHCH_2-$	312.37	1625
青霉素 K	$CH_3(CH_2)_6-$	342.45	2300
双氢青霉素 F	$CH_3(CH_2)_4-$	314.40	1610
青霉素 V	$C_6H_5OCH_2-$	350.38	1595

青霉素结构中含有羧基，是弱酸性物质，在水中溶解度很小，易溶于有机溶剂如乙酸丁酯、苯、氯仿、丙酮和乙醚中。青霉素 G 钾盐、钠盐易溶于水和甲醇，可溶于乙醇，但在丙醇、丁醇、丙酮、乙酸乙酯、吡啶中难溶或不溶。如普鲁卡因青霉素 G 易溶于甲醇，难溶于丙酮和氯仿，微溶于水。

青霉素遇酸、碱或加热都易分解而失去活性，分子中最不稳定的部分是 β-内酰胺环，而其抗菌能力取决于 β-内酰胺环，故青霉素的降解产物几乎都不具有活性。青霉素在近中性（pH 为 6～7）水溶液中较为稳定，酸性或碱性溶液均使之分解加速。青霉素的盐对热稳定，故将药品多制成青霉素 G 钾盐或钠盐。

青霉素 G 生产可分为菌种发酵和提取精制两个步骤。菌种发酵是将产黄青霉菌接种到固体培养基上，在 25℃下培养 7～10 天，即可得青霉菌孢子培养物。用无菌水将孢子制成悬浮液，接种到种子罐内已灭菌的培养基中，通入无菌空气，搅拌，在 27℃下培养 24～28h，然后将种子培养液接种到发酵罐内已灭菌的含有苯乙酸前体的培养基中，通入无菌空气，搅拌，在 27℃下培养 7 天。在发酵过程中需补入苯乙酸前体及适量的培养基，培养基主要成分有葡萄糖、花生饼粉、麸质粉、尿素、硝酸铵、硫代硫酸钠、碳酸钙等。目前工业上提取精制青霉素多用溶剂萃取法，利用青霉素与碱金属所生成的盐类在水中溶解度很大，而青霉素游离酸易溶解于有机溶剂中这一性质，将青霉素在酸性溶液中转入有机溶剂（乙酸丁酯、氯仿等）中，然后再转入中性水相中，经过这样反复几次萃取，就能达到提纯和浓缩的目的。由于青霉素的性质不稳定，整个提取和精制过程应在低温、稳定的 pH 值范围内快速进行。

本次实训重点是采用溶剂萃取法从青霉素 G 的发酵液中提取精制青霉素 G，并将其转化为青霉素 G 的钾盐，方便保存。

【任务实施】

一、 准备工作

1. 建立工作小组，制定工作计划，确定具体任务，任务分工到个人，并记录到工作表。

2. 收集提取与精制青霉素的必要信息，掌握相关知识及操作要点，与指导教师共同确定出一种最佳的工作方案。

3. 完成任务单中实际操作前的各项准备工作。

（1）材料准备 青霉素发酵液。

（2）试剂 10% H_2SO_4、0.1% 十五烷基溴代吡啶（PPB）溶液、活性炭、硅藻土、乙醇-乙酸钾溶液、10% 碳酸氢钠、pH7.0 碳酸缓冲液、丁醇，乙酸丁酯（BA）。

（3）仪器 板框过滤机、萃取器、真空干燥箱。

二、 操作过程

操作流程见图 7-16。

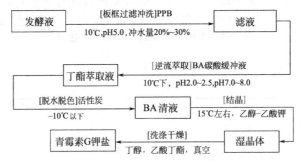

图 7-16 溶剂萃取法提取分离青霉素的操作流程

1. 发酵液预处理和过滤

发酵液放罐后，快速冷却至 10℃下，用 10％ H_2SO_4 调 pH 至 5.0，加入发酵液量 1％的硅藻土及 0.1％的十五烷基溴代吡啶（PPB）溶液，搅拌 5min 后用板框过滤机将菌体及杂质滤出，滤渣用发酵液体积 20％～30％的水冲洗 2～3 次，合并滤液和洗液作为滤液。

2. 萃取

取滤液放入萃取器内，降温至 10℃以下，用 10％ H_2SO_4 调 pH 至 2.0～2.5，加入滤液体积 1/3 的乙酸丁酯和 0.1％的十五烷基溴代吡啶（PPB）溶液后，进行多级逆流萃取，得第一次乙酸丁酯萃取液。用 10％碳酸氢钠调萃取液 pH 至 7.0～8.0，加入萃取液体积 1/3 的 pH7.0 碳酸缓冲液。搅拌 10min，静置 30min，留水相反萃液，再用 10％ H_2SO_4 调 pH 至 2.0～2.5，加入反萃液体积 1/3 的乙酸丁酯逆流萃取，得第二次乙酸丁酯萃取液，如此萃取 2～3 次，得到被浓缩 10 倍左右的乙酸丁酯萃取液。

3. 脱色和脱水

用乙酸丁酯萃取液体积 1/3 的水洗涤乙酸丁酯萃取液 2 次，加 0.3％活性炭，搅拌 10min 后抽滤，用－20～－18℃冷盐水冷却，使水成为冰而析出，在－10℃以下抽滤，得澄清的乙酸丁酯萃取液（BA 清液）。

4. 结晶

将 BA 清液加温至 15℃左右，加入乙醇-乙酸钾溶液，边加边搅拌，至出现结晶后停止，静置 1h 以上，抽滤，得青霉素 G 钾湿晶体。

5. 洗涤干燥

挖出湿晶体放入洗涤罐，根据晶体量及可能校价，计算丁醇（4～6L/10 亿单位）和乙酸丁酯（2L/10 亿单位）用量，分别量取丁醇及乙酸丁酯，依次洗涤晶体，抽滤后，真空干燥，得青霉素 G 钾盐。

三、 结束工作

1. 填好所有操作记录单、任务单、各种评价表。
2. 检查设备是否洁净完好。
3. 检查工作场地及环境卫生。
4. 进行任务总结。

【工作反思】

1. 在提取青霉素时，加入乙醇-乙酸钾有何作用？

2. 提取青霉素时为什么要调 pH?

实训 30　维生素 B₂ 的提取分离

【任务描述】

维生素 B₂ 又称核黄素，广泛存在于动植物中，酵母、麦糠及肝脏中含量最多。维生素 B₂ 参与机体氧化还原过程，在生物代谢过程中有递氢作用，可促进生物氧化，是动物发育和微生物生长的必需因子。临床上用于治疗体内因缺乏维生素 B₂ 所致的各种黏膜和皮肤的炎症，如角膜炎、结膜炎、口角炎和各种消化道溃疡等。

维生素 B₂ 在自然界中多数与蛋白质相结合而存在，因此被称作核黄素蛋白。纯品维生素 B₂ 为黄或橙黄色针状结晶，味微苦。熔点约 280℃（分解）。在碱性溶液中呈左旋性，$[\alpha]_D^{20}$ 为 $-140\sim-120℃$（0.125%，0.1mol/L NaOH）。微溶于水，极易溶于碱性溶液，饱和水溶液的 pH 值为 6 左右，在此 pH 值下该化合物不分解，呈黄绿色荧光，在波长 565nm 处有特征吸收峰。

【任务实施】

一、准备工作

1. 建立工作小组，制定工作计划，确定具体任务，任务分工到个人，并记录到工作表。

2. 收集提取分离维生素 B₂ 的必要信息，掌握相关知识及操作要点，与指导教师共同确定出一种最佳的工作方案。

3. 完成任务单中实际操作前的各项准备工作。

(1) 材料准备　阿舒假囊酵母生产菌种。

(2) 试剂　麦芽汁琼脂培养基、米糠油、玉米浆、骨胶、鱼粉、KH_2PO_4、NaCl、$CaCl_2$、$(NH_4)_2SO_4$、硫酸锌、三水亚铁氰化钾（黄血盐）、3-羟基-2-萘甲酸钠、盐酸、氨水、氢氧化钠、葡萄糖、生物素。

(3) 仪器　茄子瓶、灭菌柜、通气搅拌式种子罐、通气搅拌式发酵罐、真空干燥箱、板框压滤机等。

二、操作过程

操作流程见图 7-17、图 7-18。

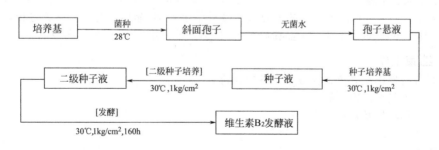

图 7-17　维生素 B₂ 发酵操作流程

1. 维生素 B₂ 发酵

(1) 菌种的培养　按麦芽汁琼脂培养基比例配制好斜面培养基后，接种阿舒假囊酵母菌，于 28℃培养 72h，得斜面孢子。

(2) 培养基的配制　按米糠油 4%、玉米浆 1.5%、骨胶 1.8%、鱼粉 1.5%、KH_2PO_4 0.1%、NaCl 0.2%、$CaCl_2$ 0.1%、$(NH_4)_2SO_4$ 0.02%的比例配制种子培养基和发酵培养基，并对种子罐、发酵罐及其管路进行空消、实消等灭菌操作，保证无菌。

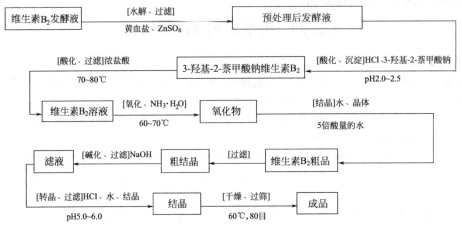

图 7-18　维生素 B_2 提取纯化流程

(3) 维生素 B_2 发酵　采用三级发酵,将在28℃培养成熟的维生素 B_2 生产菌斜面孢子用无菌水制成孢子菌悬液,接种到实消好的种子培养罐中,温度30℃,罐压 $1kg/cm^2$,时间 $30\sim40h$。将检查培养合格的种子液移种到实消好的二级种子培养罐中扩大培养,温度30℃,罐压 $1kg/cm^2$,时间20h。将检查培养合格的二级种子液移种到实消好的发酵罐中,温度30℃,罐压 $1kg/cm^2$,测 pH 的变化,溶氧的大小,发酵培养40h后开始连续流加葡萄糖溶液,发酵液的pH值控制在 $5.4\sim6.2$,发酵终点时间约为160h,得到维生素 B_2 发酵液。

2. 维生素 B_2 提取纯化

(1) 发酵液的预处理　取维生素 B_2 发酵液,用等体积稀盐酸水解30min,然后加少量黄血盐和硫酸锌,搅拌15min,抽滤,弃去沉淀,得预处理后的发酵液。

(2) 维生素 B_2 提取　向预处理后的发酵滤液中加3-羟基-2-萘甲酸钠,边加边搅拌,然后加稀盐酸调 pH 至 $2.0\sim2.5$,静置35min,抽滤,得3-羟基-2-萘甲酸钠维生素 B_2 复盐沉淀。

(3) 还原、氧化、沉淀　将复盐沉淀加入浓盐酸溶解.使维生素 B_2 还原,加热至 $70\sim80℃$,保温30min,抽滤,得维生素 B_2 溶液。然后加氨水,$60\sim70℃$保温30min,加入5倍酸量的水及微量维生素 B_2 晶体,搅拌,静置过夜,抽滤,得维生素 B_2 粗品晶体。

(4) 重结晶、干燥　将维生素 B_2 粗品晶体加入稀 NaOH 溶解,过滤出不溶物。滤液加稀盐酸调 pH 至 $5.0\sim6.0$,再加入5倍酸量的水及微量维生素 B_2 晶体,搅拌,静置过夜,抽滤得湿晶体。湿晶体于60℃真空干燥,干品粉碎过80目筛,即得维生素 B_2 原料药成品。

三、 结束工作

1. 填好所有操作记录单、任务单、各种评价表。
2. 检查设备是否洁净完好。
3. 检查工作场地及环境卫生。
4. 进行任务总结。

【工作反思】

1. 在发酵过程中应控制哪些关键步骤?
2. 提取纯化维生素 B_2 还可以采用哪些方法?

 目标检测

(一) 填空题

1. 根据抗生素的生物来源可分类为_____、_____、_____和_____。
2. 放线菌中以_____产生的抗生素最多,_____较少。

3. 放线菌产生的抗生素主要有 _____、_____、_____、_____ 和 _____ 等。

4. 细菌产生的抗生素的主要来源是_____、_____、_____等。

5. 按抗生素获得途径分类有_____、_____、_____和_____。

6. 抗生素按化学结构分类有_____、_____、_____、_____、_____、_____、_____和_____。

7. 抗生素工业生产过程如下：_____→_____→_____→_____→_____→_____→_____。

8. 提取的目的是从发酵液中制取高纯度的符合《中国药典》规定的抗生素成品。在发酵滤液中抗生素浓度很低，杂质的浓度相对地较高，杂质中有_____、_____、_____、_____、_____等。此外，还可能有一些杂质其性质和抗生素很相似，这就增加了提取和精制的难度。

9. 常用的抗生素提取方法包括有_____、_____和_____等。

10. 维生素可分为_____和_____两大类。

（二）单项选择题

1. 抑制或干扰细胞壁合成的抗生素是（　　）。
   A. 多黏菌素、两性霉素 B　　　　B. 青霉素类和头孢菌素类
   C. 链霉素、红霉素　　　　　　　D. 丝裂霉素

2. 菌种可用冷冻干燥法制备后，以超低温，即在液氮冰箱（　　）内保存。
   A. 0～4℃　　B. -4～0℃　　C. -196～-190℃　　D. -190～-180℃

3. 去除热原的方法不包括（　　）。
   A. 加热　　　B. 氧化剂　　　C. 强酸　　　D. 微孔过滤器

4. 青霉素类的基本结构是（　　）。
   A. 由胱氨酸和赖氨酸结合而成　　B. 由半胱氨酸和缬氨酸结合而成
   C. 由半胱氨酸和甲硫氨酸结合而成　D. 由蛋氨酸和缬氨酸结合而成

5. 青霉素游离酸在水中溶解度很小，易溶于有机溶剂（　　）中。
   A. 乙酸丁酯　　B. 乙醇　　C. 水　　　D. 甲醇

6. 从发酵液中提取青霉素，目前工业上多用（　　）。
   A. 等电点提取法　B. 超临界流体萃取法　C. 溶剂萃取法　D. 离子交换法

（三）简答题

1. 简述抗生素的应用。
2. 简述发酵法生产青霉素的工艺流程。

附录1　项目学习指南参考格式

发酵液的预处理项目学习指南

项目名称	项目一　发酵液的预处理			
教学学期	第3学期	参考学时	理论6～12	实训8～14
教学条件	教室、实训室、计算机、视频演示片、试剂、原料、黑板、多媒体等			
项目学习内容描述				

具体任务设计

1. 微生物细胞破碎(参考学时：理论2～4，实训4～6)

讲解细胞破碎机械法和非机械法 → 总结选择破碎方法的依据 → 学生自我设计 实训1利用机械和非机械细胞破碎法提取多酚氧化酶流程及操作 → 学会细胞破碎方法应用及组织破碎机设备使用

2. 发酵液的预处理(参考学时：理论2～4，实训2～4)

讲解发酵液的预处理目的及具体方法 → 总结发酵液的预处理方法应用及注意事项 → 学生自我设计 实训2维生素C发酵液的预处理流程及操作 → 学会发酵液的预处理方法应用

3. 发酵液的固液分离(参考学时：理论2～4，实训2～4)

讲解粗滤和离心的方法 → 总结粗滤和离心方法选择 → 学生自我设计 实训3蔗糖密度梯度离心法提取叶绿体流程及操作 → 学会离心机、板框压滤机等设备的使用

续表

项目名称		项目一 发酵液的预处理
总体目标		通过微生物细胞破碎、发酵液的预处理、发酵液的固液分离三个任务的完成,熟知微生物细胞破碎、发酵液的预处理和固液分离这些常用基本分离技术的原理及特点;能根据所应用产品的特点选择合适的分离方法,并能准确地进行操作。
知识目标		1. 能够说明常用微生物细胞破碎、发酵液的预处理和固液分离的具体方法; 2. 能够说明常用微生物细胞破碎、发酵液的预处理和固液初级分离的应用范围及注意事项。
能力目标		1. 能够做到通过查阅资料,正确选择生产或检测中所涉及微生物细胞破碎、发酵液的预处理和固液分离的具体方法; 2. 能够独立完成微生物细胞破碎、发酵液的预处理、固液分离的具体操作; 3. 熟知微生物细胞破碎和固液分离中所用组织破碎机、超声波细胞破碎机、板框压滤机、三足式离心机等的操作规程。
素质目标		1. 通过资讯预习,养成主动学习的习惯; 2. 通过分组教学,具备良好的团队意识,并提高沟通协作能力; 3. 通过任务检查分析,具备质量意识、安全意识、环保意识; 4. 通过任务结果评价,培养独立思考、求精、拓新的工匠精神。
项目学习过程计划		
学习小组行动阶段	资讯	建立工作小组; 预习工作任务,收集工作中必需信息; 确定掌握了微生物细胞破碎、发酵液的预处理、固液分离的方法。
	计划	学习制订工作计划。
	决策	确定工作任务,工作任务分工到个人,并记录到工作表。
	实施	小组分工合作完成专业知识学习和技能训练; 完成微生物细胞破碎、发酵液的预处理、固液分离等技术的正确应用; 记录结果,得出结论。
教学检查与评价阶段	检查	① 掌握微生物细胞破碎、发酵液的预处理、固液分离技术的原理及特点; ② 正确应用微生物细胞破碎、发酵液的预处理、固液分离技术; ③ 组织纪律与职业素养; ④ 安全使用组织破碎机、离心机、板框压滤机、转筒真空过滤机等常用分离设备及装置。
	评价	① 正确使用组织破碎机、离心机、板框压滤机、转筒真空过滤机等常用分离设备及装置; ② 微生物细胞破碎、发酵液的预处理、固液分离技术的应用; ③ 达到学习目的; ④ 成绩标准给予与评价(成绩标准由教师制定),填写反馈表。
教学方法建议	讲解法	分析、资讯阶段
	案例法	分析、计划阶段
	演示法	实施阶段
	角色扮演	计划、实施、检查、评价阶段
	成果导向	决策、评价阶段

附录 2　实例训练任务单参考格式

利用机械和非机械细胞破碎法提取多酚氧化酶实例训练任务单

项目一 发酵液的预处理 任务一 微生物细胞破碎	姓名_____	班级_____
实训 1 利用机械和非机械细胞破碎法提取多酚氧化酶	日期_____	共_____页

一、任务描述

香蕉果皮中含有一种多酚氧化酶(PPO),PPO 是一种金属蛋白酶,它能够催化酚类物质转变成醌,使植物组织褐变,请根据 PPO 的特点,设计选择机械和非机械相结合的细胞破碎方法,将香蕉果皮中多酚氧化酶提取出来,并设计一种试验方法来测定所提取的样品是具有活性的 PPO。

二、资讯

1. 多酚氧化酶的等电点是多少?

2. 简述微生物细胞破碎的具体方法,每种方法适用的材料。

三、实作参考(提供 1～2 种的方法,仅供学生参考)

实训 1 利用机械和非机械细胞破碎法提取多酚氧化酶

四、绘制工艺流程(在教师指导下,学生查阅资料,根据实际条件,设计出具体操作方法或改进的工艺流程以及实际操作中所需材料、试剂、设备)

续表

五、实作(分组分工,在教师指导下,在实训中心完成实际操作,并记录现象及结论)

1. 小组成员及分工

序号	小组成员姓名	具体工作内容	
1			组长
2			组员
3			组员
4			组员
5			组员

2. 实作过程、现象及结论

序号	关键操作步骤要点	试剂(材料)	用量	现象及结论

六、思考

1. 在提取香蕉果皮多酚氧化酶时,加入不溶性聚乙烯吡咯烷酮(PVP)和 Tween-80 各有何作用?

2. 如何解决多酚氧化酶容易失活的问题?

七、实训考核标准

考核项目:利用机械和非机械细胞破碎法提取多酚氧化酶			教师:		
姓名:	学号:	小组:	成绩:		
程序	考核内容	评分标准	分值	扣分	得分
实训准备(20分)	人员准备(10分)	1.预习认真,掌握实训基础知识	4		
		2.仪表端庄,衣帽整齐	4		
		3.态度端正	2		
	物品准备(10分)	1.物品挑选准确、齐备	5		
		2.物品摆放有序	5		
实训过程(35分)	仪器检查(5分)	1.检查全面、准确	2		
		2.异常情况排除及时	3		
	操作过程(20分)	1.仪器使用规范	5		
		2.操作过程规范	5		
		3.合理管理仪器	5		
		4.工作步骤执行正确	5		
	清场合格(10分)	1.器具清洗及时	3		
		2.物品、仪器归位合理	3		
		3.卫生清理合格	4		
实训质量(25分)	实训表现(15分)	1.积极参与学习讨论	5		
		2.能够制订实际可行的实施方案	5		
		3.团队合作意识强	5		
	实训结果(10分)	1.实训任务单记录真实	4		
		2.实训任务单书写规范	4		
		3.实训任务单按时上交	2		
职业素养(20分)	安全文明操作(10分)	1.物品、仪器无破损	3		
		2.物品、仪器使用规范	2		
		3.安全、节约、环保意识强	2		
		4.无危险操作环节	3		
	可持续发展能力(10分)	1.较强的创新意识	3		
		2.良好的心理素质和克服困难的能力	4		
		3.学习新设备、新技术、新工艺能力	3		

参 考 文 献

[1] 杨昌鹏，张爱华．生物分离技术．北京：中国农业出版社，2007．

[2] 吴梧桐．生物制药工艺学．北京：中国医药科技出版社，2005．

[3] 陈晗．生化制药技术．2版．北京：化学工业出版社，2018．

[4] 郭勇．现代生化技术．北京：科学出版社，2008．

[5] 陈来同．生物化学产品制备技术．北京：科学技术文献出版社，2004．

[6] 陈来同．生化工艺学．北京：科学出版社，2006．

[7] 谭天伟．生化分离技术．北京：化学工业出版社，2006．

[8] 孙彦．生物分离技术．北京：化学工业出版社，2008．

[9] 贾士儒．生物工程专业实验．北京：中国轻工业出版社，2004．

[10] 陈来同．生物化学产品．北京：科学技术文献出版社，2003．

[11] 孙彦．生化分离工程．北京：化学工业出版社，2010．

[12] 张建社．蛋白质分离与纯化技术．北京：军事科学出版社，2009．

[13] 田亚平．生化分离原理与技术．北京：化学工业出版社，2010．

[14] 杜翠红．生化分离技术原理及应用．北京：化学工业出版社，2011．

[15] 刘英才．多糖药物学．北京：人民卫生出版社，2008．

[16] 李津，董德祥．生物制药设备和分离纯化技术．北京：化学工业出版社，2003．

[17] 于文国，程桂花．制药单元操作技术．北京：化学工业出版社，2010．

[18] 徐怀德．天然产物提取工艺学．北京：中国轻工业出版社，2011．

[19] 梁世中．生物工程设备．2版．北京：中国轻工业出版社，2011．

[20] 严希康．生化分离工程．北京：化学工业出版社，2001．

[21] 黄亚东．生物工程设备及操作技术．北京：中国轻工业出版社，2008．

[22] 顾觉奋．分离纯化工艺原理．北京：中国医药科技出版社，2000．

[23] 赵永芳．生物化学技术原理及应用．4版．北京：科学出版社，2008．

[24] 于文国，卞进发．生化分离技术．北京：化学工业出版社，2006．

[25] 时钧，余国琮，等．化学工程手册．2版．北京：化学工业出版社，1996．

[26] 邱玉华．生物分离与纯化技术．2版．北京：化学工业出版社，2017．

[27] 柯德森．生物工程下游技术实验手册．北京：科学出版社，2011．

[28] 徐铜文，徐绪国，等．膜法浓缩明胶蛋白水溶液．膜科学与技术，2000，20（3）：50-53．

[29] 谭天伟．生物分离技术．北京：化学工业出版社，2007．

[30] 李家洲．生物制药工艺学．北京：中国轻工业出版社，2007．

[31] 辛秀兰．现代生物制药工艺学．2版．北京：化学工业出版社，2016．

[32] 陈电容．生物制药工艺学．北京：人民卫生出版社，2009．

[33] 齐香君．现代生物制药工艺学．北京：化学工业出版社，2010．

[34] 陈芬，胡莉娟．生物分离与纯化技术．武汉：华中科技大学出版社，2017．

[35] 张惠燕．生化分离技术．杭州：浙江大学出版社，2015．